個別量子系の物理

イオントラップと量子情報処理

占部伸二 [著]

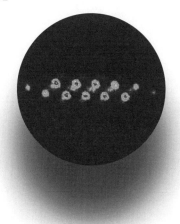

朝倉書店

は し が き

　表題にある「個別量子系」とは耳慣れない言葉かもしれない．この題名は，2012 年にノーベル物理学賞を受賞した，イオントラップの世界的権威であるデビッド・ワインランド博士の受賞理由の中にある，"measuring and manipulation of individual quantum systems" という部分に啓発されて付けたものである．本書では，イオントラップとそれを用いた量子情報処理に関する基礎的な物理とその応用を解説した．

　本書を執筆するに至った理由は以下の通りである．イオントラップに関する研究は，現在のところ，量子情報処理を物理的に実現するための代表的なアプローチの一つになっている．量子情報処理の研究が盛んになった 2000 年頃から世界的に広がりを見せており，最近では著名な論文誌に多くの優れた成果が掲載されている．にもかかわらず，わが国ではイオントラップに関する研究はそれほど盛んでなく，また，多くの人にその研究内容を知られていない．そのためか，学生や若い研究者がイオントラップのことに興味を持ち，その内容を知ろうと思っても，良い入門書がなく，いきなりレベルの高い英語のレビュー論文や解説記事を読まなければならないのが現状である．

　一方，イオントラップの研究は，実験するのに技術の蓄積が必要で多くの時間がかかるため，なかなか取り付きにくいという印象を持っている人も少なくない．しかしながら，その基礎にある物理は，「調和振動子」と「二状態系」という非常にシンプルな物理系から成り立っており，物理的な考え方を身につける上で格好の題材である．したがってこれを学ぶことは広い分野に応用できる考え方を身につけることにつながり，教育的見地からも非常に意義のあることだと思われる．

　このようなわけで，浅学を顧みず，本書がこの分野の入門書となることを願って執筆した次第である．執筆に当たっては，大阪大学大学院の基礎工学研究科において講義した内容をもとにして，最近の研究成果なども含め大幅に書き加え

た．また，できる限り基礎的なことを省かず，自己完結的な記述になるように心がけた．読者の対象としては大学院の博士前期課程の学生を念頭に置いているが，意欲のある学部上級生も読みこなせると思う．本書を読むためには，力学，電磁気学，量子力学を基礎知識として持っていることを前提にしている．量子力学については，それほど詳しい知識は必要でなく，巻末付録として基礎的な事項をまとめたほか，本文中でも必要に応じて説明してあるので，量子力学の基本的な枠組みを理解していれば十分に読みこなせると思う．なお第6章の量子情報処理への応用の部分で取り上げた題材はすべてを網羅しているわけでなく，筆者の知識と好みによる偏りがあることをご了解願いたい．また更に詳しく知りたい読者のために参考文献を挙げたが，必要最小限に留めた．その代わり，この分野のレビュー文献を挙げておいたので，必要ならばそちらを参照して頂きたい．

　今回，本書が出版される機会を与えてくださった黒田和男東京大学名誉教授に深く感謝します．執筆に当たっては，長年，イオントラップの実験研究を共にしてきた大阪大学の田中歌子氏，豊田健二氏に多大な協力を頂きました．ここに記して感謝の意を表します．豊田健二氏には，草稿全般に対する有意義なコメントや状態依存力の部分の記述について貴重な議論を頂きました．情報通信機構の早坂和弘氏には，量子ネットワークと原子時計への応用の部分に目を通して頂き，貴重なコメントを頂きました．ここに改めて感謝の意を表します．これまで研究を共に行った，山崎歴舟氏，土師慎祐氏，野口篤史氏，渡辺昌良氏，故今城秀司氏，大向隆三氏，松原健祐氏，また研究をサポートしてくださった多くの皆様に感謝の意を表します．最後に，出版の労をとってくださった朝倉書店編集部の方々に感謝いたします．

2017 年 9 月

占部伸二

目　　　次

1. 序　　　論 ……………………………………………………………………… 1

2. イオントラップ ………………………………………………………………… 7
  2.1 電気四重極ポテンシャル ………………………………………………… 7
  2.2 パウルトラップの原理 …………………………………………………… 9
  2.3 有効ポテンシャルの起源 …………………………………………………13
  2.4 イオンの運動の厳密な扱い ………………………………………………15
  2.5 リニアトラップ ……………………………………………………………19
  2.6 表面電極トラップ …………………………………………………………21
  2.7 イオントラップの実際 ……………………………………………………26

3. 原子と電磁波の相互作用 ………………………………………………………29
  3.1 原子と電磁波のコヒーレントな相互作用 ………………………………29
    3.1.1 二準位原子と電磁波の相互作用 ……………………………………30
    3.1.2 時 間 発 展 ……………………………………………………………32
    3.1.3 密度演算子 ……………………………………………………………35
    3.1.4 ブロッホベクトル ……………………………………………………36
    3.1.5 ラムゼイ干渉 …………………………………………………………40
    3.1.6 ドレスト状態と AC シュタルクシフト ……………………………44
  3.2 光学的ブロッホ方程式 ……………………………………………………48
  3.3 レーザー誘起蛍光と光の吸収 ……………………………………………51
  3.4 実際の原子における二準位系の扱い ……………………………………53
  3.5 レーザーによって原子に働く力 …………………………………………56
  3.6 調和振動子 …………………………………………………………………58
    3.6.1 古典的調和振動子 ……………………………………………………58

iv 目 次

3.6.2 調和振動子の固有値と固有状態 ……………………………………59

3.6.3 調和振動子の時間発展 ……………………………………………61

3.6.4 個数状態とコヒーレント状態 …………………………………62

4. イオンのレーザー冷却 ………………………………………………66

4.1 ドップラー冷却 …………………………………………………67

4.2 サイドバンド冷却 ………………………………………………71

4.3 マイクロ運動の影響 ……………………………………………77

4.4 イオンの結晶化 …………………………………………………79

4.5 直線配列イオンの振動モード …………………………………81

5. 量子状態の操作と測定 ………………………………………………88

5.1 振動状態の変化を伴う相互作用 ………………………………88

5.2 サイドバンド相互作用 …………………………………………91

5.2.1 相互作用表示 ………………………………………………91

5.2.2 ラム・ディッケ領域の近似 ……………………………92

5.2.3 イオン列中の1個のイオンとの相互作用 ……………94

5.2.4 時 間 発 展 …………………………………………………95

5.3 1個のイオンの量子状態の操作 ………………………………97

5.3.1 回転演算子 …………………………………………………97

5.3.2 1個のイオンの個別操作 ………………………………99

5.4 状態依存力による量子状態の操作 ……………………………101

5.4.1 調和振動子の強制振動 …………………………………101

5.4.2 状態依存力 ………………………………………………104

5.4.3 状態依存力の発生 ………………………………………106

　a. $\hat{\sigma}_z$ 依存力 …………………………………………………106

　b. $\hat{\sigma}_\varphi$ 依存力 …………………………………………………109

　c. 状態依存力による量子状態操作 ……………………112

5.5 量子状態の測定 …………………………………………………114

5.5.1 量子跳躍の観測 …………………………………………114

5.5.2 射 影 測 定 …………………………………………………116

目　　　次　　　　　　　　　　v

　　5.5.3　量子状態トモグラフィー ………………………………… 118
　　5.5.4　振動状態の測定 …………………………………………… 122

6. 量子情報処理への応用 ……………………………………………… 126
　6.1　イオンを使った量子情報処理 ……………………………………… 126
　6.2　ユニバーサル量子ゲート …………………………………………… 129
　　6.2.1　1量子ビットの回転 …………………………………………… 129
　　6.2.2　制御ノットゲート ……………………………………………… 129
　　6.2.3　シラク・ゾラーゲート ………………………………………… 131
　　6.2.4　状態依存力を用いた制御Zゲート ………………………… 133
　6.3　ベル状態の発生と量子テレポーテーション ……………………… 134
　　6.3.1　量子もつれ状態 ………………………………………………… 134
　　6.3.2　ベル状態の発生 ………………………………………………… 137
　　6.3.3　量子テレポーテーション ……………………………………… 138
　6.4　多粒子量子もつれ状態の発生 ……………………………………… 143
　　6.4.1　GHZ状態の発生 ………………………………………………… 143
　　6.4.2　GHZ状態を用いたラムゼイ干渉の精度向上 ………………… 147
　　6.4.3　対称ディッケ状態の発生 ……………………………………… 150
　6.5　デコヒーレンス ……………………………………………………… 154
　6.6　量子シミュレーション ……………………………………………… 159
　　6.6.1　量子シミュレーションとは …………………………………… 159
　　6.6.2　量子マグネット ………………………………………………… 161
　　6.6.3　局在フォノンを用いた量子シミュレーション ……………… 164
　　　a.　局在フォノンとハバードモデル ……………………………… 164
　　　b.　フォノンのホッピングと二フォノン干渉 …………………… 168
　6.7　イオンを使った量子ネットワーク ………………………………… 173
　　6.7.1　量子ネットワーク ……………………………………………… 173
　　6.7.2　決定論的方式 …………………………………………………… 174
　　6.7.3　確率的方式 ……………………………………………………… 178
　6.8　原子時計への応用 …………………………………………………… 183
　　6.8.1　原子時計の性能 ………………………………………………… 183

6.8.2 量子論理分光 ……………………………………………… 185

A. 回転軸表示と相互作用表示 ………………………………… 193
A.1 シュレーディンガー表示とハイゼンベルグ表示 ……………… 193
A.2 回転軸表示 ……………………………………………………… 194
A.3 相互作用表示 …………………………………………………… 197

B. 電気双極子遷移と電気四重極遷移 …………………………… 199
B.1 電気双極子遷移 ………………………………………………… 199
B.1.1 相互作用ハミルトニアン ……………………………… 199
B.1.2 選 択 則 ……………………………………………… 201
B.2 電気四重極遷移 ………………………………………………… 202
B.2.1 相互作用ハミルトニアン ……………………………… 202
B.2.2 選 択 則 ……………………………………………… 203

C. 誘導ラマン遷移 ………………………………………………… 205
C.1 誘導ラマン遷移を用いた二準位原子との相互作用 …………… 205
C.2 誘導ラマン断熱通過における暗状態の導出 …………………… 208

D. リニアトラップ中のイオンの直線配列と振動モード ………… 210

E. 2個のイオン量子状態トモグラフィーのパルス設定 ………… 216

索 引 ……………………………………………………………… 219

1. 序　　論

　はしがきにも書いたように，この本のタイトルに使われている"個別量子系"という言葉は耳慣れない言葉かもしれない．個別量子系とは，個別に分離した，ほぼ静止状態にある原子やイオンのことである．ただし必ずしもただ1個の孤立した粒子を考えるのではなく，互いに独立した複数の原子やイオンのことも指している．我々を取り巻くマクロな物質は膨大な数の原子や分子から構成されている．これらの物質中の原子は，互いに大きな相互作用によって結びついており，個別の原子としての性質とは大きく異なった性質を示す．また，気体の状態であっても原子は高速で飛び回っており，周囲の環境からの大きな擾乱を受ける．したがって，通常の環境下では個別な量子系というものは存在しない．

　個別の原子は量子力学で扱われる代表的な系の一つである．20世紀の初め，量子力学の偉大な創始者たちは，個別の原子を使って実験することなしに，それを記述する量子力学を完成させた．彼らは，個別の原子を使うことは思考実験でのみ可能で，実際に行うことは不可能と考えていた．しかしながら，実験技術の大きな進歩により，20世紀の後半，特に1980年以降，孤立した状態に近い1個あるいは複数個の原子やイオンを発生させることが可能になってきた．孤立した原子の発生が可能になると，量子力学で記述されるミクロの世界を現実の世界の中で実現し，それらを操作することや観測することができる．

　1つの代表的な例として，原子にレーザー光をあてて，原子による光の吸収や蛍光を観測する実験を考えてみよう．量子力学によると，原子は光を吸収すると低いエネルギー準位から高いエネルギー準位へ飛び移る．この変化は量子跳躍（quantum jump）といわれる．逆に高いエネルギー準位にある原子は，短時間のうちに光を放出して低いエネルギー準位に移る．これらの遷移は瞬間的なもので，変化は不連続に起こる．量子跳躍は，古典物理学ではとうてい記述できない

ものであった．これは，原子が光を吸収・放出するときに起こる実験的な事実を説明するために，ボーアによって20世紀の初めに導入された．量子力学の確立によって，現在ではこのような考えは，不思議なものでなく当然のことと受け取られている．しかしながら，多数の原子を使った実験では，多くの原子からくる信号が重なって，量子跳躍は打ち消されてしまうため実際に観測することはできない．しかし孤立した1個の原子を使って実験を行うと，原子の光の吸収・放出過程における量子跳躍を直接観測することができる．

　量子力学は現代物理学の基礎となっており，最も成功を収めた理論の1つである．エレクトロニクスや情報処理を支える半導体や集積回路，光通信におけるレーザー技術，新物質の合成技術などの現代社会を支えている先端技術は，量子力学を使って基礎的な理論が構築され，それをもとにして発展してきた．しかしながら，不思議なことに，先端技術の基礎となっている量子力学は，我々が日常生活において周囲の世界を認識する仕方と，全く異なるように見える"論理"を基礎にして組み立てられている．日常生活では，我々は周囲にある物体，例えば椅子や机，本などは，我々の見る・触るといった行動とは関係なく客観的に存在しており，それらの属性，例えば色などは固有に備わっているものであると当然のこととして考えている．また，近くにある物が倒れたとしても，そのことが遠くにある物に瞬時に影響を与えることは決してないと考えている．難しい言葉でいえば，前者を実在性，後者を局所性が成り立っているといい，我々の日常生活の中では，両者がともに成り立っているといわれる．電磁気学などの古典物理学でも，このことは当然成り立つべき前提となっている．しかしながら，ミクロな世界を記述する量子力学では，日常生活とちがって実在性と局所性が同時には成り立たないことが知られている．このような，日常生活の論理とは異なる論理で組み立てられた量子力学が現代の科学技術の基礎になっているのは，ある意味で驚きであり，現代科学の奥深さを示している．もちろんミクロな世界を対象に実験を行う実験家は，このような"奇妙さ"を意識することなしに，量子力学の教科書に書かれたレシピに従って実験を準備し，測定し，得られた結果を矛盾なく説明することができる．

　20世紀の終わりから研究が始まった量子情報処理技術は，このような"奇妙な"量子力学の論理に従って動くデバイスを開発するものである．それらを集積することによって，全く新しい原理に基づいた情報処理を実現しようとする大き

1. 序 論

なチャレンジである．このような試みの中で，通信分野においては最近では量子暗号技術が実用に近いレベルまで研究が進んでいる．今後さらに情報処理分野において，どのようにして応用に向けた研究が展開していくのか予測するのは容易ではないが，少なくとも基礎科学の分野では量子情報処理は確固たる新しい学問分野を形成している．量子情報処理の実験研究を進めるためには，量子力学的な重ね合わせやもつれ状態を発生させ，制御し，測定することが必要となる．しかしながら，このような状態を長時間保持して制御することは容易ではない．多くの物理系では，デコヒーレンスといわれる周囲の環境との相互作用によって，こうした状態は短時間のうちに失われてしまう．これに対し個別の量子系は，周囲からの擾乱の非常に小さい環境に置かれた原子の集まりである．したがって，このような操作を行うには非常に優れた実験系となる．

個別量子系は，量子情報処理などの基礎的な研究だけでなく，実用面においても大きなインパクトを与える．現代では，我々の用いている時間や時刻は，原子時計によって刻まれている．原子時計は原子の持つ普遍性を利用している．原子の吸収する光や電波の周波数は原子に固有のものである．外部からの擾乱がなければ，どこで誰が扱っても一定の値を持つと考えられている．したがって原子の吸収・放出する電波や光の振動の周期を数えることによって，精度の高い時計を作ることができる．現在のセシウム原子時計は，5000万年に1秒程度の誤差しか生じないほど精度の高いものである．精度の高い原子時計ができたことによって，科学技術分野や日常生活においても多くの応用が開かれている．例えば，GPS衛星の電波を使って精度の高いカーナビゲーションができるようになったのは，衛星に搭載された原子時計によって時刻の精度が高く維持されているためである．個別の量子系は外部からの擾乱が小さいため，原子時計の開発においても理想的なものである．個別な原子系を用いることによって，現在の最高精度のセシウム原子時計よりもさらに2桁近く精度のよい原子時計が光領域において開発されている．

本書では代表的な個別量子系として，イオントラップ中に捕獲されたイオンを取り上げる．電磁場を用いて荷電粒子を捕獲するイオントラップは，1950年代に質量分析や加速器などへの応用を念頭に研究が始められた．その後1960年代には，原子やイオンと電磁波との相互作用を研究する分光学への応用が始められた．分光学へ応用する利点の1つは，観測する粒子を長時間，空間に閉じ込める

可能性を持っていることであった．当時，原子を擾乱のない状態で観測するための最善の方法は，原子をビーム状にして飛行させ，それに電波や光を照射する方法であった．しかしながら，この方法には，原子が速度を持っているために電磁波と相互作用する時間が限られるという問題点があった．その結果，得られる原子のスペクトルは広がりを持ち，スペクトルの測定精度は限られたものになる．イオントラップは，これらの欠点を克服するものとして期待された．しかしながら，捕獲されたイオンの温度が高く，また当初はその温度を下げる有効な方法がなかったため，蓄積時間はそれほど長いものではなかった．

1975 年に，動いている原子をレーザーを使って減速させるレーザー冷却が提案されると，状況は一変する．1978 年にイオントラップ中のイオンのレーザー冷却実験が行われ，1980 年にはイオントラップ中に捕獲・冷却された 1 個のイオンの蛍光画像が取得された．レーザーにより冷却されたイオンは，1 個のイオンでも，超高真空中で数日以上という非常に長い時間，空間の微小な領域に閉じ込めておくことができる．つまり，空間に静止して孤立している理想的な環境におかれた個別のイオンの発生が可能になった．これらの技術の発展をもとにして，1 個のイオンの光スペクトルを利用した，光領域の原子時計が提案された．その後，1 個のイオンを用いた量子跳躍の観測，光スペクトルにおける運動サイドバンドの観測，振動基底状態への冷却などの実験が進められた．さらに 1990 年代に入ると，リニアトラップ中に，冷却されたイオンを 1 列に並べることが可能になった．これらの研究は，主にイオンを用いた原子時計の開発を目的としたものであった．

1995 年に，リニアトラップ中に並んだイオンを使った量子計算の提案がなされ，直後に，提案に基づいた制御ノットゲートの実験的なデモンストレーションが行われた．提案を実現するためには，孤立したイオンを振動基底状態まで冷却すること，量子力学的な重ね合わせの状態を発生させて制御すること，量子状態を最終的に計測すること，などの非常に高度な実験技術が必要であった．しかしながら，このような個別の量子系を操作するために必要な実験技術は，原子時計の開発をもとに進展していたのである．それ以来，イオントラップを用いた量子情報処理の研究は，量子計算を物理的に実現する代表的な方法の 1 つとして世界各国で活発に進められ，大きな進展を見せている．

本書は，個別量子系として代表的な，イオントラップを使った量子情報処理の

理解のために必要な基礎的事項について取りまとめたものである．また，量子状態の操作や測定の原理，および量子情報処理のトピックスをいくつか取り上げて解説する．本書の構成は以下のとおりである．第2章では，量子情報処理で主に使われるパウルトラップとリニアトラップの動作原理，および最近の新しい技術である表面電極トラップについて解説する．第3章では，原子と電磁波の相互作用について，コヒーレントな相互作用を中心に，調和振動子も含め，イオンを使った量子情報処理を理解するために基礎となる必要最小限の事項を取りまとめる．この章は，イオントラップに限らず，関連する分野の初学者にも入門として参考になると思う．第4章では個別イオンを発生するための基礎技術であるレーザー冷却と，配列したイオンの振動モードについて解説する．この3つの章が，後の章を理解するための基礎となる．第5章では，イオンの量子状態の代表的な操作法であるサイドバンドパルスと状態依存力を用いる方法を取り上げて基礎から詳しく解説する．また，イオンの量子状態の測定方法についても取りまとめる．第6章は前章で述べた方法を使った量子情報処理の研究のいくつかのトピックスを取り上げ，これまでになされた研究や最近の研究結果について解説する．本文に記述できなかった基礎的事項，あるいは補足的事項については巻末の付録にまとめた．必要に応じて参照しながら読み進めていただければ幸いである．

参考文献

本書の中心課題であるイオントラップの研究の全貌を知る文献として，2012年のノーベル物理学賞を受賞したワインランド（D. J. Wineland）の受賞講演，*Rev. Mod. Phys.* **85**, 1103 (2013) がある．また，関連するものとして，1989年の3人のノーベル物理学賞受賞者，パウル（W. Paul），デーメルト（H. Dehmelt），ラムゼイ（N. F. Ramsey）の講演が，*Rev. Mod. Phys.* **62**, 525 (1990) に掲載されている．パウルはパウルトラップの考案者，デーメルトは単一イオン光時計の提案者，ラムゼイはラムゼイ干渉法の考案者として有名である．

以下に，イオントラップを用いた量子情報処理関連のレビュー文献を挙げる．

[1] A. Steane, *Appl. Phys. B* **64**, 623 (1997).

[2] D. J. Wineland, C. Monroe, W. M. Itano, D. Leibfried, B. E. King and D. M. Meekhof, *J. Res. Nat. Inst. Stand. Technol.* **103**, 259 (1998).

[3] M. Šašura and V. Bužek, *J. Modern Opt.* **49**, 1593 (2002).

[4] D. Leibfried, R. Blatt, C. Monroe and D. J. Wineland, *Rev. Mod. Phys.* **75**, 281 (2003).

[5] R. Blatt and D. J. Wineland, *Nature* **453**, 1008 (2008).

[6] H. Häffner, C. F. Roos and R. Blatt, *Phys. Report* **469**, 155 (2008).
[7] D. J. Wineland and D. Leibfried, *Laser Phys. Lett.* **8**, 175 (2011).
[8] C. Monroe and J. Kim, *Science* **339**, 1164 (2013).
[9] F. Schmidt-Kaler et al., *Appl. Phys. B* **77**, 789 (2003).
[10] T. Schaetz et al., *Appl. Phys. B* **79**, 979 (2004).

$2.$ イオントラップ

■ 2.1 電気四重極ポテンシャル ■

　イオントラップとは電磁場を用いてイオンを空間に閉じ込める装置である．電荷を持ったイオンは電場によって力を受ける．最初に思い浮かぶのは，静電場による力を使ってイオンを空間に閉じ込めることである．しかしながら，静電場のみを用いてイオンを空間に閉じ込めることは，電磁気学のアーンショーの定理（Earnshow's theorem）[1] によって，不可能であることが知られている．この定理によると，静電ポテンシャル Φ_0 を記述するラプラス方程式 $\Delta\Phi_0 = 0$ の解は極大，極小値を持たない．したがって，イオンを閉じ込めるのに必要な，空間に極小値を持つ静電ポテンシャルの発生は不可能となる．このため，イオンを閉じ込めるためには，静電場と静磁場を用いるペニングトラップ（Penning trap），rf 電場と静電場を用いるパウルトラップ（Paul trap）が主に使用される．パウルトラップは rf トラップ（radio frequency trap）とも呼ばれる．

　ラプラス方程式を満たす静電ポテンシャルのうち，z 軸に対して回転対称な電気四重極ポテンシャルは，以下のように表される．

$$\Phi_0(x, y, z) = A(x^2 + y^2 - 2z^2) \tag{2.1}$$

A は境界条件で決まる定数である．このポテンシャルを発生させるには，等ポテンシャル面の形状を持った金属電極に電圧を加えればよい．等ポテンシャル面は回転双曲面である．図 2.1 に等ポテンシャル面を表す 3 枚の回転双曲面の形状を持った電極を示す．上と下の電極をエンドキャップ，中の電極をリングと呼ぶ．エンドキャップの間隔を $2z_0$，リングの半径を r_0 とする．境界条件として，2 枚のエンドキャップに $-U/2$，リングに $U/2$ の電圧を加える．

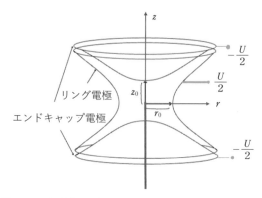

●図 2.1　回転双曲面電極による電気四重極ポテンシャルの発生

$$\Phi_0(r_0, 0, 0) = \frac{U}{2}, \quad \Phi_0(0, 0, z_0) = -\frac{U}{2}$$

この 2 式より，$r_0 = \sqrt{2} z_0$, $A = U/2r_0^2 = U/(r_0^2 + 2z_0^2)$ が決まる．したがって，電極に囲まれた空間の 1 点 $\vec{r} = (x, y, z)$ には，以下に示すポテンシャル Φ_0 が生じる．

$$\Phi_0(x, y, z) = U \frac{x^2 + y^2 - 2z^2}{r_0^2 + 2z_0^2} \tag{2.2}$$

このポテンシャルは原点に鞍点を持つ．例えば図 2.2(a) に示すように，U が正の場合，正の電荷を持ったイオンに対して，r 方向（x 方向または y 方向）は原点がポテンシャルエネルギーの極小となる．この方向では，原点から離れるに従ってポテンシャルエネルギーは増加するため，閉じ込めの力が働く．一方，z 方向は原点が極大となる．この方向では，原点から離れるに従って，ポテンシャルエネルギーは減少する．したがって，粒子を閉じ込めることができない．

ペニングトラップでは，正の電荷を持ったイオンに対しては，U を負の値にして，z 方向に閉じ込めの力を働かせる．同時に z 方向に静磁場を加える．ポテンシャルが開いている x, y 方向では，磁場によって 2 つの円運動，すなわちサイクロトロン運動とマグネトロン運動が生じる．これらの運動を用いて，荷電粒子を閉じ込める．イオンを閉じ込める場合には，1 T 程度の高い磁場が必要になる．この磁場によって，イオンのエネルギー準位はゼーマン効果により大きく分裂する．イオントラップを原子時計や量子情報処理へ応用する場合は，磁場の影響が好ましくないため，以下に述べるパウルトラップが主に用いられる．

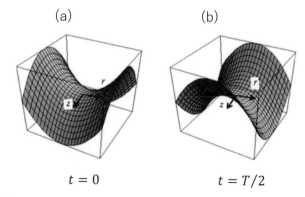

●図 2.2　トラップ電極に rf 電圧を加えた場合のポテンシャルの時間変化

2.2　パウルトラップの原理[2,3]

　パウルトラップでは，電極間に rf 電圧を加えて動作させる．U が時間的に一定の場合には，r, z 方向のうちの一方向にしか閉じ込めの力が働かない．図 2.2 (a), (b) に示すように rf 電圧をかけた場合には，$t=0$ では r 方向に閉じ込めの力が働く．一方，半周期後の $t=T/2$ では z 方向に閉じ込めの力が働く．パウルトラップは，このように両方向に時間的に交互に閉じ込めの力が働くようにしたものである．イオンがポテンシャルの開いている方向に逃げないタイミングで，閉じ込めの力の働くポテンシャルの方向を時間的に切り替えると，イオンを閉じ込めることができる．

　電荷 e，質量 m を持つイオンに対して，電極間に $U=V_0 \cos \Omega_{\text{rf}} t$ の電圧を加えた場合を考える．運動方程式 $md^2\vec{r}/dt^2=-e\nabla\Phi_0$ を整理すると，以下に示すマシュー方程式（Mathieu's equation）が得られる．

$$\frac{d^2 u_\alpha}{d\tau^2} - 2q_\alpha \cos(2\tau) u_\alpha = 0, \quad \alpha = x, y, z$$

$$\tau = \frac{\Omega_{\text{rf}} t}{2}, \quad u_x = x, \quad u_y = y, \quad u_z = z \tag{2.3}$$

$$q_z = \frac{8eV_0}{m\Omega_{\text{rf}}^2(r_0^2 + 2z_0^2)} = -2q_x = -2q_y \tag{2.4}$$

この方程式は，係数 q_α が制限された値を持つときのみ安定な周期解を持つことが知られている．これは，イオンを閉じ込めるためには，電場によって加速されたイオンが電極に到達する時間より早く，電場の符号を変えなければならないためである．これにより，イオンの電荷，質量，加える rf 電圧の振幅と周波数，トラップの大きさの間に一定の条件が課される．

$|q_\alpha| \ll 1$ の条件が成り立つ場合には，イオンの運動はゆっくり変動する永年運動（secular motion）と，角周波数 Ω_{rf} で振動する微小なマイクロ運動（micromotion）との和で近似的に記述することができる．例えば，z 方向の運動を以下のように2つの成分で表す．

$$z = Z + \xi_z \tag{2.5}$$

Z はゆっくりと変動する永年運動成分，ξ_z は角周波数 Ω_{rf} で速く変動するマイクロ運動成分である．さらに，以下の条件が成り立つと仮定する．

$$Z \gg \xi_z, \qquad \frac{d^2\xi_z}{dt^2} \gg \frac{d^2Z}{dt^2}$$

このような近似が成り立つ物理的な条件は次節で述べる．ゆっくりと変動する成分と速く変動する成分の2つが存在する場合には，まずゆっくりと変動する成分を一定とみなして，速く変動する成分に対する運動方程式を解くという近似を用いることができる．すなわち，(2.5) 式を (2.3) 式に代入して整理すると，以下の式が得られる．

$$\left[\frac{d^2Z}{dt^2} - \frac{\Omega_{\mathrm{rf}}^2 q_z \xi_z}{2} \cos \Omega_{\mathrm{rf}} t\right] + \left[\frac{d^2\xi_z}{dt^2} - \frac{\Omega_{\mathrm{rf}}^2 q_z Z}{2} \cos \Omega_{\mathrm{rf}} t\right] = 0 \tag{2.6}$$

上に示した仮定により，第2項が支配的な項となる．したがって，まず第1項を無視して第2項のみを考える．この方程式において，rf の1周期では Z が変化しないと近似して積分すると，マイクロ運動について以下の式が得られる．

$$\xi_z = -\frac{q_z}{2} Z \cos \Omega_{\mathrm{rf}} t \tag{2.7}$$

ただし，マイクロ運動の初期条件は $\xi_z = -q_z Z/2, d\xi_z/dt = 0$ とおいた．次に，(2.6) 式の最初に無視した第1項に (2.7) 式の ξ_z を代入すると，ゆっくりと変動する成分 Z についての以下の方程式が得られる．

$$\frac{d^2Z}{dt^2} = -\frac{\Omega_{\mathrm{rf}}^2 q_z^2 Z}{4} \cos^2 \Omega_{\mathrm{rf}} t \tag{2.8}$$

この式の右辺において，rfの1周期ではZは大きく変化しないので，rfの1周期で平均した値を考えるとZのままである．一方，$\cos^2 \Omega_{\rm rf} t$はrfの1周期で平均すると1/2となる．したがって，ゆっくりと変動する成分に対する1周期平均の運動に対して，以下の調和振動の運動方程式が得られる．

$$\frac{d^2 Z}{dt^2} = -\omega_{\rm vz}^2 Z, \qquad \omega_{\rm vz} = \frac{q_z \Omega_{\rm rf}}{2\sqrt{2}} \qquad (2.9)$$

この解は，A_z, θ_zを初期条件で決まる任意定数とすると，以下のように求められる．

$$Z = A_z \cos(\omega_{\rm vz} t + \theta_z) \qquad (2.10)$$

この式と上で求めた (2.7) 式のξ_zの解を用いると，z方向の運動に対して以下の近似解が得られる．

$$z = Z + \xi_z = A_z \left[1 - \frac{q_z}{2} \cos \Omega_{\rm rf} t \right] \cos(\omega_{\rm vz} t + \theta_z) \qquad (2.11)$$

イオンの運動は，図2.3に示すように，調和振動に微小なリップルが加わった形となる．x, y方向も同様にして求められる．

$$x = A_x \left[1 - \frac{q_x}{2} \cos \Omega_{\rm rf} t \right] \cos(\omega_{\rm vx} t + \theta_x), \qquad \omega_{\rm vx} = \frac{|q_x| \Omega_{\rm rf}}{2\sqrt{2}} \qquad (2.12)$$

$$y = A_y \left[1 - \frac{q_y}{2} \cos \Omega_{\rm rf} t \right] \cos(\omega_{\rm vy} t + \theta_y), \qquad \omega_{\rm vy} = \frac{|q_y| \Omega_{\rm rf}}{2\sqrt{2}} \qquad (2.13)$$

ゆっくりと変動する永年運動は3次元の調和振動を行う．したがって，次式に示す楕円型の有効ポテンシャル$\Phi_{\rm eff}$中に閉じ込められた粒子の運動と考えることが

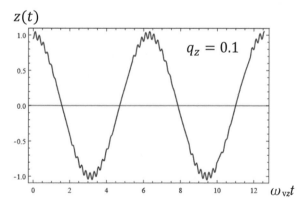

●図2.3　イオントラップ中のイオンの運動
大きな振動が永年運動，小さなリップルがマイクロ運動である．

できる.

$$\Phi_{\text{eff}} = \frac{m}{2e}(\omega_{vx}^2 X^2 + \omega_{vy}^2 Y^2 + \omega_{vz}^2 Z^2)$$

$$= \frac{m\Omega_{\text{rf}}^2}{16e}(q_x^2 X^2 + q_y^2 Y^2 + q_z^2 Z^2) = \frac{eV_0^2(X^2 + Y^2 + 4Z^2)}{m\Omega_{\text{rf}}^2(r_0^2 + 2z_0^2)^2} \tag{2.14}$$

有効ポテンシャルの近似が成り立つ条件では，永年運動とマイクロ運動との関係に明確な物理的な意味を持たせることができる．このことを見るために，rfの1周期（$T = 2\pi/\Omega_{\text{rf}}$）でならしたイオンの平均の運動エネルギーを計算する．例えば，z 方向の運動エネルギーは，(2.11) 式を用いると，以下のように表される．

$$W_z = \frac{\Omega_{\text{rf}}}{2\pi}\int_0^{2\pi/\Omega_{\text{rf}}} \frac{m}{2}\dot{z}^2 dt = \frac{\Omega_{\text{rf}}}{2\pi}\int_0^{2\pi/\Omega_{\text{rf}}} \frac{m}{2}\left(\dot{Z} + \dot{\xi}_z\right)^2 dt$$

$$= \frac{\Omega_{\text{rf}}}{2\pi}\left(\int_0^{2\pi/\Omega_{\text{rf}}} \frac{m}{2}\dot{Z}^2 dt + \int_0^{2\pi/\Omega_{\text{rf}}} m\dot{Z}\dot{\xi}_z dt + \int_0^{2\pi/\Omega_{\text{rf}}} \frac{m}{2}\dot{\xi}_z^2 dt\right) \tag{2.15}$$

ただし，$\dot{z}$ などは z の時間微分を表す．(2.15) 式の第2項は，rf の1周期の間に $\dot{Z}$ および Z がほぼ一定であると近似できるので，積分すると0になる．したがって，イオンの運動エネルギーは，永年運動とマイクロ運動のエネルギーの和となる．永年運動とマイクロ運動のエネルギーは，(2.10)，(2.7) 式を用いると，それぞれ以下のように近似的に計算することができる．

$$W_{z,\text{sec}} = \frac{\Omega_{\text{rf}}}{2\pi}\int_0^{2\pi/\Omega_{\text{rf}}} \frac{m}{2}\dot{Z}^2 dt \approx \frac{m}{2}\dot{Z}^2 = \frac{m}{2}\omega_{vz}^2 A_z^2 \sin^2(\omega_{vz}t + \alpha_z) \tag{2.16}$$

$$W_{z,\text{micro}} = \frac{\Omega_{\text{rf}}}{2\pi}\int_0^{2\pi/\Omega_{\text{rf}}} \frac{m}{2}\dot{\xi}_z^2 dt \approx \frac{mq_z^2\Omega_{\text{rf}}^2 Z^2}{16} = \frac{m}{2}\omega_{vz}^2 A_z^2 \cos^2(\omega_{vz}t + \alpha_z)$$

$$\tag{2.17}$$

ただし，(2.17) 式の最後の等式では，(2.9) 式の $\omega_{vz} = q_z\Omega_{\text{rf}}/2\sqrt{2}$ の関係を用いた．したがって，(2.15) 式の W_z は以下のように近似的に一定になる．

$$W_z \approx W_{z,\text{sec}} + W_{z,\text{micro}} = \frac{m}{2}\omega_{vz}^2 A_z^2 \tag{2.18}$$

すなわち，イオンの z 方向の平均の運動エネルギーは，永年運動とマイクロ運動の運動エネルギーを加えた一定の値を持つ．また，(2.17) 式のマイクロ運動のエネルギーは，(2.14) 式に示す，有効ポテンシャルによる z 成分のポテンシャルエネルギー $m\Omega_{\text{rf}}^2 q_z^2 Z^2/16$ に等しい．この関係は，x, y 方向にも成り立つ．したがってマイクロ運動のエネルギーは，有効ポテンシャルによるエネルギーに

一致する．このことから永年運動は，マイクロ運動を有効ポテンシャルの起源とみなした，調和振動であると考えることができる．調和振動においては，運動エネルギーとポテンシャルエネルギーが時間的に交互に交換される．したがってイオンの運動では，マイクロ運動と永年運動の間で運動エネルギーが時間的に交互に交換される．原点から最も離れた点ではマイクロ運動，原点では永年運動が支配的となる．

■ 2.3 有効ポテンシャルの起源[4] ■

イオンが3次元的に閉じ込められて調和振動を行うのは，有効ポテンシャルが発生するためである．それでは，この有効ポテンシャルは何によるものであろうか？　この起源は，空間的に不均一な分布を持つ rf 電場によって振動するイオンには，常に振幅の小さい方向（電場の弱い方向）に1周期平均の力が働く，という性質である．(2.2) 式を用いて，イオントラップ内の電場を計算してみると，以下のようになる．

$$E_x = -2U\frac{x}{r_0^2 + 2z_0^2}, \qquad E_y = -2U\frac{y}{r_0^2 + 2z_0^2}, \qquad E_z = 4U\frac{z}{r_0^2 + 2z_0^2} \quad (2.19)$$

電場は中心で 0，各成分の大きさ（絶対値）は，位置が中心から離れるに従って距離に比例して大きくなる．したがって，不均一な電場であることが分かる．不均一な電場内で振動するイオンには，1周期で平均すると力が働く．

このことを説明するために，図 2.4 のような $2z_0$ だけ離れた 2 枚の平行平板電極内に置かれた，質量 m，電荷 e を持つイオンの運動を考える．電極間には角周波数 Ω_{rf} の rf 電圧 $V = V_0 \cos \Omega_{rf} t$ が加えられるものとする．電場は一様な値，$E(t) = E_0 \cos \Omega_{rf} t$ を持つ．ただし，$E_0 = V_0/2z_0$ である．このとき，イオンの運動方程式，$md^2z/dt^2 = eE_0 \cos \Omega_{rf} t$ の解は，初期速度を 0，イオンの初期位置を Z_0 とすると，以下のように求められる．

$$z = Z_0' + \xi_z', \qquad \xi_z' = -\frac{eE_0}{m\Omega_{rf}^2} \cos \Omega_{rf} t \qquad (2.20)$$

ただし $Z_0' = Z_0 + eE_0/m\Omega_{rf}^2$ である．角周波数 Ω_{rf} が十分に大きく，イオンの振動の振幅は，電極間の間隔より十分に小さいと仮定する．この条件は，(2.20) 式より，$eV_0/2m\Omega_{rf}^2 z_0 \ll 1$ となる．これは，前節で有効ポテンシャルを求めた際に

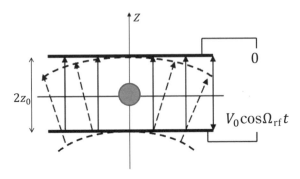

●図 2.4　平行平板電極と変形した電極内のイオンの運動

用いた近似，$q_z \ll 1$ に相当する．一様な電場の場合には，イオンに働く力 $F = eE_0 \cos \Omega_{\mathrm{rf}} t$ を rf の 1 周期で平均すると 0 になる．

ここで，図 2.4 の点線に示したように，極板が変形して，2 枚の電極の間に空間的に不均一な電場 $E(z)$ が生じたとする．(2.20) 式はもはや成り立たない．しかしながら，変形が小さい場合には，イオンの運動は $z = Z + \xi_z$ という 2 つの項で表されると近似できる．第 2 項は角周波数 Ω_{rf} で速く振動する項，第 1 項は (2.20) 式の Z_0' のように一定ではなく時間的に変化し，第 2 項よりもゆっくり変動する永年項である．また，角周波数 Ω_{rf} が大きいため，振動項の振幅は小さく，$|Z| \gg |\xi_z|$ が成り立つものとする．このとき，rf 電場によってイオンに加わる力 F の 1 周期の平均は，有限な値を持つようになる．すなわち，イオンの振動の中心が動くことによって，イオンの見る電場の振幅が時間的に変化するため，平均の力 $\langle F \rangle$ は 0 にならず以下のように表される．

$$\langle F \rangle = \langle eE(z) \cos \Omega_{\mathrm{rf}} t \rangle \tag{2.21}$$

イオンに働く電場は，ξ_z が小さいため，以下のように近似できる．

$$E(z) = E(Z + \xi_z) = E(Z) + \left[\frac{dE(z)}{dz} \right]_{z=Z} \xi_z \tag{2.22}$$

ここで，微小な振動項 ξ_z を (2.20) 式の E_0 を $E(Z)$ で置き換えた $\xi_z' = -(eE(Z)/m\Omega_{\mathrm{rf}}^2) \cos \Omega_{\mathrm{rf}} t$ で近似する．(2.22) 式を (2.21) 式に代入し，永年項 Z がほとんど変わらないと近似して rf の 1 周期平均をとると，$\langle F \rangle$ は以下のように求められる．

$$\langle F \rangle \equiv F(Z) = -\frac{e^2}{2m\Omega_{\mathrm{rf}}^2} E(Z) \left[\frac{dE(z)}{dz} \right]_{z=Z} \tag{2.23}$$

あるいはポテンシャル $\Phi_{\text{eff}}(z)$ を用いて書き換えると，以下のように表される．

$$\frac{F(Z)}{e}=-\left[\frac{d\Phi_{\text{eff}}(z)}{dz}\right]_{z=Z}, \qquad \Phi_{\text{eff}}(z)=\frac{eE^2(z)}{4m\Omega_{\text{rf}}^2} \qquad (2.24)$$

したがって，1 周期平均の力はポテンシャル Φ_{eff} から導かれることが分かる．これにより，イオンの平均の運動（永年運動）は，有効ポテンシャル Φ_{eff} の中の運動であると考えることができる．この力の特徴は，F が $\Phi_{\text{eff}} \propto E^2$ の勾配にマイナスをかけて得られるため，電場の弱い方向に向いていることである．さらに F が電荷の 2 乗，すなわち e^2 に比例するため，電荷が正でも負でも同じ方向を向く．このため，正イオン，負イオンも同時にトラップすることができる．この結果は，3 次元の運動にも以下のように一般化される．

$$\frac{\vec{F}}{e}=-[\nabla \Phi_{\text{eff}}(x,y,z)]_{x=X,y=Y,z=Z}, \qquad \Phi_{\text{eff}}(x,y,z)=\frac{e\left|\vec{E}(x,y,z)\right|^2}{4m\Omega_{\text{rf}}^2}=\frac{e(E_x^2+E_y^2+E_z^2)}{4m\Omega_{\text{rf}}^2}$$

$$(2.25)$$

(2.2) 式で表される電気四重極ポテンシャルの場合には，電場は (2.19) 式で与えられる．電極に $V_0 \cos \Omega_{\text{rf}}t$ の電圧を加えたときには，(2.19) 式の U を V_0 とおくことにより，以下の有効ポテンシャルが得られる．

$$\Phi_{\text{eff}}=\frac{eV_0^2(x^2+y^2+4z^2)}{m\Omega_{\text{rf}}^2(r_0^2+2z_0^2)^2}$$

この式の x,y,z に rf の 1 周期平均をとった X,Y,Z を代入すると，前に求めた永年運動に対する有効ポテンシャルの (2.14) 式と一致する．

■ 2.4 イオンの運動の厳密な扱い[2,3,5] ■

パウルトラップは，実際には rf 電圧だけでなく，DC 電圧も加えて動作させる．すなわち，電極間に加える電圧は $U=U_0+V_0 \cos \Omega_{\text{rf}}t$ となる．このとき，イオンの運動方程式は以下のマシュー方程式になる．

$$\frac{d^2u_\alpha}{d\tau^2}+(a_\alpha-2q_\alpha \cos 2\tau)u_\alpha=0, \qquad \alpha=x,y,z, \quad u_x=x, \quad u_y=y, \quad u_z=z$$

$$(2.26)$$

新たに加わったパラメーター a_α は，以下のように表される．

$$a_z=\frac{-16eU_0}{m\Omega_{\text{rf}}^2(r_0^2+2z_0^2)}=-2a_x=-2a_y \qquad (2.27)$$

マシュー方程式は，周期的に時間変化する係数を持つ微分方程式である．一般解はフロッケの定理（Floquet theory）により，次の形で表すことができる．

$$u(\tau)=Ae^{i\beta\tau}f(\tau)+Be^{-i\beta\tau}f(-\tau) \tag{2.28}$$

ただし，$f(\tau)$ は周期 π を持つ周期関数で，フーリエ展開により以下のように表すことができる．

$$f(\tau)=f(\tau+\pi)=\sum_{n=-\infty}^{\infty}C_{2n}e^{i2n\tau} \tag{2.29}$$

以下，$\alpha=x,y,z$ に対して解の形は同じなので，u_α を u で代表する．a,q,β に対しても同様である．β と C_{2n} は a と q の関数，また A,B は初期条件で決まる定数である．τ が無限大で発散しない安定な解を持つためには，β は整数でない実数値をとる必要がある．この条件によって a,q の値は制限され，a-q 面で表すと安定領域を形成する．β が整数 n の場合には解は不安定になるが，a-q 面において曲線 $\beta(a,q)=n$ は安定領域と不安定領域の境界を与える．

β,C_{2n} と a,q の関係を求めるため，(2.28)，(2.29) 式を (2.26) 式に代入して整理すると，以下の式が得られる．

$$Ae^{i\beta\tau}\sum_{n=-\infty}^{\infty}\{qC_{2n+2}-[a-(\beta+2n)^2]C_{2n}+qC_{2n-2}\}e^{i2n\tau}$$

$$+Be^{-i\beta\tau}\sum_{n=-\infty}^{\infty}\{qC_{2n+2}-[a-(\beta+2n)^2]C_{2n}+qC_{2n-2}\}e^{-i2n\tau}=0$$

この式が任意の τ に対して成り立つためには，係数 β と C_{2n} の間に以下の漸化式が成り立つことが必要である．

$$qC_{2n+2}-[a-(2n+\beta)^2]C_{2n}+qC_{2n-2}=0 \tag{2.30}$$

この関係を行列形式で書くと以下のように表される．

$$M\vec{C}=$$

$$\begin{pmatrix} \ddots & \vdots & \vdots & \vdots & \vdots & \vdots \\ \cdots & q & -a+(-2+\beta)^2 & q & 0 & 0 & \cdots \\ \cdots & 0 & q & -a+\beta^2 & q & 0 & \cdots \\ \cdots & 0 & 0 & q & -a+(2+\beta)^2 & q & \cdots \\ & \vdots & \vdots & \vdots & \vdots & \vdots & \ddots \end{pmatrix}\begin{pmatrix} \vdots \\ C_{-4} \\ C_{-2} \\ C_0 \\ C_2 \\ C_4 \\ \vdots \end{pmatrix}=0$$

$$(2.31)$$

2.4 イオンの運動の厳密な扱い 17

係数 C_{2n} が自明でない解を持つためには，行列 M の行列式が 0 になることが必要である．

$\det M =$

$$\det \begin{pmatrix} \ddots & \vdots & \vdots & \vdots & \vdots & \vdots \\ \cdots & q & -a+(-2+\beta)^2 & q & 0 & 0 & \cdots \\ \cdots & 0 & q & -a+\beta^2 & q & 0 & \cdots \\ \cdots & 0 & 0 & q & -a+(2+\beta)^2 & q & \cdots \\ \vdots & \vdots & \vdots & \vdots & \vdots & \ddots \end{pmatrix} = 0$$

(2.32)

原理的には，この式から β を a, q の関数として求めることができる．しかしながら，この行列式は無限の次元を持つために，解析的に解くことはできない．したがって，実際には精度に応じて次元を有限で切って，数値解析により近似的に求めることが必要になる．

β が実数となる安定な解が得られる領域は，a-q 面でいくつかの部分に分かれる．原点 $(a, q) = (0, 0)$ に最も近い低い領域が，実験で主に使われる．これは a-q 面では，$\beta(a, q) = 0$ と $\beta(a, q) = 1$ で表される曲線を境界とする領域となる．3 次元で閉じ込めるためには，x, y, z すべての方向に安定条件 $0 \leq \beta_\alpha \leq 1$ $(\alpha = x, y, z)$ を満たすことが必要である．パラメーター a, q の間には，$a_z = -2a_x = -2a_y$, $q_z = -2q_x = -2q_y$ の関係がある．この関係を考慮して，すべての方向に安定条件を満たす原点に最も近い低い領域を，a_z-q_z 面で代表して示したものが図 2.5 である．図の座標 (a_z, q_z) の x, y 方向に対応する値は，上の関係式から求められる．

パラメーター a, q が小さく，$|a|, |q| \ll 1$ が成り立つ場合には，(2.31) 式の行列を 3×3 行列で近似できる．このとき β の値も小さくなるので，(2.31) 式を以下のように近似する．

$$M\vec{C} \approx \begin{pmatrix} 4 & q & 0 \\ q & -a+\beta^2 & q \\ 0 & q & 4 \end{pmatrix} \begin{pmatrix} C_{-2} \\ C_0 \\ C_2 \end{pmatrix} = 0$$

$\det M = 0$ より，β は以下のように求められる．

$$\beta = \sqrt{a + q^2/2}$$

また，係数については以下の関係が得られる．

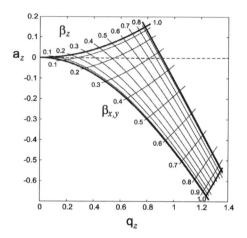

●図2.5 パウルトラップの安定領域（参考文献[5]による）

$$C_2 = C_{-2} = -\frac{q}{4}C_0$$

これらを用い，初期条件を $A=B$ とおくと，イオンの運動は (2.28) 式と (2.29) 式を用いて，以下のように求めることができる．

$$u = 2AC_0\left[1 - \frac{q}{2}\cos\Omega_{rf}t\right]\cos\frac{\beta\Omega_{rf}t}{2} \quad (2.33)$$

この結果は，DC電圧を加えない場合 ($a=0$) の有効ポテンシャル近似で求めた (2.11), (2.12), (2.13) 式と一致する．したがって，有効ポテンシャル近似は，(2.29) 式のフーリエ展開の係数 $C_0, C_{\pm 2}$ の3つの項だけで解を近似したことに相当する．

パラメーター a が0でない場合は，rf電圧にDC電圧 U_0 を重ね合わせることに対応する．したがって，トラップ内に以下の静電ポテンシャルを加えたことになる．

$$\Phi_0 = U_0\frac{x^2+y^2-2z^2}{r_0^2+2z_0^2} = \frac{m\Omega_{rf}^2}{8e}(a_x x^2 + a_y y^2 + a_z z^2)$$

永年運動に対する有効ポテンシャル Φ_{eff} は，マイクロ運動を無視した場合には，(2.14) 式の X, Y, Z を x, y, z で置き換えることができる．したがって，マイクロ運動を無視した場合のイオンに対する実効的なポテンシャルは以下のように表

される.

$$\Phi_{\text{eff}} + \Phi_0 = \frac{m\Omega_{\text{rf}}^2}{8e}[(a_x + q_x^2/2)x^2 + (a_y + q_y^2/2)y^2 + (a_z + q_z^2/2)z^2]$$

$$= \frac{m\Omega_{\text{rf}}^2}{8e}[\beta_x^2 x^2 + \beta_y^2 y^2 + \beta_z^2 z^2] = \frac{m}{2e}(\omega_{\text{v}x}^2 x^2 + \omega_{\text{v}y}^2 y^2 + \omega_{\text{v}z}^2 z^2)$$

(2.34)

イオンの永年運動の振動角周波数は以下の式で表される.

$$\omega_{\text{v}\alpha} = \frac{\beta_\alpha \Omega_{\text{rf}}}{2}, \qquad \beta_\alpha = \sqrt{a_\alpha + q_\alpha^2/2}, \quad \alpha = x, y, z \qquad (2.35)$$

静電圧 U_0 を加えることは,イオンに対する実効的なポテンシャルの形を変えることを意味する.

■ 2.5 リニアトラップ ■

レーザー冷却を使ってイオンを静止に近い状態に持っていく場合には,イオンをトラップ内の rf 電場の影響を受けない場所に局在させることが必要になる. 2.2 節で述べた,回転双曲面の電極を持つパウルトラップの場合には,rf 電場が 0 になる場所はトラップの中心,すなわち原点のみである.このため,1 個のイオンしか,静止に近い状態までレーザー冷却することができない.この欠点を改良したものがリニアトラップ(linear trap)である[6,7].

リニアトラップは,図 2.6 に示すように,4 本のロッド電極とその両端のエンド電極から構成される.図のように,対向する一対のロッド電極に $U/2$,もう一対の電極に $-U/2$ の電圧を加える.このとき,トラップの対称軸($x=0, y=0$)近傍では,2 次元の四重極ポテンシャルが発生する[*1).

$$\Phi_0 = U\frac{x^2 - y^2}{2r_0^2} \qquad (2.36)$$

ただし,r_0 はトラップの中心軸(z 軸)と電極表面との間の距離である.電極に rf 電圧と DC 電圧を加えた場合には,(2.36)式の U は $U = U_0 + V_0 \cos\Omega_{\text{rf}}t$ とおくことができる.このとき,質量 m,電荷 e を持つイオンの x-y 面における運動方程式は,以下のマシュー方程式で表される.

――――――――――――――――――――――

[*1)] 加える電圧は,一対を U,もう一対を 0 としてもよい.このときポテンシャルには一様な項が加わり,$\Phi_0 = (U/2)[1 + (x^2 - y^2)/r_0^2]$ となる.

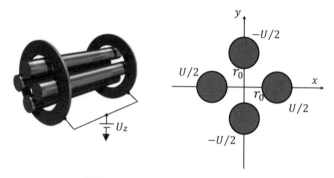

●図 2.6　リニアトラップの電極構成

$$\frac{d^2 u_\alpha}{d\tau^2} + (a_\alpha + 2q_\alpha \cos 2\tau) u_\alpha = 0, \quad \alpha = x, y, \quad \tau = \frac{\Omega_{\mathrm{rf}} t}{2}, \quad u_x = x, \quad u_y = y \tag{2.37}$$

$$a_x = -a_y = \frac{4eU_0}{m\Omega_{\mathrm{rf}}^2 r_0^2}, \quad q_x = -q_y = \frac{2eV_0}{m\Omega_{\mathrm{rf}}^2 r_0^2} \tag{2.38}$$

前に述べたように，この方程式が安定な解を持つためには，a_α, q_α の値は制限される．原点に最も近い安定領域は，x 方向のパラメーターで表すと図 2.7 のようになる．

$|a_\alpha|, |q_\alpha| \ll 1$ が成り立つ場合は，イオンの運動は永年運動とマイクロ運動で近似できる．

$$u_\alpha = A_\alpha \left[1 + \frac{q_\alpha}{2} \cos \Omega_{\mathrm{rf}} t\right] \cos(\omega_{\mathrm{v}\alpha} t + \theta_\alpha), \quad \alpha = x, y \tag{2.39}$$

永年運動の有効ポテンシャルは，以下のように表される．

$$\Phi_{\mathrm{eff}} = \frac{m}{2e} (\omega_{\mathrm{v}x}^2 x^2 + \omega_{\mathrm{v}y}^2 y^2) \tag{2.40}$$

ただし，$\omega_{\mathrm{v}\alpha} = \beta_\alpha \Omega_{\mathrm{rf}}/2, \beta_\alpha = \sqrt{a_\alpha + q_\alpha^2/2}$ である．

軸方向（z 方向）に閉じ込めるために，2 つのエンド電極に DC 電圧 U_z を加える．このポテンシャルは，2 つの DC 電極に挟まれた空間の中央の対称軸近傍では，以下の四重極ポテンシャルで近似される．

$$\Phi_{\mathrm{DC}} = \frac{\kappa U_z}{2z_0^2} (2z^2 - x^2 - y^2) = \frac{m}{2e} \omega_{\mathrm{v}z}^2 \left(z^2 - \frac{x^2 + y^2}{2}\right), \quad \omega_{\mathrm{v}z} = \sqrt{\frac{2e\kappa U_z}{mz_0^2}} \tag{2.41}$$

2.6 表面電極トラップ

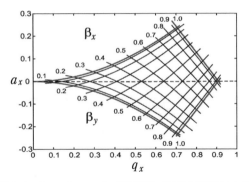

● 図 2.7 リニアトラップの安定領域（参考文献[5]による）

κ は電極の幾何学的形状で決まる因子である．z 方向に調和ポテンシャルが生じるので，イオンは角周波数 ω_{vz} で振動する．イオンの 3 次元のポテンシャルは，上記の (2.40), (2.41) 式を重ね合わせたものになる．

$$\Phi_{\text{eff}} + \Phi_{\text{DC}} = \frac{m}{2e}(\omega_{vx}'^2 x^2 + \omega_{vy}'^2 y^2 + \omega_{vz}^2) \tag{2.42}$$

$$\omega_{vx}' = \sqrt{\omega_{vx}^2 - \frac{\omega_{vz}^2}{2}}, \quad \omega_{vy}' = \sqrt{\omega_{vy}^2 - \frac{\omega_{vz}^2}{2}} \tag{2.43}$$

リニアトラップの利点は，z 軸上で rf 電場が 0 になるため，マイクロ運動がない場所が直線になることである．このため，レーザー冷却されたイオンを直線状に並べることが可能である．このようなイオン鎖を使って，量子情報処理の実験が行われている．

■ 2.6 表面電極トラップ ■

イオントラップを使った量子情報処理の実験では，多くのイオントラップを並べて，その間でイオンの輸送を行うことが必要となる．この目的のために，図 2.8 に示すような複雑な構造を持つ QCCD（quantum charge-coupled device）が提案されている[8]．

QCCD は，イオンの量子状態を制御する領域，輸送する領域，メモリーとしてイオンを蓄える領域などから構成される．これまで述べた 3 次元構造のイオン

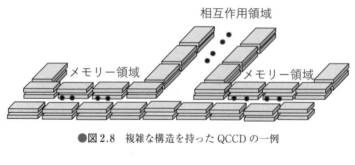

●図 2.8　複雑な構造を持った QCCD の一例

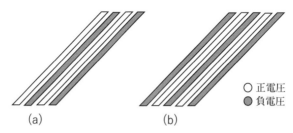

●図 2.9　表面電極によるリニアトラップの電極構成

トラップでは，このような複雑な構造を実現することは不可能であるため，最近では基板の表面の薄膜を電極として用いる表面電極トラップ（surface-electrode ion trap）の開発が進められている[9,10]．このトラップでは，超微細加工技術を使って，いろいろな機能を持ったイオントラップを集積することが可能である．

　リニアトラップは，表面に並んだ細長い平板の電極薄膜から構成される．電極に直交した方向に 2 次元の四重極ポテンシャルを発生させるには，図 2.9 に示すように，正電圧をかけた電極と負電圧（あるいはゼロ電圧）をかけた電極を，交互に 4 本，あるいは 5 本並べればよい．実際の表面電極トラップでは，主に図 2.9(b)の 5 本の電極を用いた構成が用いられる．このような配置では，電極の上方に四重極ポテンシャルを持つ領域が存在する．そのため rf 電圧を加えることによって，電極に垂直な方向にイオンを閉じ込める有効ポテンシャルが発生する．

　このことは，平板電極を解析の容易な線電荷で近似することによって示すことができる．図 2.10(a)に示すように，z 軸に平行に並んだ線電荷の作る静電ポテンシャルを考える．線電荷が無限に長いと近似すると，2 次元のポテンシャル問題となる．2 次元のポテンシャル問題は，複素関数（解析関数）を使って容易

2.6 表面電極トラップ

解くことができる[11]．x-y 面上の点 (x_0, y_0) を通る線電荷（線電荷密度 λ）による点 (x, y) における静電ポテンシャルは，以下の複素関数 $W(z)$ の実数部 $u(x, y)$ で表すことができる．

$$W(z) = u(x, y) + iv(x, y) = -K \cdot \ln(z - z_0) \tag{2.44}$$

$$z = x + iy, \quad z_0 = x_0 + iy_0, \quad K = \frac{\lambda}{2\pi\varepsilon_0} \tag{2.45}$$

$u(x, y)$ が一定の曲線は等ポテンシャル線を表し，$v(x, y)$ が一定の曲線は電気力線を表す．いくつかの線電荷がある場合には，それぞれの電荷に対する複素関数を加えればよい．解析関数の性質，およびコーシー・リーマンの方程式（Cauchy-Liemann equation）を用いると，さらに次の関係式を示すことができる．

$$\frac{dW}{dz} = \frac{dW}{dx} = \frac{du}{dx} + i\frac{dv}{dx} = \frac{du}{dx} - i\frac{du}{dy} = -E_x + iE_y \tag{2.46}$$

E_x, E_y は電場の x, y 成分である．イオントラップの有効ポテンシャルは，(2.25) 式に示すように $|\vec{E}|^2$ に比例するので，以下の関係を満足する．

$$\Phi_{\text{eff}} \propto \left|\frac{dW(z)}{dz}\right|^2 = E_x^2 + E_y^2 \tag{2.47}$$

図 2.10(a) のように，5 本の正と負の線電荷を等しい間隔 d_0 で交互に並べ，線電荷密度を正電荷に対して 1.5λ，負電荷に対して $-\lambda$ とおいた場合には，複素関

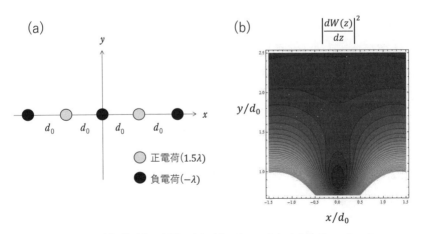

●図 2.10　(a) 線電荷の配置，(b) (a) によって生じる有効ポテンシャル

数は以下のようになる.

$$W(z) = -K \cdot \ln \frac{(z^2 - d_0^2)^{1.5}}{z(z^2 - 4d_0^2)} \quad (2.48)$$

図 2.10(b) には，この式を使って計算した，x-y 面における有効ポテンシャルの形状 $|dW(z)/dz|^2$ を示す．有効ポテンシャルの大きさは色の明るさで表現してある．図に示すように，中央の電荷（$x=0, y=0$）の上方に有効ポテンシャルの極小点があり，イオンを捕獲できる領域が存在する．この領域の上側がポテンシャルの壁が最も低く，この点と極小点との差がポテンシャルの深さとなる．表面電極トラップの特徴は，閉じ込めの強さやポテンシャルの深さが小さいことである．3 次元構造のリニアトラップと比較すると，同程度の大きさ，同程度の電圧や周波数などの場合，横（x, y）方向の永年周波数は 1/3 から 1/6，ポテンシャルの深さは 1/30 から 1/200 程度になると見積もられている[9].

上に述べた解析では，細長い電極を直線で近似して電場や有効ポテンシャルを求めた．平面電極トラップを，広い平面内に電極が隙間なく並んでいると仮定した場合には，さらによい近似が存在する．この近似では，平面電極の上に発生する電場を以下に示すビオ・サバールの法則（Biot-Savart's law）で計算する．この法則は，電流によって発生する磁場を求める法則として知られているが，無限に広い接地面に囲まれた平面電極による電場の計算にも使うことができる[12,13].

$$\vec{E}(\vec{r}) = \frac{V}{2\pi} \oint_{\partial A} \frac{d\vec{r}' \times (\vec{r} - \vec{r}')}{|\vec{r} - \vec{r}'|^3} \quad (2.49)$$

ただし電極は $y=0$ の x-z 面に存在し，電極を構成する平面領域 A に電圧 V を加える．また，その外部は接地されているものとする．$\vec{r}' = (x', 0, z')$ は電極の境界 ∂A 上の座標，$\vec{r} = (x, y, z)$ は観測点である．線積分は境界を反時計回りに行う．この近似は，トラップされるイオンの高さに比べて電極間の隙間が十分小さい場合に使うことができる．この条件は様々な表面電極トラップにおいて成り立つため，多くのトラップに対してこの近似が適用できる.

図 2.11(a) に実際に用いられる基本的な構成の表面電極トラップ，(b) にビオ・サバールの法則を使って数値解析で求めた x-y 面上の有効ポテンシャルの等高線を示す[14].（a）図の rf と書かれている電極には rf 電圧を加える．その外側の電極は，それぞれ 3 つに分割されている．End と書かれている電極には

2.6 表面電極トラップ

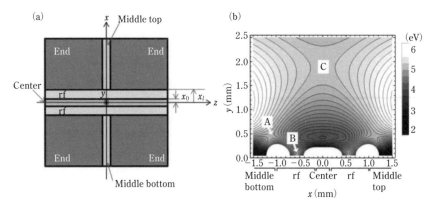

●図2.11 (a) 基本的な表面トラップの電極の構成例，(b) 数値解析で求めたx-y面の有効ポテンシャルの等高線（参考文献[14]による）

正のDC電圧を加え，軸方向の閉じ込めを行う．Middle topおよびMiddle bottomと書かれている電極，中央の電極CenterにもDC電圧を加える．これは，有効ポテンシャルとDCポテンシャルからなる全体のポテンシャルを，rf電圧が0になるrfノードにおいて最小になるように調整するためである．図に示すように，中心軸からrf電極の2つの端までの距離をそれぞれx_0, x_lとすると，イオンの捕獲される高さは，ビオ・サバールの法則を用いて$h=\sqrt{x_0 x_l}$で見積もることができる．

　表面電極トラップは集積化が容易なことから，量子情報処理への応用を目的にした多くのイオントラップが開発されている．例えば，直線上に多くのトラップを並べたトラップ列，トラップの間のイオン輸送のための分岐路[15]，トラップや分岐路をレーストラック型に配置した集積化トラップ[16]，トラップ表面電極からの加熱を抑えるための極低温動作トラップ[17]，イオンの2次元配列や2列配列型のトラップ[18,19]，マイクロ波電極を集積化したトラップ[20]，光ファイバーやレンズなどの検出光学系を集積したトラップ[21,22]などである．トラップの作成までを含めたレビューとしては，文献[23]がある．

■ 2.7 イオントラップの実際 ■

図 2.12 は，パウルトラップ，リニアトラップ，表面電極トラップの写真である．パウルトラップは，丸い穴のあいた板とそれを挟む 2 本のロッドから構成されている．穴の半径は 0.6 mm，ロッド間の間隔は 0.84 mm である．リニアトラップは，4 本のロッドの代わりに先端を丸くした 4 枚の板で構成されている．軸から電極までの距離は，$r_0 = 0.6$ mm である．対向する一対の電極に rf 電圧を加える．もう一対の電極は 3 つに分割されている．外側の 2 つの電極対に DC 電圧を加えて軸方向の閉じ込めを行う．表面電極トラップは，アルミナ基板に金をメッキして作ったものである．2.6 節で述べた基本的な電極構成を持つ．

イオントラップは，1×10^{-8} Pa 程度の超高真空中で動作させる．トラップ中で，原子を電子衝突やレーザーを用いた光電離によってイオン化する．レーザー冷却の実験では，パウルトラップやリニアトラップは，数 V から 10 V 程度のポテンシャルの深さで動作させることが多い．写真のリニアトラップを使って Ca^+ イオンを捕獲する場合には，rf 周波数 27 MHz，振幅 500 V で駆動すると，r 方向の有効ポテンシャルの深さは約 14.5 V となる．r 方向の永年運動の振動周波数は約 2.2 MHz である．z 方向の閉じ込めのために，3 mm の間隔の DC 電極に 200 V 加えると，振動周波数は約 0.9 MHz となる．表面電極トラップは，中心軸から rf 電極の端までの距離を 100 μm，rf 電極の幅を 200 μm とすると，イオンの捕獲される高さは約 170 μm となる．通常，イオンを数十 μm から数百 μm の高さのところに捕獲する．原子ビームを表面上に流し，レーザー照射によ

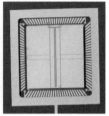

●図 2.12　実際のイオントラップ
（左）パウルトラップ，（中）リニアトラップ，（右）表面電極トラップ．

2.7 イオントラップの実際   27

る光電離によって，イオンをトラップ内に生成する．最近では表面を汚すことを避けるため，トラップに小さな穴をあけて，下から垂直に原子ビームを導入することもなされている．前に述べたように，表面電極トラップの有効ポテンシャルの深さは浅く，0.1 V 程度である．オーブンから出射される原子のうち，ボルツマン分布の低エネルギーの裾の原子のみがトラップされる．

参考文献

[1] 例えば，高橋秀俊，『電磁気学』（物理学選書），裳華房（1959）.

[2] F. G. Major, V. N. Gheorghe and G. Werth, *Charged Particle Traps*, Springer-Verlag Berlin Heidelberg（2005）.

[3] P. Ghosh, *Ion Traps*, Clarendon Press（1995）.

[4] H. G. Dehmelt, *Advances in Atomic and Molecular Physics*, **3**, 57（1967）.

[5] D. Leibfried, R. Blatt, C. Monroe and D. J. Wineland, *Rev. Mod. Phys.* **75**, 281（2003）.

[6] J. D. Prestage, G. J. Dick and L. Maleki, *J. Appl. Phys.* **66**, 1013（1989）.

[7] M. G. Raizen, J. M. Gilligan, J. C. Bergquist, W. M. Itano and D. J. Wineland, *Phys. Rev. A* **45**, 6493（1992）.

[8] D. Kielpinski, C. Monroe and D. J. Wineland, *Nature* **417**, 709（2002）.

[9] J. Chiaverini, R. B. Blakestad, J. Britton, J. D. Jost, C. Langer, D. Leibfried, R. Ozeri and D. J. Wineland, *Quant. Inf. Comp.* **5**, 419（2005）.

[10] S. Seidelin et al., *Phys. Rev. Lett.* **96**, 253003（2006）.

[11] 例えば，V. D. バーガー・M. G. オルソン著（小林澈郎・土佐幸子訳），『電磁気学 I 』，培風館（1991）.

[12] M. H. Ollvelra and J. A. Mlranda, *Eur. J. Phys.* **22**, 31（2001）.

[13] J. H. Wesenberg, *Phys. Rev. A* **78**, 063410（2008）.

[14] U. Tanaka, K. Masuda, Y. Akimoto, K. Kanda, Y. Ibaraki and S. Urabe, *Appl. Phys. B* **107**, 907（2012）.

[15] R. B. Blakestad, C. Ospelkaus, A. P. VanDevender, J. H. Wesenberg, M. J. Biercuk, D. Leibfried and D. J. Wineland, *Phys. Rev. A* **84**, 032314（2011）.

[16] J. M. Amini et al., *New J. Phys.* **12**, 033031（2010）.

[17] J. Labaziewicz, Y. Ge, P. Antohi, D. Leibrandt, K. R. Brown and I. L. Chuang, *Phys. Rev. Lett.* **100**, 013001（2008）.

[18] R. C. Sterling, H. Rattanasonti, S. Weidt, K. Lake, P. Srinivasan, S. C. Webster, M. Kraft and W. K. Hensinger, *Nature Commun.* **5**, 3637（2014）.

[19] U. Tanaka, K. Suzuki, Y. Ibaraki and S. Urabe, *J. Phys. B: At. Mol. Phys.* **47**, 035301（2014）.

[20] C. Ospelkaus, U. Warring, Y. Colombe, K. R. Brown, J. M. Amini, D. Leibfried and D. J. Wineland, *Nature* **476**, 181（2011）.

[21] A. P. VanDevender, Y. Colombe, J. Amini, D. Leibfried and D. J. Wineland, *Phys. Rev. Lett.*

105, 023001 (2010).

[22] C. R. Clark, C. Chou, A. R. Ellis, J. Hunker, S. A. Kemme, P. Maunz, B. Tabakov, C. Tigges and D. L. Stick, *Phys. Rev. Applied* **1**, 024004 (2014).

[23] M. D. Hughes, B. Lekitsch, J. A. Broersma and W. K. Hensinger, *Contemp. Phys.* **52**, 505 (2011).

3. 原子と電磁波の相互作用

■ 3.1 原子と電磁波のコヒーレントな相互作用 ■

　イオントラップ中のイオンに対しては，レーザーを使って，イオンから発する蛍光の観測，冷却などの運動状態の操作，電子状態の操作や計測を行う．原子と電磁波の相互作用の最も基本的な過程は，光の吸収による基底準位から励起準位への遷移，自然放出や誘導放出などの光の放出に伴う励起準位からエネルギーの低い準位への遷移である．光の吸収によって生成された励起準位の寿命は一般に10^{-8}秒程度で非常に短く，自然放出によってエネルギーの低い準位へ遷移する．スペクトル幅の広いインコヒーレントな光源からの光と原子との相互作用を扱う場合には，これらのプロセスに対して原子の準位の分布数の変化によって記述するレート方程式が使用できる．しかしながら，レーザーのような単色の電磁波を光源として用いる場合は，レーザーと原子の2つの準位との間でコヒーレントな相互作用が生じる．レーザーの周波数が原子の共鳴周波数に近く，ラビ周波数（後述）と呼ばれる相互作用の大きさが原子の減衰定数（寿命の逆数）よりも十分に大きい場合には，レーザーの周波数や偏光を制御することにより，原子の特定の2つの準位との間でコヒーレントな相互作用を起こすことができる．特に，励起準位が準安定準位の場合には，この準位の寿命は数十ミリ秒から数秒程度と長いため，容易にレーザーとのコヒーレントな相互作用が生じる．また，原子の超微細構造準位間のマイクロ波遷移では励起準位の寿命は非常に長い（10^{10}秒程度）ため，マイクロ波の周波数と偏波を制御することにより，容易に2つの準位とのコヒーレントな相互作用を起こすことができる．ここでは，まず，原子の自然放出による放射減衰を無視して，二準位原子とレーザーやマイクロ波などの電

磁波とのコヒーレントな相互作用を考える.

3.1.1 二準位原子と電磁波の相互作用

原子の2つのエネルギー準位のうち,励起準位のエネルギーを $\hbar\omega_e$,基底準位のエネルギーを $\hbar\omega_g$ とする.また,励起準位および基底準位の固有状態をそれぞれケットベクトルで表し,$|e\rangle$,$|g\rangle$ とする.このとき,二準位原子のハミルトニアンは,外積を使って,

$$\hat{H}^A = \hbar\omega_g |g\rangle\langle g| + \hbar\omega_e |e\rangle\langle e| \tag{3.1}$$

と表される.二準位系が閉じている場合には,以下の正規直交性および完全性が成り立つ.

$$\langle g|g\rangle = \langle e|e\rangle = 1, \qquad \langle e|g\rangle = 0, \qquad |g\rangle\langle g| + |e\rangle\langle e| = \hat{I} \tag{3.2}$$

ただし,$\hat{I}$ は恒等演算子である.原子のハミルトニアンは次のように変形できる.

$$\hat{H}^A = \frac{\hbar}{2}(\omega_g + \omega_e)\hat{I} + \frac{\hbar}{2}\omega_0(|e\rangle\langle e| - |g\rangle\langle g|), \qquad \omega_0 = \omega_e - \omega_g \tag{3.3}$$

第1項はエネルギーのオフセットであり,0とおくことで省略することができる.したがって,二準位原子のハミルトニアンは,

$$\hat{H}^A = \frac{\hbar}{2}\omega_0 \hat{\sigma}_z \tag{3.4}$$

となる.$\hat{\sigma}_z$ はパウリ演算子の z 成分である.パウリ演算子は以下のように定義される.

$$\hat{\sigma}_x = |e\rangle\langle g| + |g\rangle\langle e|, \qquad \hat{\sigma}_y = -i|e\rangle\langle g| + i|g\rangle\langle e|, \qquad \hat{\sigma}_z = |e\rangle\langle e| - |g\rangle\langle g| \tag{3.5}$$

$|e\rangle$,$|g\rangle$ を基底とした行列表現では,以下のパウリ行列となる.

$$\sigma_x = \begin{pmatrix} 0 & 1 \\ 1 & 0 \end{pmatrix}, \qquad \sigma_y = \begin{pmatrix} 0 & -i \\ i & 0 \end{pmatrix}, \qquad \sigma_z = \begin{pmatrix} 1 & 0 \\ 0 & -1 \end{pmatrix} \tag{3.6}$$

パウリ演算子はスピン $1/2$ の角運動量演算子と $\vec{s} = (\hbar/2)\vec{\sigma}$ の関係がある.パウリ演算子は以下の交換関係,反交換関係を持つ.

$$[\hat{\sigma}_x, \hat{\sigma}_y] = 2i\hat{\sigma}_z, \qquad [\hat{\sigma}_y, \hat{\sigma}_z] = 2i\hat{\sigma}_x, \qquad [\hat{\sigma}_z, \hat{\sigma}_x] = 2i\hat{\sigma}_y \tag{3.7}$$

$$\{\hat{\sigma}_x, \hat{\sigma}_y\} = 0, \qquad \{\hat{\sigma}_y, \hat{\sigma}_z\} = 0, \qquad \{\hat{\sigma}_z, \hat{\sigma}_x\} = 0 \tag{3.8}$$

ただし,$[\hat{A}, \hat{B}] = \hat{A}\hat{B} - \hat{B}\hat{A}$,$\{\hat{A}, \hat{B}\} = \hat{A}\hat{B} + \hat{B}\hat{A}$ である.また,$\hat{\sigma}_x^2 = \hat{\sigma}_y^2 = \hat{\sigma}_z^2 = 1$ が成り立つ.パウリ演算子はエルミートかつユニタリ演算子である.

3.1 原子と電磁波のコヒーレントな相互作用 *31*

原子と電磁波の電場の間には，電気双極子相互作用があると仮定する（他の相互作用については付録 B，C 参照）．相互作用ハミルトニアンは，原子内の電子の持つ電気双極子モーメント $\vec{\mu}=-e\vec{r}_e$，電磁波の電場 $\vec{E}$ を用いて以下のように表される．

$$\hat{H}^{AF}=-\vec{\mu}\cdot\vec{E} \tag{3.9}$$

$-e$ は電子の電荷，$\vec{r}_e$ は電子の原子核からの変位ベクトルである．ここでは，電磁場は外部からのパラメーターとして古典的に扱う．原子核の位置を $\vec{r}$ とすると，電子の見る単一モードの電磁波の電場は以下のように表される．

$$\vec{E}=\frac{\vec{\epsilon}}{2}\{E_0 \exp\left[i\vec{k}\cdot(\vec{r}+\vec{r}_e)-i\omega_L t\right]+E_0^* \exp\left[-i\vec{k}\cdot(\vec{r}+\vec{r}_e)+i\omega_L t\right]\} \tag{3.10}$$

ただし，ω_L は電磁波の角周波数，$\vec{k}$ は波数ベクトルで，光の波長 λ と $k=|\vec{k}|=2\pi/\lambda$ の関係がある．また，E_0 は位相 φ_0 を使って $E_0=|E_0|\exp(i\varphi_0)$ と表される．$\vec{\epsilon}$ は偏光ベクトルである．ここでは，直線偏光を扱い実数とする（円偏光を含む一般の場合は付録 B を参照）．原子内の電子の広がりが光の波長よりも十分に小さい場合には，以下のように近似できる（電気双極子近似）．

$$\exp(i\vec{k}\cdot\vec{r}_e)\approx 1+i\vec{k}\cdot\vec{r}_e\approx 1 \tag{3.11}$$

原子は静止しているとして，原子核の位置を原点にとり $\vec{r}=0$ とおく．このとき，相互作用ハミルトニアンは以下のようになる．

$$\hat{H}^{AF}=-\hat{\mu}E(t) \tag{3.12}$$

$$\hat{\mu}=-e\vec{r}_e\cdot\vec{\epsilon}, \qquad E(t)=|E_0|\cos(\omega_L t-\varphi_0) \tag{3.13}$$

$\vec{r}_e$ は演算子であることを強調して書いてある．この演算子の二準位系の基底ベクトル $|e\rangle,|g\rangle$ を使った表現は，$|e\rangle\langle e|+|g\rangle\langle g|=\hat{I}$ を用いて $\hat{\mu}$ の両側を挟むことにより以下のように表すことができる．

$$\hat{\mu}=-(|e\rangle\langle e|+|g\rangle\langle g|)\vec{\epsilon}\cdot e\vec{r}_e(|e\rangle\langle e|+|g\rangle\langle g|)$$
$$=-|e\rangle\langle e|\vec{\epsilon}\cdot e\vec{r}_e|e\rangle\langle e|-|g\rangle\langle g|\vec{\epsilon}\cdot e\vec{r}_e|g\rangle\langle g|-|e\rangle\langle e|\vec{\epsilon}\cdot e\vec{r}_e|g\rangle\langle g|-|g\rangle\langle g|\vec{\epsilon}\cdot e\vec{r}_e|e\rangle\langle e|$$
$$\tag{3.14}$$

パリティ選択則から，原子の双極子モーメントの対角成分 $\vec{\epsilon}\cdot\langle e|e\vec{r}_e|e\rangle$，$\vec{\epsilon}\cdot\langle g|e\vec{r}_e|g\rangle$ は一般的に 0 になる．また，$\hat{\mu}$ はエルミート演算子であるので，$\vec{\epsilon}\cdot\langle e|e\vec{r}_e|g\rangle=(\vec{\epsilon}\cdot\langle g|e\vec{r}_e|e\rangle)^*$ が成り立つ．したがって，$\vec{\epsilon}\cdot\langle e|e\vec{r}_e|g\rangle=d$ とおくと，電気双極子モーメントは以下のように表される．

$$\hat{\mu}=-(d|e\rangle\langle g|+d^*|g\rangle\langle e|) \tag{3.15}$$

原子の昇演算子，降演算子を $\hat{\sigma}_+ = |e\rangle\langle g|$，$\hat{\sigma}_- = |g\rangle\langle e|$ と定義すると，相互作用ハミルトニアンを以下のように書くことができる．

$$\widehat{H}^{\mathrm{AF}} = (d\hat{\sigma}_+ + d^*\hat{\sigma}_-)|E_0|\cos(\omega_{\mathrm{L}}t - \varphi_0) \tag{3.16}$$

昇，降演算子はパウリ演算子と以下の関係にある．

$$\hat{\sigma}_+ = \frac{\hat{\sigma}_x + i\hat{\sigma}_y}{2}, \qquad \hat{\sigma}_- = \frac{\hat{\sigma}_x - i\hat{\sigma}_y}{2} \tag{3.17}$$

したがって，全ハミルトニアンは，原子および相互作用ハミルトニアンを用いて，以下のように表される．

$$\widehat{H} = \widehat{H}^{\mathrm{A}} + \widehat{H}^{\mathrm{AF}} = \frac{\hbar\omega_0}{2}\hat{\sigma}_z + (d\hat{\sigma}_+ + d^*\hat{\sigma}_-)|E_0|\cos(\omega_{\mathrm{L}}t - \varphi_0) \tag{3.18}$$

3.1.2 時 間 発 展

ハミルトニアン（3.18）による，原子の状態ベクトル $|\psi(t)\rangle$ の時間発展は，シュレーディンガー方程式（Schrödinger equation）で記述される．

$$i\hbar\frac{\partial|\psi(t)\rangle}{\partial t} = \widehat{H}|\psi(t)\rangle \tag{3.19}$$

状態ベクトル $|\psi(t)\rangle$ を，次のように基底ベクトルで展開する．

$$|\psi(t)\rangle = c_{\mathrm{re}}(t)e^{-i\omega_{\mathrm{L}}t/2}|e\rangle + c_{\mathrm{rg}}(t)e^{i\omega_{\mathrm{L}}t/2}|g\rangle \tag{3.20}$$

展開係数の時間依存性を 2 つに分けたのは，時間的に動く基底ベクトル $e^{-i\omega_{\mathrm{L}}t/2}|e\rangle$, $e^{i\omega_{\mathrm{L}}t/2}|g\rangle$ で展開したことを意味する．係数 $c_{\mathrm{re}}(t)$, $c_{\mathrm{rg}}(t)$ は，電磁波の角周波数 ω_{L} で回転する座標系（回転軸表示）で記述したときの展開係数である．この系では状態ベクトルは以下のように表される（付録 A 参照）．

$$|\psi(t)\rangle_{\mathrm{r}} = c_{\mathrm{re}}(t)|e\rangle + c_{\mathrm{rg}}(t)|g\rangle \tag{3.21}$$

（3.20）式の $|\psi(t)\rangle$ をシュレーディンガー方程式に代入し，左からブラベクトル $\langle e|$, $\langle g|$ をそれぞれ作用させ，（3.2）式の基底ベクトルの正規直交性，および $\hat{\sigma}_z|e\rangle = |e\rangle$, $\hat{\sigma}_z|g\rangle = -|g\rangle$, $\hat{\sigma}_+|e\rangle = 0$, $\hat{\sigma}_+|g\rangle = |e\rangle$, $\hat{\sigma}_-|e\rangle = |g\rangle$, $\hat{\sigma}_-|g\rangle = 0$, の関係を用いると，展開係数について以下の連立微分方程式が得られる．

$$i\hbar\frac{d}{dt}\begin{pmatrix} c_{\mathrm{re}} \\ c_{\mathrm{rg}} \end{pmatrix} = \frac{\hbar}{2}\begin{pmatrix} \delta & (d|E_0|/\hbar)(e^{i\varphi_0} + e^{2i\omega_{\mathrm{L}}t - i\varphi_0}) \\ (d^*|E_0|/\hbar)(e^{-i\varphi_0} + e^{-2i\omega_{\mathrm{L}}t + i\varphi_0}) & -\delta \end{pmatrix}\begin{pmatrix} c_{\mathrm{re}} \\ c_{\mathrm{rg}} \end{pmatrix}$$

$$\tag{3.22}$$

ただし，$\delta = \omega_0 - \omega_{\mathrm{L}}$ とおいた．（3.22）式において，電磁波の角周波数 ω_{L} が原子

の共鳴角周波数 ω_0 に近い場合は，角周波数 $2\omega_L$ で振動する項は時間積分した際に小さくなるため無視することができる．これを回転波近似という．回転波近似を行うと，結局，以下の定係数の連立微分方程式が得られる．

$$i\hbar\frac{d}{dt}\begin{pmatrix}c_{\mathrm{re}}\\c_{\mathrm{rg}}\end{pmatrix}=\frac{\hbar}{2}\begin{pmatrix}\delta & \Omega_0 e^{i\varphi}\\\Omega_0 e^{-i\varphi} & -\delta\end{pmatrix}\begin{pmatrix}c_{\mathrm{re}}\\c_{\mathrm{rg}}\end{pmatrix} \tag{3.23}$$

ただし，$\Omega_0=|d||E_0|/\hbar$ である．また，$d=|d|e^{i\varphi_d}$ とおいて，双極子モーメントの位相を $\varphi=\varphi_0+\varphi_d$ の中に含めた．Ω_0 は相互作用の強さを表す量で，周波数の次元を持つ．このためラビ周波数（Rabi frequency）といわれる．(3.22) 式の右辺の時間依存性が消えたのは，電場の1つの回転成分と同じように回転する系で記述したためである．(3.23) 式は斉次の一階微分方程式であるので，ラプラス変換，あるいは $c_{\mathrm{rg}}=Ae^{\lambda t}$，$c_{\mathrm{re}}=Be^{\lambda t}$ とおいて解くことができる．初期状態を $c_{\mathrm{re}}(0)$，$c_{\mathrm{rg}}(0)$ として，規格化条件 $|c_{\mathrm{re}}|^2+|c_{\mathrm{rg}}|^2=1$ を用いると，状態ベクトルの時間発展は，行列を用いて以下のように表される．

$$\begin{pmatrix}c_{\mathrm{re}}(t)\\c_{\mathrm{rg}}(t)\end{pmatrix}=\begin{pmatrix}\cos(Wt/2)-i(\delta/W)\sin(Wt/2) & -i(\Omega_0/W)e^{i\varphi}\sin(Wt/2)\\-i(\Omega_0/W)e^{-i\varphi}\sin(Wt/2) & \cos(Wt/2)+i(\delta/W)\sin(Wt/2)\end{pmatrix}\begin{pmatrix}c_{\mathrm{re}}(0)\\c_{\mathrm{rg}}(0)\end{pmatrix}$$

$$\tag{3.24}$$

ただし $W=\sqrt{\Omega_0^2+\delta^2}$ である．共鳴（$\delta=0$）の場合には以下のように表される．

$$\begin{pmatrix}c_{\mathrm{re}}(t)\\c_{\mathrm{rg}}(t)\end{pmatrix}=\begin{pmatrix}\cos(\Omega_0 t/2) & -ie^{i\varphi}\sin(\Omega_0 t/2)\\-ie^{-i\varphi}\sin(\Omega_0 t/2) & \cos(\Omega_0 t/2)\end{pmatrix}\begin{pmatrix}c_{\mathrm{re}}(0)\\c_{\mathrm{rg}}(0)\end{pmatrix} \tag{3.25}$$

初期状態が基底準位にあった場合，すなわち $c_{\mathrm{rg}}(0)=1$，$c_{\mathrm{re}}(0)=0$ のときに，時間 t の後に原子が励起準位に見出される確率は，(3.24) 式を用いると以下のようになる．

$$|c_{\mathrm{re}}|^2=\frac{\Omega_0^2}{W^2}\sin^2\left(\frac{Wt}{2}\right) \tag{3.26}$$

このような励起準位への遷移をラビ遷移という．各々の準位に見出される確率は時間的に振動する．これをラビ振動という．共鳴条件では，以下のように，原子は基底準位と励起準位の間を対称的に振動する．

$$|c_{\mathrm{re}}|^2=\sin^2\left(\frac{\Omega_0 t}{2}\right) \tag{3.27}$$

図3.1(a)には，励起準位に見出される確率 (3.26) 式の時間変化を，3つの離調の場合に対して示す．また，(b)に離調 $\delta=\omega_0-\omega_L$ への依存性を示す．

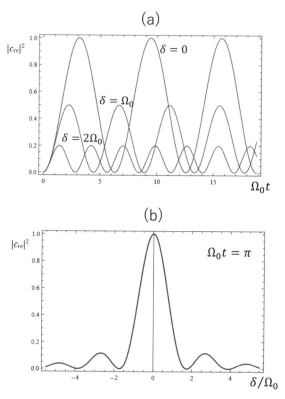

●図3.1 (a)さまざまな離調におけるラビ振動，(b)ラビ遷移の離調 $\delta=\omega_0-\omega_L$ への依存性

共鳴条件が成り立つとき，電磁波のパルスの長さ（相互作用時間），あるいは振幅を制御することにより，原子の状態を制御することができる．以下のパルスがよく知られている．

パルス長を $t_\pi=\pi/\Omega_0$ としたものを π パルスという．このとき，(3.25)式の時間発展を表す行列は，位相を $\varphi=\pi/2$ とすると以下のようになる．

$$R_\pi = \begin{pmatrix} 0 & 1 \\ -1 & 0 \end{pmatrix} \tag{3.28}$$

このパルスにより $|g\rangle \to |e\rangle$ あるいは $|e\rangle \to -|g\rangle$ という遷移が起こる．すなわち，原子の分布を反転させることができる．

パルス長を $t_{\pi/2}=\pi/2\Omega_0$ としたものを，$\pi/2$ パルスという．時間発展を表す行

3.1 原子と電磁波のコヒーレントな相互作用   *35*

列は,同様に $\varphi = \pi/2$ とすると以下のようになる.

$$R_{\pi/2} = \begin{pmatrix} 1/\sqrt{2} & 1/\sqrt{2} \\ -1/\sqrt{2} & 1/\sqrt{2} \end{pmatrix} \qquad (3.29)$$

原子が基底準位にあった場合には,このパルスにより $|g\rangle \rightarrow (|g\rangle + |e\rangle)/\sqrt{2}$ と変化する.すなわち,等しい重ね合わせの状態を作ることができる.

パルス長を $t_{2\pi} = 2\pi/\Omega_0$ としたものを,2π パルスという.時間発展を表す行列は以下のようになる.

$$R_{2\pi} = \begin{pmatrix} -1 & 0 \\ 0 & -1 \end{pmatrix} \qquad (3.30)$$

このパルスは状態を元に戻す.ただし,状態ベクトルの符号が反転する.

3.1.3 密 度 演 算 子

二準位原子の状態は,ブロッホベクトルを用いて表すことができる.この方法を用いると,原子の状態を直感的に理解することができる.この説明に入る前に,まず密度演算子(密度行列)を導入する.状態ベクトル $|\psi\rangle$ に対する密度演算子は以下で定義される.

$$\bar{\rho} = |\psi\rangle\langle\psi| \qquad (3.31)$$

二準位原子の状態ベクトルが $|\psi\rangle = c_e|e\rangle + c_g|g\rangle$ で表される場合は,以下のようになる.

$$\bar{\rho} = |c_e|^2|e\rangle\langle e| + |c_g|^2|g\rangle\langle g| + c_e c_g^*|e\rangle\langle g| + c_g c_e^*|g\rangle\langle e|$$

密度演算子の行列表現を密度行列という.基底 $|e\rangle$, $|g\rangle$ を用いると以下のようになる.

$$\begin{pmatrix} \rho_{ee} & \rho_{eg} \\ \rho_{ge} & \rho_{gg} \end{pmatrix} \equiv \begin{pmatrix} \langle e|\rho|e\rangle & \langle e|\rho|g\rangle \\ \langle g|\rho|e\rangle & \langle g|\rho|g\rangle \end{pmatrix} = \begin{pmatrix} |c_e|^2 & c_e c_g^* \\ c_g c_e^* & |c_g|^2 \end{pmatrix} \qquad (3.32)$$

密度演算子は,状態ベクトルが量子状態を記述するのと同様に,量子系の状態を記述する.したがって,物理量を表す演算子とは概念的に異なるものである.状態ベクトルに比べて,この演算子はより一般的な系の状態を記述することができる.状態ベクトルを用いることができるのは系の状態が完全に知られている場合のみである.一方,密度演算子は,状態に関する知識が不完全な場合,すなわち確率的にしか分からない場合にも用いることができる.例えば,量子系がいくつかの可能性のある状態 $|\psi_n\rangle$ にあり,それぞれの状態にある確率 p_n のみが分かっ

ている場合は，密度演算子は以下で定義される．

$$\hat{\rho}=\sum_n p_n|\psi_n\rangle\langle\psi_n|, \qquad \sum_n p_n=1 \tag{3.33}$$

状態ベクトルが完全に知られているような状態を純粋状態，状態に関する知識が不完全で確率的にしか分からない状態を混合状態という．密度演算子を用いればどちらの状態も記述できる．

密度演算子で量子系を記述する場合には，その時間発展を知ることが必要である．この時間発展は，シュレーディンガー方程式を用いることにより，以下のように導くことができる．

$$i\hbar\frac{\partial\tilde{\rho}}{\partial t}=\left[\hat{H},\hat{\rho}\right] \tag{3.34}$$

また，物理量 $\hat{A}$ の期待値は密度演算子を用いると，以下のように表すことができる．

$$\langle\hat{A}\rangle=\sum_n p_n\langle\psi_n|\hat{A}|\psi_n\rangle=\sum_s\sum_n p_n\langle\psi_n|\hat{A}|s\rangle\langle s|\psi_n\rangle$$

$$=\sum_s\langle s|(\sum_n p_n|\psi_n\rangle\langle\psi_n|\hat{A})|s\rangle=\sum_s\langle s|\hat{\rho}\hat{A}|s\rangle\equiv\mathrm{Tr}(\hat{\rho}\hat{A}) \tag{3.35}$$

$|s\rangle$ は任意の正規直交基底である．式の変形の際に，$\sum_s|s\rangle\langle s|=\hat{1}$ を用いた．Tr は対角和といわれる．密度行列で表現した場合には，期待値は $\rho\hat{A}$ を表す行列の対角成分の和で表される．これは用いる基底にはよらない．密度演算子は，非負の固有値を持つエルミート演算子である．密度演算子の対角和は，$\mathrm{Tr}(\hat{\rho})=1$ を満たす．二準位系の密度行列（3.32）式に示すように，対角成分は各準位の存在確率を示し，$|c_\mathrm{e}|^2+|c_\mathrm{g}|^2=1$ を満たす．非対角成分は重ね合わせ状態によって生じるコヒーレンスを表す．

3.1.4 ブロッホベクトル

二準位系におけるブロッホベクトルは，一般的にパウリ演算子の3つの成分，$\hat{\sigma}_x, \hat{\sigma}_y, \hat{\sigma}_z$ の期待値で定義することができる．ここでは電磁波と二準位原子との相互作用を扱うために回転系において定義されたブロッホベクトルを考える．回転軸表示の密度演算子 $\tilde{\rho}_\mathrm{r}$（付録 A 参照）を用いると，この表示におけるパウリ演算子の期待値は以下のように表される．

$$\langle\hat{\sigma}_x\rangle=\mathrm{Tr}(\tilde{\rho}_\mathrm{r}\hat{\sigma}_x)=\tilde{\rho}_\mathrm{eg}+\tilde{\rho}_\mathrm{ge}\equiv u \tag{3.36}$$

$$\langle\hat{\sigma}_y\rangle=\mathrm{Tr}(\tilde{\rho}_\mathrm{r}\hat{\sigma}_y)=i\tilde{\rho}_\mathrm{eg}-i\tilde{\rho}_\mathrm{ge}\equiv v \tag{3.37}$$

$$\langle \hat{\sigma}_z \rangle = \text{Tr}(\hat{\rho}_r \hat{\sigma}_z) = \tilde{\rho}_{ee} - \tilde{\rho}_{gg} \equiv w \tag{3.38}$$

仮想的な3次元空間を導入して，u, v, w を成分とする次のベクトルを定義する.

$$\vec{R} = u\vec{e}_1 + v\vec{e}_2 + w\vec{e}_3 \tag{3.39}$$

これをブロッホベクトル（Bloch vector）という. 仮想的な3次元空間はブロッホ空間と呼ばれる. 二準位系が純粋状態 $|\psi(t)\rangle_r = c_{re}(t)|e\rangle + c_{rg}(t)|g\rangle$ で記述される場合には，$\hat{\rho}_r = |\psi(t)\rangle_{rr}\langle\psi(t)|$ の各成分は，$\tilde{\rho}_{eg} = c_{re}c_{rg}^*$, $\tilde{\rho}_{ge} = c_{rg}c_{re}^*$, $\tilde{\rho}_{ee} = |c_{re}|^2$, $\tilde{\rho}_{gg} = |c_{rg}|^2$ と表される. これを用いると，ブロッホベクトルは以下のように単位ベクトルになることを示すことができる.

$$|\vec{R}|^2 = u^2 + v^2 + w^2 = (\tilde{\rho}_{eg} + \tilde{\rho}_{ge})^2 + (i\tilde{\rho}_{eg} - i\tilde{\rho}_{ge})^2 + (\tilde{\rho}_{ee} - \tilde{\rho}_{gg})^2$$
$$= (|c_{re}|^2 + |c_{rg}|^2)^2 = 1$$

したがって，純粋状態のブロッホベクトルの先端は，半径1の球面上にある. この球をブロッホ球（Bloch sphere）という.

任意の純粋状態のブロッホベクトルは，ブロッホ球上の1点で表すことができる. 量子状態 $|\psi\rangle_r = c_{re}|e\rangle + c_{rg}|g\rangle$ を指定するには，2つの展開係数が複素数であるため，4つの実数が必要である. しかしながら，規格化条件およびグローバル位相は無視できることを用いると，2つの実数パラメーターのみで指定することができる. このパラメーターを，以下のように θ, ϕ で表す.

$$c_{re} = \cos\left(\frac{\theta}{2}\right), \qquad c_{rg} = \sin\left(\frac{\theta}{2}\right)e^{i\phi} \tag{3.40}$$

このとき，上記の量子状態に対応するブロッホベクトルは，以下のように表される.

$$u = \tilde{\rho}_{eg} + \tilde{\rho}_{ge} = c_{re}c_{rg}^* + c_{rg}c_{re}^* = \sin\theta\cos\phi$$
$$v = i\tilde{\rho}_{eg} - i\tilde{\rho}_{ge} = ic_{re}c_{rg}^* - ic_{rg}c_{re}^* = \sin\theta\sin\phi$$
$$w = \tilde{\rho}_{ee} - \tilde{\rho}_{gg} = |c_{re}|^2 - |c_{rg}|^2 = \cos\theta$$

すなわち，状態 $|\psi\rangle_r = c_{re}|e\rangle + c_{rg}|g\rangle$ は，図 3.2(a) に示すように，ブロッホ球上の点 $(\sin\theta\cos\phi, \sin\theta\sin\phi, \cos\theta)$ に対応する. 図 3.2(b) には，ブロッホ球上の代表的な点に対応する状態ベクトルを示してある.

ブロッホベクトルの物理的な意味は，次のように述べることができる. w は定義から明らかなように，励起準位と基底準位の分布差に対応する. 一方 u, v については，電気双極子モーメント $\hat{\mu} = -(d\hat{\sigma}_+ + d^*\hat{\sigma}_-)$ の期待値を計算すると，$\langle\hat{\mu}$

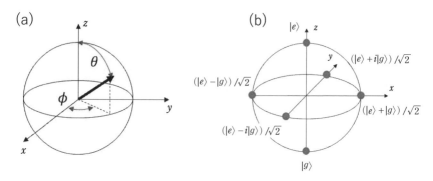

●図 3.2　ブロッホ球と対応する二準位系の状態ベクトル

と以下の関係があることが分かる．
$$\langle\hat{\mu}\rangle=\mathrm{Tr}(\hat{\rho}_\mathrm{r}\hat{U}_\mathrm{r}^+\hat{\mu}\hat{U}_\mathrm{r})=-|d|(c_\mathrm{rg}c_\mathrm{re}^*\,e^{i(\omega_\mathrm{L}t+\varphi_d)}+c_\mathrm{re}c_\mathrm{rg}^*\,e^{-i(\omega_\mathrm{L}t+\varphi_d)})$$
$$=-|d|[u\cos(\omega_\mathrm{L}t+\varphi_d)-v\sin(\omega_\mathrm{L}t+\varphi_d)]$$
ただし，付録 A で述べるように回転系では $\hat{\mu}$ は変換演算子 $\hat{U}_\mathrm{r}=e^{-i\omega_\mathrm{L}t\hat{\sigma}_z/2}$ を用いて $\hat{U}_\mathrm{r}^+\hat{\mu}\hat{U}_\mathrm{r}$ と表されることを用いた．これより，u および v は，電磁波の電場により誘起され，電場の周波数で振動する電気双極子モーメントの直交位相振幅に比例すると考えられる．二準位系がスピン 1/2 を持つ粒子の場合には，$\vec{s}=\hbar\vec{\sigma}/2$ の関係があるので，ブロッホベクトルはスピンの 3 成分に対応する．この場合には，ブロッホベクトルは仮想的な空間でなく，実空間のベクトルと考えることができる．

　二準位原子と電磁波との相互作用は，ブロッホベクトルの時間変化で記述すると直感的に理解できる．ブロッホベクトルの時間変化を求めるために，まず，密度行列の時間変化を考える．密度行列の時間変化は（3.34）式を直接用いても計算できる（付録 A 参照）．ここでは，係数 c_re, c_rg の時間変化を表す（3.23）式を用いる．

$$\frac{d\tilde{\rho}_\mathrm{ge}}{dt}=\frac{d\tilde{\rho}_\mathrm{eg}^*}{dt}=\frac{dc_\mathrm{rg}}{dt}c_\mathrm{re}^*+c_\mathrm{rg}\frac{dc_\mathrm{re}^*}{dt}=i\delta\tilde{\rho}_\mathrm{ge}-\frac{i\Omega_0 e^{-i\varphi}(\tilde{\rho}_\mathrm{ee}-\tilde{\rho}_\mathrm{gg})}{2} \quad (3.41)$$

$$\frac{d\tilde{\rho}_\mathrm{ee}}{dt}=-\frac{d\tilde{\rho}_\mathrm{gg}}{dt}=\frac{dc_\mathrm{re}}{dt}c_\mathrm{re}^*+c_\mathrm{re}\frac{dc_\mathrm{re}^*}{dt}=\frac{i\Omega_0(\tilde{\rho}_\mathrm{eg}e^{-i\varphi}-\tilde{\rho}_\mathrm{ge}e^{i\varphi})}{2} \quad (3.42)$$

これと，ブロッホベクトルの定義，（3.36）〜（3.38）式を用いると，ブロッホベ

クトルは，電磁波との相互作用によって以下のように時間発展することが分かる．

$$\frac{du}{dt} = -\delta \cdot v - (\Omega_0 \sin\varphi)w \tag{3.43}$$

$$\frac{dv}{dt} = \delta \cdot u - (\Omega_0 \cos\varphi)w \tag{3.44}$$

$$\frac{dw}{dt} = (\Omega_0 \sin\varphi)u + (\Omega_0 \cos\varphi)v \tag{3.45}$$

ただし，$\delta = \omega_0 - \omega_L$ である．さらに，ベクトル $\vec{W}$ を次のように定義する．

$$\vec{W} = (\Omega_0 \cos\varphi)\vec{e}_1 - (\Omega_0 \sin\varphi)\vec{e}_2 + \delta\vec{e}_3 \tag{3.46}$$

ただし，$\vec{W}$ の長さは $|\vec{W}| = W = \sqrt{\Omega_0^2 + \delta^2}$ である．これを使うと，ブロッホベクトル $\vec{R} = u\vec{e}_1 + v\vec{e}_2 + w\vec{e}_3$ の時間発展は次のようにまとめることができる．

$$\frac{d\vec{R}}{dt} = \vec{W} \times \vec{R} \tag{3.47}$$

この式は，ブロッホベクトル $\vec{R}$ がベクトル $\vec{W}$ の周りを回転することを表している．すなわち，(3.47)式より $d\vec{R}/dt \cdot \vec{R} = 0$ が得られる．したがって，$|\vec{R}|^2$ は時間的に一定である．純粋状態では $|\vec{R}|^2 = 1$ が成り立つので，ブロッホベクトルはブロッホ球上を動く．また，同様に (3.47) 式より $d\vec{R}/dt \cdot \vec{W} = 0$ が得られる．これより，$\vec{W}$ を変化させない場合には，$\vec{W} \cdot \vec{R} = |\vec{W}||\vec{R}|\cos\alpha$ が時間的に一定となる．したがって，ブロッホベクトルは，$\vec{W}$ となす角度 α が一定の円錐上を動く．ブロッホベクトルの $\vec{W}$ の周りの回転角速度は，$|d\vec{R}/dt|/|\vec{R}|\sin\alpha$ で求

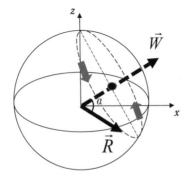

●図 3.3　ブロッホ球上のブロッホベクトルの運動

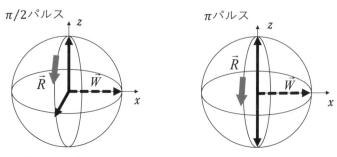

●図 3.4　$\pi/2$ パルスと π パルスにおけるブロッホベクトルの運動

められるが，これは (3.47) 式より W となる．したがって回転の周期は $T = 2\pi/W$ である．図 3.3 にブロッホベクトルの動きを示す．

共鳴条件が成り立つ場合 ($\delta=0$) には，$\vec{W}$ は赤道面内にある．レーザーの位相を $\varphi=0$ とした場合の，$\pi/2$ パルス，π パルスに対するブロッホベクトルの動きを図 3.4 に示す．$\pi/2$ パルスによって励起準位 $|e\rangle$（北極）にあった原子は赤道面上の等しい重ね合わせ状態 $(|e\rangle-i|g\rangle)/\sqrt{2}$ へ移る．π パルスによって励起準位 $|e\rangle$（北極）にあった原子は基底準位 $|g\rangle$（南極）に移る．

3.1.5　ラムゼイ干渉

前項で述べたように，$\pi/2$ パルスは基底準位の原子，あるいは励起準位の原子を等しい重ね合わせ状態に移す．時間間隔 T（ここではドリフト時間という）だけ離れた，2 つの $\pi/2$ パルスを原子と相互作用させると，以下に示すように，原子の基底（励起）準位に対する確率振幅の干渉を観測することができる．

まず，基底準位 $|g\rangle$ にある原子に，$\pi/2$ パルス ($\varphi=\pi/2$) を作用させる．このとき，(3.29) 式を用いると，原子は以下の状態に移ることが分かる．

$$\frac{|e\rangle+|g\rangle}{\sqrt{2}}$$

ドリフト時間 T の間に，重ね合わせの係数間の位相シフト ϕ を与える．

$$\frac{e^{i\phi}|e\rangle+|g\rangle}{\sqrt{2}}$$

T 秒後に再び $\pi/2$ パルス ($\varphi=\pi/2$) を加える．再び (3.29) 式を用いて，$|e\rangle$，$|g\rangle$ の変化を求めると，原子は以下の状態に移ることが分かる．

3.1 原子と電磁波のコヒーレントな相互作用

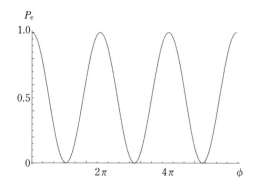

●図 3.5 ラムゼイ干渉における励起準位の存在確率 P_e

$$\frac{(1+e^{i\phi})|e\rangle + (1-e^{i\phi})|g\rangle}{2} \tag{3.48}$$

ここで原子の状態を観測すると，原子は確率 P_e で励起準位に，確率 P_g で基底準位に観測される．

$$P_e = \frac{1+\cos\phi}{2}, \qquad P_g = \frac{1-\cos\phi}{2} \tag{3.49}$$

励起準位に見出す確率 P_e を図 3.5 に示す．位相 ϕ を変えると干渉が観測される．これをラムゼイ干渉（Ramsey interference）という．

ラムゼイ干渉は，ドリフト時間 T の間に位相シフトを加える代わりに，2 番目の $\pi/2$ パルスの位相を変えることによっても観測できる．この場合，最初のパルスの位相 $\varphi=\pi/2$ に対して，2 番目のパルスの位相を $\varphi=\phi+\pi/2$ とする．(3.25) 式を用いると，このパルスによって状態は，$|e\rangle \to (|e\rangle - e^{-i\phi}|g\rangle)/\sqrt{2}$, $|g\rangle \to (e^{i\phi}|e\rangle + |g\rangle)/\sqrt{2}$ と変化することが分かる．最終状態は，$[(1+e^{i\phi})|e\rangle + (1-e^{-i\phi})|g\rangle]/2$ となる．励起準位，基底準位に見出される確率は，(3.49) 式と同じ結果になる．

ドリフト時間中に位相シフトを発生させるには，いくつかの方法がある．原子のエネルギー準位を，後に述べる AC シュタルクシフトなどで変化させる方法，あるいは電磁波の周波数を変えて，離調を $\delta=\omega_0-\omega_L$ とする方法などである．前者の場合，例えば，励起準位のエネルギーを ε だけシフトさせると，ドリフト時間中のハミルトニアンは，$\hat{H}_r = \varepsilon|e\rangle\langle e|$ となる．したがって，T 秒後には励起準位のみが $e^{-i\varepsilon T/\hbar}|e\rangle$ へと変化する．後者の場合，ドリフト時間中のハミルトニアンは，

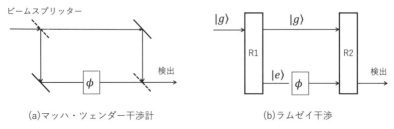

(a)マッハ・ツェンダー干渉計　　　　(b)ラムゼイ干渉

●図 3.6　マッハ・ツェンダー干渉計とラムゼイ干渉の類推

$\hat{H}_\mathrm{I} = (\delta\hbar/2)\hat{\sigma}_z$ となる．重ね合わせの状態は T 秒後には $(e^{-i\delta T/2}|e\rangle + e^{i\delta T/2}|g\rangle)/\sqrt{2}$ $= e^{i\delta T/2}(e^{-i\delta T}|e\rangle + |g\rangle)/\sqrt{2}$ となり，実効的に $\phi = -\delta T$ が得られる．

ラムゼイ干渉は，マッハ・ツェンダー干渉計を使った光の干渉と類似の現象である．図 3.6(a) には，50/50 のビームスプリッターを用いたマッハ・ツェンダー干渉計を示す．最初のビームスプリッターに入射した光が，2 つの経路の重ね合わせの状態に移り，2 番目のビームスプリッターによって再び重ね合わされる．片側の光路長を変化させることによって，検出器において干渉が観測される．図 3.6(b) は，ラムゼイ干渉を同様なブロック図で示したものである．R1, R2 で示される $\pi/2$ パルスがビームスプリッターに相当する．すなわち，最初の $\pi/2$ パルスにより 2 つの状態の重ね合わせが得られ，2 番目の $\pi/2$ パルスによって再び重ね合わされる．片方の経路 $|e\rangle$ の位相 ϕ を変えることによって，同様に干渉が得られる．

ラムゼイ干渉は別の観点からも説明できる．上の例は，時間 T だけ離れた 2 つの共鳴した $\pi/2$ パルスを使ったものである．$\pi/2$ パルスの代わりに，弱い強度のパルスで励起する場合を考える．この場合，パルスは原子と共鳴している必要はない．この問題を考えるため，相互作用表示（付録 A 参照）を用いる．この表示では，離調が δ のパルスで励起した場合の相互作用ハミルトニアンは (A.25) 式より以下のように与えられる．

$$\hat{H}_\mathrm{I} = \frac{\hbar\Omega_0}{2}(\hat{\sigma}_+ e^{i\delta t} + \hat{\sigma}_- e^{-i\delta t}), \qquad \delta = \omega_0 - \omega_\mathrm{L}$$

ただし，簡単のため，(A.25) 式において $\varphi = 0$ とおいた．相互作用の大きさ Ω_0 が小さいため，シュレーディンガー方程式の解を，1 次の摂動解で近似する．

$$|\psi(t)\rangle_\mathrm{I} \approx \left(1 - \frac{i}{\hbar}\int_0^t \hat{H}_\mathrm{I}(t')dt'\right)|\phi(0)\rangle_\mathrm{I}$$

初期状態が $|\psi(0)\rangle_1 = |g\rangle$ のとき，最初のパルスを τ 秒間作用させた後の原子の状態は，上の摂動解を用いて以下のように求められる．

$$|\psi(t)\rangle_1 \approx |g\rangle + \frac{\Omega_0}{2\delta}(1-e^{i\delta\tau})|e\rangle \quad (3.50)$$

相互作用のないドリフト時間 T の間は，相互作用表示では $|g\rangle, |e\rangle$ は位相変化も含めて変化しない．2番目のパルスは時間 $T+\tau$ から $T+2\tau$ に作用する．このパルスによって（3.50）式の第1項の $|g\rangle$ は次のように変化する．

$$|g\rangle \to |g\rangle - \frac{i}{\hbar}\int_{T+\tau}^{T+2\tau}\widehat{H}_1(t')|g\rangle dt' = |g\rangle + \frac{\Omega_0}{2\delta}e^{i\delta(T+\tau)}(1-e^{i\delta\tau})|e\rangle$$

Ω_0 の1次の項までの近似を考えると，（3.50）式の第2項のこのパルスによる変化は無視することができる．したがって，$|g\rangle$ の変化を（3.50）式に代入すると，状態ベクトルの Ω_0 の1次の項までの近似解は以下のように得られる．

$$|\psi(T+2\tau)\rangle_1 \approx |g\rangle + \frac{\Omega_0}{2\delta}(1-e^{i\delta\tau})(1+e^{i\delta(T+\tau)})|e\rangle$$

これより，励起準位への遷移確率 P_e は以下のように求めることができる．

$$P_e \approx \left|\frac{\Omega_0}{2\delta}(1-e^{i\delta\tau})(1+e^{i\delta(T+\tau)})\right|^2 \approx (\Omega_0\tau)^2\frac{\sin^2 X}{X^2}\cos^2\left(\frac{T}{\tau}X\right) \quad (3.51)$$

ただし，$X=\delta\tau/2$ である．また，$T \gg \tau$ と近似した．図 3.7 は，（3.51）式の $P_e/(\Omega_0\tau)^2$ を離調に比例する量 $X=\delta\tau/2$ に対してプロットしたものである．ラビ遷移のスペクトルの中に干渉による細かいフリンジが現れていることが分かる．

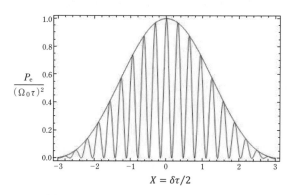

●図 3.7 ラムゼイ干渉による遷移スペクトル
ここでは $T/\tau=10$ として計算した．干渉縞の包絡線は単一パルスによるラビ遷移のスペクトルである．

ここで示した干渉は，1回目のパルスによって励起状態に上がる確率振幅と2回目のパルスによる確率振幅との重ね合わせによって起こったものである．この場合には，光の干渉との類推でいうと，マッハ・ツェンダー干渉計というより，ヤングの二重スリットによる干渉に近いものである．

ラムゼイ干渉を用いると，非常に鋭い遷移スペクトルを観測することができる．電磁波の周波数 ω_L を原子の共鳴周波数 ω_0 付近で掃引すると，図3.7に示したように ω_0 を中心とした対称な細かい干渉スペクトルが得られる．中心のフリンジの半値全幅は $1/2T$ となる．したがって，T を大きくすることによって，鋭い共鳴を観測できる．この手法は，原子時計の重要な技術となっている．

3.1.6 ドレスト状態とACシュタルクシフト

3.1.2項では，シュレーディンガー方程式から導出された微分方程式（3.23）を，直接解くことでラビ遷移を求めた．ここでは，別の観点からこの問題を解析する．方程式（3.23）は，回転軸表示の展開係数に対して，回転波近似を用いて導いた微分方程式である．この式から，実効的なハミルトニアンを以下のように導くことができる．

$$\widehat{H}_r = \frac{\hbar}{2}\begin{pmatrix} \delta & \Omega_0 e^{i\varphi} \\ \Omega_0 e^{-i\varphi} & -\delta \end{pmatrix} = \frac{\hbar\delta}{2}\hat{\sigma}_z + \frac{\hbar\Omega_0 e^{i\varphi}}{2}\hat{\sigma}_+ + \frac{\hbar\Omega_0 e^{-i\varphi}}{2}\hat{\sigma}_- \quad (3.52)$$

ただし，$\delta=\omega_0-\omega_L$ である．これは付録Aに示すように，回転軸表示のハミルトニアンに回転波近似を用いることによっても，直接導くことができる．回転系に移ると，原子のエネルギーが $\pm\hbar\omega_0/2$ から $\pm\hbar\delta/2$ へ置き換えられ，さらに回転波近似により，相互作用項の電場の時間変化が消える．すなわち，ハミルトニアンは時間依存性を持たなくなる．したがって，対角化することによって，定常状態における固有エネルギーと固有ベクトルを求めることができる．すなわち，以下の行列式から固有エネルギー $\lambda_\pm$ が求められる．

$$\begin{vmatrix} \delta-\dfrac{\lambda}{\hbar/2} & \Omega_0 e^{i\varphi} \\ \Omega_0 e^{-i\varphi} & -\delta-\dfrac{\lambda}{\hbar/2} \end{vmatrix}=0 \quad (3.53)$$

$$\lambda_\pm = \pm\frac{\hbar}{2}W, \qquad W=\sqrt{\delta^2+\Omega_0^2} \quad (3.54)$$

固有ベクトルを求めるために，θ を以下のように定義する．

$$\tan\theta \equiv \frac{\Omega_0}{\delta}, \qquad 0 \leq \theta \leq \pi \tag{3.55}$$

これを用いると，以下の式が得られる．

$$\cos(\theta/2) = \sqrt{\frac{1+\delta/W}{2}}, \qquad \sin(\theta/2) = \sqrt{\frac{1-\delta/W}{2}} \tag{3.56}$$

固有ベクトルは，これを用いて以下のように表すことができる．

$$(|D_+\rangle, |D_-\rangle) = (|e\rangle, |g\rangle)T, \qquad T = \begin{pmatrix} \cos(\theta/2) & -e^{i\varphi}\sin(\theta/2) \\ e^{-i\varphi}\sin(\theta/2) & \cos(\theta/2) \end{pmatrix} \tag{3.57}$$

ただし，固有ベクトル $|D_+\rangle$, $|D_-\rangle$ を，まとめて行ベクトルの中に書いた．T は基底の変換行列である．

この固有状態は，原子だけでなく，電磁波との相互作用項を含むハミルトニアンを対角化したもので，ドレスト状態（dressed state）と呼ばれる．この場合は，電場を古典的に扱っているので，正確には半古典的ドレスト状態といわれる．"ドレスト" とは原子と電磁場（光子）の結合した状態を，あたかも原子が電磁場（光子）の衣をまとっているように，比喩的に表現したものである．電磁場を量子化して扱うと，この表現の意味がより明確になる．図3.8に，この状態のエネルギー $\lambda_\pm$ の離調 δ に対する依存性を示す．

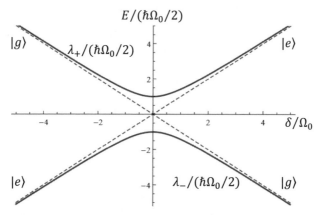

●図3.8 ドレスト状態の固有エネルギーの離調に対する依存性

46   3. 原子と電磁波の相互作用

　ドレスト状態を用いると，二準位原子と電磁波の相互作用による時間発展を簡
便に解くことができる．原子が初期状態として $|\psi(0)\rangle_r = c_{re}(0)|e\rangle + c_{rg}(0)|g\rangle$ の状態
にあったとする．これをドレスト状態で展開する．

$$|\psi(0)\rangle_r = (|e\rangle, |g\rangle)\begin{pmatrix} c_{re}(0) \\ c_{rg}(0) \end{pmatrix} = (|D_+\rangle, |D_-\rangle)T^\dagger\begin{pmatrix} c_{re}(0) \\ c_{rg}(0) \end{pmatrix} \tag{3.58}$$

ただし，$T^\dagger$ は T のエルミート共役で，ユニタリ行列であることから，$T^{-1} = T^\dagger$
を満たす．ドレスト状態はこの系の固有状態であるので，時間発展により
$e^{-iWt/2}|D_+\rangle$，$e^{iWt/2}|D_-\rangle$ に変化する．したがって，t 秒後の状態ベクトルは，

$$|\psi(t)\rangle_r = (|D_+\rangle, |D_-\rangle)\begin{pmatrix} e^{-iWt/2} & 0 \\ 0 & e^{iWt/2} \end{pmatrix}T^\dagger\begin{pmatrix} c_{re}(0) \\ c_{rg}(0) \end{pmatrix}$$

$$= (|e\rangle, |g\rangle)T\begin{pmatrix} e^{-iWt/2} & 0 \\ 0 & e^{iWt/2} \end{pmatrix}T^\dagger\begin{pmatrix} c_{re}(0) \\ c_{rg}(0) \end{pmatrix} \tag{3.59}$$

となる．したがって，状態 $|\psi(t)\rangle_r = c_{re}(t)|e\rangle + c_{rg}(t)|g\rangle$ の展開係数は以下のように求
められる．

$$\begin{pmatrix} c_{re}(t) \\ c_{rg}(t) \end{pmatrix} = T\begin{pmatrix} e^{-iWt/2} & 0 \\ 0 & e^{iWt/2} \end{pmatrix}T^\dagger\begin{pmatrix} c_{re}(0) \\ c_{rg}(0) \end{pmatrix} \tag{3.60}$$

(3.57) 式を用いて行列の計算を行い，(3.56) 式に注意すると微分方程式を直接
解いた解，(3.24) 式と全く同じ結果が得られる．

　ドレスト状態から得られる重要な概念として，AC シュタルクシフトがある．
電磁波の周波数が共鳴周波数から十分離れており，離調が $|\delta| \gg \Omega_0$ を満たす場合
を考える．このとき，準位間の遷移はほとんど無視できる．しかしながら，電磁
波の電場が加わったことにより，ドレスト状態のエネルギーはシフトする．これ
を AC シュタルクシフト（AC-Stark shift）という．以下，離調が正と負の場合
に分けて解析する．

　$\delta > 0$（$\omega_0 > \omega_L$）のときは，条件 $|\delta| \gg \Omega_0$ を用いると，(3.55) 式より $\theta \approx 0$ とな
る．(3.54)，(3.57) 式を用いると，ドレスト状態の固有エネルギー，固有状態
は次のように近似できる．

$$\lambda_+ = \frac{\hbar}{2}\sqrt{\delta^2 + \Omega_0^2} \approx \frac{\hbar}{2}\delta + \frac{\hbar\Omega_0^2}{4\delta}, \qquad |D_+\rangle \approx |e\rangle \tag{3.61}$$

$$\lambda_- = -\frac{\hbar}{2}\sqrt{\delta^2 + \Omega_0^2} \approx -\frac{\hbar}{2}\delta - \frac{\hbar\Omega_0^2}{4\delta}, \qquad |D_-\rangle \approx |g\rangle \tag{3.62}$$

一方，$\delta<0\,(\omega_0<\omega_\mathrm{L})$ のときは，条件 $|\delta|\gg\Omega_0$ を用いると，(3.55) 式より $\theta\approx\pi$ となる．(3.54)，(3.57) 式を用いると，ドレスト状態の固有エネルギー，固有状態は次のように近似できる．

$$\lambda_+ = \frac{\hbar}{2}\sqrt{\delta^2+\Omega_0^2} \approx -\frac{\hbar}{2}\delta - \frac{\hbar\Omega_0^2}{4\delta}, \qquad |D_+\rangle \approx e^{-i\varphi}|g\rangle \tag{3.63}$$

$$\lambda_- = -\frac{\hbar}{2}\sqrt{\delta^2+\Omega_0^2} \approx \frac{\hbar}{2}\delta + \frac{\hbar\Omega_0^2}{4\delta}, \qquad |D_-\rangle \approx -e^{i\varphi}|e\rangle \tag{3.64}$$

上式の固有エネルギーの中の $\pm\hbar\delta/2$ の項を，それぞれ $\pm\hbar\omega_0/2$ に置き換えると，回転系からもとの静止系に移る．静止系で見たエネルギーシフトの様子を図 3.9 に示す．このように，共鳴から離れた電磁波との相互作用により，原子のエネルギーはシフトすることが分かる．

AC シュタルクシフトの大きさは $\hbar\Omega_0^2/4|\delta|$ であり，シフトする方向は電磁波の周波数に対して反発する方向である．すなわち，電磁波の周波数が原子の共鳴周波数より小さい場合は，エネルギー間隔を広げるように働き，大きい場合は狭める方向に働く．AC シュタルクシフトは，電磁波と相互作用している二準位の 1 つと結合する別の遷移を使って直接観測することができる．

(3.61)～(3.64) 式を見て分かるように，ドレスト状態 $|D_+\rangle$ ($|D_-\rangle$) は，離調 δ を負の大きな値から共鳴 $\delta=0$ を通過して正の大きな値へ変化させたとき，$|g\rangle$ ($|e\rangle$) から $|e\rangle$ ($|g\rangle$) へ変化する（図 3.8 参照）．したがって，固有状態を保ったまま離調を変化させることによって，π パルスのように状態を反転することができる．このような状態反転法を，高速断熱通過法（RAP；rapid adiabatic passage）という．実際には，ラビ周波数と離調をそれぞれ $\Omega_0(t)$，$\delta(t)$ のように時間

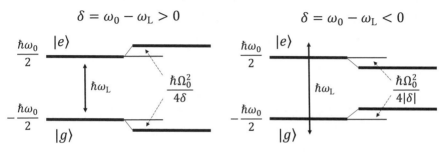

●図 3.9　AC シュタルクシフト

的に変化させる．このとき，固有状態を保ったまま断熱的に変化させることが必要である．断熱的移行の条件を満たすためには，固有ベクトル $|D_+\rangle$ の状態空間内での"回転角速度"が，隣接する準位への遷移角周波数よりも十分に小さいことが要求される[*1]．この条件は，この問題の場合には以下のように表される．

$$\left|\left\langle D_- \left| \frac{d}{dt} \right| D_+ \right\rangle\right| \ll \left|\frac{\lambda_+ - \lambda_-}{\hbar}\right| \tag{3.65}$$

(3.54), (3.57) 式を用いると，$\Omega_0(t)$, $\delta(t)$ に対する条件が求められる．

$$\left|\delta\left(\frac{d\Omega_0}{dt}\right) - \Omega_0\left(\frac{d\delta}{dt}\right)\right| \ll 2(\Omega_0^2 + \delta^2)^{3/2}$$

この条件を満たすために，通常，周波数を掃引するとともに，共鳴で振幅が最大になるような，ガウス型の振幅の時間変化を持つパルスが用いられる．

■ 3.2 光学的ブロッホ方程式 ■

これまでは，コヒーレントな相互作用がない場合には，励起準位に移った原子の寿命は無限大と考えてきた．しかしながら，実際には励起準位の原子は，周りの電磁場のモードとの相互作用によって下の準位へ遷移する．これは自然放出といわれる．特に光領域での相互作用では，自然放出を無視することができない．コヒーレントな相互作用がない場合には，励起準位の確率振幅は，自然放出によって以下の方程式に従うことが知られている．

$$\frac{dc_{\mathrm{re}}(t)}{dt} = -\frac{\gamma}{2} c_{\mathrm{re}}(t)$$

したがって，励起準位の存在確率は，$|c_{\mathrm{re}}(t)|^2 = |c_{\mathrm{re}}(0)|^2 e^{-\gamma t}$ のように指数関数的に減衰する．γ を減衰定数，また，$\tau = 1/\gamma$ を励起準位の寿命という．自然放出がある場合の密度行列の時間変化は，以下のようになる．

$$\frac{d\tilde{\rho}_{\mathrm{eg}}}{dt} = \frac{dc_{\mathrm{re}}}{dt} c_{\mathrm{rg}}^* + c_{\mathrm{re}} \frac{dc_{\mathrm{rg}}^*}{dt} = -\frac{\gamma}{2} \tilde{\rho}_{\mathrm{eg}} \tag{3.66}$$

$$\frac{d\tilde{\rho}_{\mathrm{ee}}}{dt} = -\gamma \tilde{\rho}_{\mathrm{ee}}, \qquad \frac{d\tilde{\rho}_{\mathrm{gg}}}{dt} = \gamma \tilde{\rho}_{\mathrm{ee}} \tag{3.67}$$

ただし，基底状態には自然放出がないこと，および閉じた二準位系の場合には，

[*1] A. メシア著（小出昭一郎・田村二郎訳），『量子力学3』，第17章，東京図書（1972）.

励起原子は必ず基底準位に遷移することを考慮した．したがって，自然放出を考慮に入れた，二準位原子と電磁波の相互作用を記述する密度行列の時間変化 (3.41), (3.42) 式は，以下のように変更される．

$$\frac{d\tilde{\rho}_{ge}}{dt} = \frac{d\tilde{\rho}_{eg}^*}{dt} = -\left(\frac{\gamma}{2} - i\delta\right)\tilde{\rho}_{ge} - \frac{i\Omega_0 e^{-i\varphi}(\tilde{\rho}_{ee} - \tilde{\rho}_{gg})}{2} \tag{3.68}$$

$$\frac{d\tilde{\rho}_{ee}}{dt} = -\frac{d\tilde{\rho}_{gg}}{dt} = -\gamma\tilde{\rho}_{ee} + \frac{i\Omega_0(\tilde{\rho}_{eg}e^{-i\varphi} - \tilde{\rho}_{ge}e^{i\varphi})}{2} \tag{3.69}$$

この密度行列を使うと，自然放出を考慮に入れたブロッホ方程式は以下のようになる．

$$\frac{du}{dt} = -\delta \cdot v - \frac{\gamma}{2}u \tag{3.70}$$

$$\frac{dv}{dt} = \delta \cdot u - \Omega_0 w - \frac{\gamma}{2}v \tag{3.71}$$

$$\frac{dw}{dt} = \Omega_0 v - \gamma(w+1) \tag{3.72}$$

ただし，$\varphi=0$ とおいた[*2)]．この方程式は，自然放出による減衰を含めた，二準位原子とレーザーの相互作用を記述する一般的なもので，光学的ブロッホ方程式 (optical Bloch equations) と呼ばれる．これは，特別な場合を除いて，解析的に

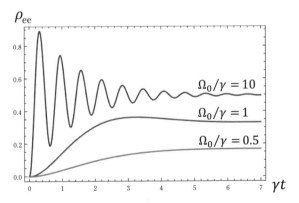

●図 3.10 　離調 $\delta=0$ における光学的ブロッホ方程式の数値解
初期条件は $\tilde{\rho}_{gg}=1$ である．

[*2)] $\varphi=0$ とおかない場合は，$u'=u\cos\varphi - v\sin\varphi$, $v'=u\sin\varphi + v\cos\varphi$ と置き換えることで，u', v', w に対して同じ式が得られる．すなわち，ブロッホベクトルの成分を表すとき，ブロッホ球の赤道面の座標の基準のとり方には任意性がある．

50   3. 原子と電磁波の相互作用

解くことは容易ではない．図3.10に光学的ブロッホ方程式の数値解の例を示す．
解の一般的な傾向として，初期条件として$w=-1$（$\tilde{\rho}_{gg}=1$）とおいた場合，
$\delta=0$, $\Omega_0>\gamma$の条件では，$\tilde{\rho}_{ee}$（またはw）の解には最初にラビ振動が現れ，次第
に振動が減衰して定常値に落ち着く．一方，$\Omega_0<\gamma$の条件ではラビ振動は観測さ
れず，定常値まで増加する．

　相互作用が始まって，十分に長い時間$t\gg\gamma$が経過した後の定常解は，左辺の
時間微分を0とおくことによって得られる．

$$\begin{pmatrix} u \\ v \\ w \end{pmatrix} = \frac{1}{\delta^2+\Omega_0^2/2+\gamma^2/4} \begin{pmatrix} -\Omega_0\delta \\ \Omega_0\gamma/2 \\ -\delta^2-\gamma^2/4 \end{pmatrix} \qquad (3.73)$$

これを用いると，定常状態において原子が励起準位に存在する確率$\tilde{\rho}_{ee}$が求めら
れる．

$$\tilde{\rho}_{ee}=\frac{1+w}{2}=\frac{\Omega_0^2/4}{\delta^2+\Omega_0^2/2+\gamma^2/4} \qquad (3.74)$$

ただし，$\tilde{\rho}_{ee}+\tilde{\rho}_{gg}=1$を用いた．この式はさらに，以下のように書き換えること
ができる．

$$\tilde{\rho}_{ee}=\frac{s/2}{1+s+(2\delta/\gamma)^2}=\frac{s}{2(1+s)}\cdot\frac{1}{1+(2\delta/\gamma_s)^2} \qquad (3.75)$$

ただし，sは飽和パラメーター，γ_sはスペクトルの半値全幅である．これは以下
のように定義される．

$$s=\frac{2\Omega_0^2}{\gamma^2}, \qquad \gamma_s=\gamma\sqrt{1+s} \qquad (3.76)$$

飽和パラメーターsは，以下に示すようにレーザーの強度Iに比例する量であ
る．

$$s=\frac{2\Omega_0^2}{\gamma^2}=\frac{I}{I_s}, \qquad I_s=\frac{\hbar\gamma\omega_0^3}{12\pi c^2} \qquad (3.77)$$

I_sは飽和強度と呼ばれ，共鳴周波数と励起準位の自然幅γに依存する量である．

　以上の導出では，励起準位の減衰を自然放出のみに限定した．しかしながら，
原子は置かれている環境によってさまざまな擾乱を受けるため，それによって励
起準位やコヒーレンスは減衰する．例えば，粒子間の衝突や磁場の変動による効
果などである．これらを含めるために，光学的ブロッホ方程式は(3.70), (3.71)
式中の$(\gamma/2)u$, $(\gamma/2)v$をそれぞれ$(1/T_2)u$, $(1/T_2)v$に，(3.72)式中の$\gamma(w+1)$を

$(1/T_1)(w+1)$ に置き換えて記述される. $1/T_2$, $1/T_1$ は以下のように表される.

$$\frac{1}{T_2}=\frac{\gamma}{2}+\gamma_2', \qquad \frac{1}{T_1}=\gamma+\gamma_1' \tag{3.78}$$

γ_2', γ_1' は自然放出以外からの寄与である. $1/T_2$ で記述される双極子モーメントの減衰を横緩和, $1/T_1$ で記述される分布差の減衰を縦緩和と呼ぶこともある. $\bar{\rho}_{ee}$ を表す (3.75) 式は, T_1, T_2 を用いて s, γ_s を以下のように書き換えると全く同じ形で表される.

$$s=\Omega_0^2 T_1 T_2, \qquad \gamma_s=\frac{2}{T_2}\sqrt{1+s} \tag{3.79}$$

■ 3.3 レーザー誘起蛍光と光の吸収 ■

レーザーを照射して原子の特性を調べる分光実験では, 光の吸収や蛍光の測定が基本的な観測方法である. N 個の二準位原子集団にレーザーを照射したとき, 1秒間に自然放出される蛍光エネルギー P_f は, (3.75) 式を用いると以下のように表される.

$$P_f=N\hbar\omega_0\gamma\bar{\rho}_{ee}=N\hbar\omega_0\gamma\frac{s}{2(1+s)}\frac{1}{1+(2\delta/\gamma_s)^2} \tag{3.80}$$

幾何学的な因子等を考慮した係数を G とすると, レーザー誘起蛍光 (LIF; laser induced fluorescence) の蛍光強度は, $I_{LIF}=GP_f$ で求められる. 一方, 定常状態では, 1秒間にレーザービームから失われるエネルギーは P_f に等しくなる. したがって, レーザーの強度を I とすると

$$dI=-\frac{P_f}{A}=-\frac{N}{A}\hbar\omega_0\gamma\bar{\rho}_{ee}=-(n_a dz)\hbar\omega_0\gamma\bar{\rho}_{ee} \tag{3.81}$$

となる. A はレーザービームの断面積, $n_a=N/Adz$ は原子の密度である. 一方, 吸収係数 α_a は, $dI=-\alpha_a I dz$ で定義されるので, これと (3.81) 式を比較することにより, α_a は以下のように表される.

$$\alpha_a=n_a\hbar\omega_0\frac{\gamma}{2I_s}\frac{1}{1+s}\frac{1}{1+(2\delta/\gamma_s)^2} \tag{3.82}$$

ただし, $\bar{\rho}_{ee}$ に (3.75) 式を代入し, $s=I/I_s$ を用いた.

図 3.11 に蛍光強度に比例する量 $\bar{\rho}_{ee}$ のスペクトル形状を, いくつかの飽和パラメーター s について示す. 蛍光強度および吸収係数は, レーザーの離調 δ に

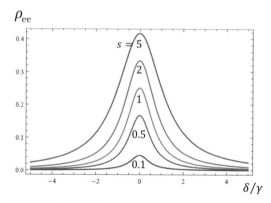

●図 3.11 励起準位の占有確率 ρ_{ee} のスペクトル形状と飽和パラメーター依存性

対して,ローレンツ型のスペクトル形状を持つ.スペクトルの半値全幅は $\gamma_s = \gamma\sqrt{1+s}$ である.相互作用が弱いとき,すなわち, $s \ll 1$ ($\gamma \gg \Omega_0$) のときは,スペクトルの半値全幅は自然幅 γ である.このとき,蛍光強度は飽和パラメーター s に比例する.レーザーの強度が増加するにつれて,半値全幅は広がる.これを飽和広がりという.相互作用が強い極限 $s \gg 1$ ($\gamma \ll \Omega_0$) では,共鳴における蛍光強度は s に依存せず一定になり,また吸収係数は 0 になる.これを飽和という.これは $\bar{\rho}_{ee}$ が $1/2$ に近づくためである.

蛍光強度および吸収係数を表す (3.80),(3.82) 式では,原子の運動を考慮に入れていなかった.原子が速度 v を持つ場合には,原子から見た光の角周波数は,ドップラー効果により $\omega_L - \vec{k} \cdot \vec{v}$ にシフトする.波数ベクトル $\vec{k}$ の方向を z 軸ととると,離調は $\delta = \omega_0 - \omega_L + kv_z$ となる.原子集団が温度 T で熱平衡状態にある場合には,原子の速度分布はマクスウェル・ボルツマン分布に従う.すなわち,速度 v_z と $v_z + dv_z$ にある原子の割合は,以下のように表される.

$$f(v_z)dv_z = \frac{1}{v_{mp}\sqrt{\pi}} \exp\left(-\frac{v_z^2}{v_{mp}^2}\right) dv_z \qquad (3.83)$$

ただし, $v_{mp} = \sqrt{2k_B T/m}$ は最確速度, k_B はボルツマン定数, m は原子の質量である.離調の速度依存性と速度分布を考慮すると,吸収係数を表す (3.82) 式は,以下の形で表される.

$$\alpha_a = n_a \hbar \omega_0 \frac{\gamma}{2I_s} \frac{1}{1+s} \int_{-\infty}^{\infty} \frac{1}{1+[2(\omega_0 - \omega_L + kv_z)/\gamma_s]^2} f(v_z) dv_z \qquad (3.84)$$

蛍光信号も全く同様な形の積分となる．相互作用が弱く（$s \ll 1$），また温度が高いとき（$kv_{mp} \gg \gamma$）は，上式はガウス型のスペクトル形状を持つ．このスペクトルの広がりをドップラー広がりという．

3.4　実際の原子における二準位系の扱い

これまでの扱いでは，原子を二準位系として記述してきた．しかしながら，原子の内部には多くのエネルギー準位が存在する．図3.12は，質量数40のCa$^+$イオン電気四重極遷移と，質量数9のBe$^+$イオンのD2線に関連するエネルギー準位を示したものである．基底準位や励起準位の中にも，細かなエネルギー準位の構造があり，単純な二準位系として扱うことができないように見える．しかしながら，レーザーのようなスペクトル幅の狭い単色光との相互作用を扱う場合には，光の周波数や偏光を選ぶことにより，相互作用する原子を二準位系として扱うことができる．

図3.12(a)は，^{40}Ca$^+$イオンのエネルギー準位である．基底準位4s ^{2}S$_{1/2}$には，

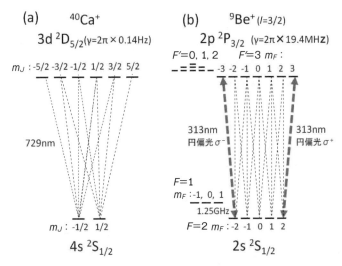

●図3.12　(a) Ca$^+$イオンの電気四重極遷移，(b) Be$^+$イオンのD2線と超微細構造

2つのゼーマン副準位がある．励起準位として $3d\,^2D_{5/2}$ を示してある[*3]．この準位は6つのゼーマン副準位を持つ． $4s\,^2S_{1/2}$ と $3d\,^2D_{5/2}$ の間には電気双極子遷移はない（$\Delta L=2$ は禁止されている）．しかしながら，禁制遷移といわれる，波長 729 nm の弱い電気四重極遷移が存在する．このため，$3d\,^2D_{5/2}$ の寿命は長く，1秒程度（$\gamma=2\pi\times0.14$ Hz）であり，準安定準位といわれる．全角運動量 J に対する電気四重極遷移の選択則は，$\Delta J=0, \pm1, \pm2, \Delta m_J=0, \pm1, \pm2$ である．したがって，2つの準位のゼーマン副準位を結ぶ10本の遷移が存在する．磁場を加えるとこれらの遷移周波数を分離することができる．例えば，$4s\,^2S_{1/2}$ の2つのゼーマン副準位は，ゼーマン効果により 2.8 MHz/G（G：ガウス）だけ分離する．スペクトル幅の非常に狭いレーザー（スペクトル幅：1 kHz 以下）を用いると，周波数，磁場に対する偏光の向き，およびビームの方向を制御することによって，個々の遷移を分離して相互作用させることができる（電気四重極遷移の選択則については付録 B 参照）．したがって，二準位原子として扱うことができる．また，励起準位の寿命が1秒程度と非常に長いので，容易にコヒーレント相互作用（ラビ振動）を観測することができる．この二準位系は，後で述べる量子情報処理における量子ビットとして用いることができる．

図 3.12(b) は，$^9Be^+$ イオンのエネルギー準位である．基底準位 $2s\,^2S_{1/2}$ は，核スピンと電子の磁気モーメントの間の相互作用によって，1.25 GHz 離れた2つの超微細構造準位，$F=1$ および $F=2$ に分かれる．これらの準位は，それぞれ3個と5個のゼーマン副準位を持つ．2つの超微細構造準位間には，磁気双極子相互作用によるマイクロ波遷移が存在する．超微細構造の上準位の寿命は，10^{10} 秒程度といわれる．この遷移についても，磁場を加え，マイクロ波の周波数と偏波を制御することにより，個々の遷移を選別して相互作用させることができる．したがって，二準位系として扱うことができ，量子ビットとして用いられる．実際には，後述する理由により，マイクロ波遷移の代わりに2本のレーザービームを用いた誘導ラマン遷移（付録 C 参照）が用いられる．

光領域における電気双極子遷移に対して，二準位原子として扱うことが可能な例を図 3.12(b) に示す．$^9Be^+$ イオンには，基底準位 $2s\,^2S_{1/2}$ と励起準位 $2p\,^2P_{3/2}$ の間に，313 nm の強い電気双極子遷移が存在する．励起準位 $2p\,^2P_{3/2}$ は，$F=$

[*3] 分光学的項については，この節では最外殻の電子軌道（3d など）を最初に付けて $3d\,^2D_{5/2}$ などと記述するが，本文の後の節では 3d などは省く．

0, 1, 2, 3 の 4 つの超微細構造準位を持つ. 基底準位 2s ^{2}S$_{1/2}$ ($F=2$) と, 励起準位 2p ^{2}P$_{3/2}$ ($F'=3$) の間の遷移を考える. 磁場の向きに進む, 左回りの円偏光 (σ^+ 偏光といわれる)[*4)] を持つ波長 313 nm のレーザーを照射する. このとき, 原子は電気双極子遷移によって励起状態に遷移する. この場合, 2 つの準位間のゼーマン副準位を結ぶ遷移は, 弱い磁場中では, 自然幅が 19.4 MHz と大きいために周波数によって分離することができない. しかしながら, この偏光では, 選択則によって m_F が 1 だけ増加する遷移のみが許される. このため, 基底状態にある 1 つのゼーマン副準位 (2s ^{2}S$_{1/2}$ ($F=2, m_F=2$)) の原子は, 励起状態の 1 つのゼーマン副準位 (2p ^{2}P$_{3/2}$ ($F'=3, m_F=3$)) にのみ励起される. 励起された原子は, 自然放出によって基底状態に戻る. この場合, 選択則によって, m_F の変化は 0, ±1 となるので, 行先は基底状態の中の $m_F=2$ の準位のみである. したがって, 必ず元の準位に戻ることになり, 相互作用には 2 つの準位のみが関連することになる. 磁場の向きに進む右回りの偏光 (σ^- 偏光) の場合も, 選択則によって, m_F が -1 変化する遷移のみが許されるため, 2s ^{2}S$_{1/2}$ ($F=2, m_F=-2$) と 2p ^{2}P$_{3/2}$ ($F'=3, m_F=-3$) の 2 準位のみが関連する. この相互作用では, レーザーの照射によって, 原子が 2 つの準位間を繰り返し往復するので, サイクリング遷移ともいわれる. サイクリング遷移は, 後で述べるドップラー冷却や, 量子情報処理における状態検出に用いられる.

上の 3 つの例で示した, 二準位系としての扱いを可能にするためには, 最初に原子を基底状態の 1 つのゼーマン副準位へ準備する必要がある. 例えば, Be$^+$ イオンのサイクリング遷移の場合には 2s ^{2}S$_{1/2}$ ($F=2, m_F=2$) へ準備する必要がある. 室温においては, 2 つの超微細構造準位中の 8 個の副準位には, 等しい確率で原子が存在する. 1 つの準位に準備するためには, 2s ^{2}S$_{1/2}$ ($F=2$) と 2p ^{2}P$_{3/2}$ ($F'=3$) の間の σ^+ 遷移を励起するレーザー光, および 2s ^{2}S$_{1/2}$ ($F=1$) と 2p ^{2}P$_{3/2}$ ($F'=2$) の間の σ^+ 遷移を励起するレーザー光の 2 本をイオンに照射する. これによって, 原子を 2s ^{2}S$_{1/2}$ ($F=2, m_F=2$) に集めることができる. このような操作を光ポンピング (optical pumping) という.

[*4)] ここでいう左回りの円偏光とは, 光学の慣例に従い, 光の進行する向きに対向する観測者から見て, 電場ベクトルの先端が左 (反時計方向) に回る円偏光を指している. σ^+ 偏光の定義については付録 B を参照.

■ 3.5 レーザーによって原子に働く力 ■

　3.2節では，二準位原子が原点に静止しているとして相互作用を扱ってきた.
しかしレーザーが原子に及ぼす力を考える場合には，ハミルトニアンに原子の外
部自由度（運動）を取り入れる必要がある. したがって，系全体のハミルトニア
ンは以下のようになる.

$$\hat{H} = \hat{H}^{\mathrm{E}} + \hat{H}^{\mathrm{A}} + \hat{H}^{\mathrm{AF}} \tag{3.85}$$

$\hat{H}^{\mathrm{E}}$ は外部自由度のハミルトニアンである. 例えば，原子が自由空間を運動して
いる場合には，$\hat{H}^{\mathrm{E}} = \vec{p}^2/2m$ となる. $\vec{p}$ は運動量演算子, m は原子の質量であ
る. ただし，原子核の質量に比べて電子の質量は小さいため無視し，原子の重心
は原子核にあると近似する. 相互作用ハミルトニアン $\hat{H}^{\mathrm{AF}}$ にも，原子の外部自
由度を考慮する必要がある. 原子内の電子の位置での電場は（3.10）式で表され
る. 電気双極子近似を用い，また電場の振幅と位相が原子の位置に依存する一般
的な場合を考えると，相互作用ハミルトニアンを表す（3.16）式は，以下のよう
に一般化される.

$$\hat{H}^{\mathrm{AF}} = (d\hat{\sigma}_+ + d^*\hat{\sigma}_-)\left|E_0(\vec{r})\right| \cos\left[\omega_{\mathrm{L}} t - \varphi(\vec{r})\right] \tag{3.86}$$

$\vec{r}$ は原子の位置を表す演算子である. 位相部分は，平面波の場合には $\varphi(\vec{r}) = \vec{k} \cdot \vec{r} + \varphi_0$ である. したがって，自由粒子についてのハミルトニアンは，以下のよ
うになる.

$$\hat{H} = \frac{\vec{p}^2}{2m} + \frac{\hbar\omega_0}{2}\hat{\sigma}_z + (d\hat{\sigma}_+ + d^*\hat{\sigma}_-)\left|E_0(\vec{r})\right| \cos\left[\omega_{\mathrm{L}} t - \varphi(\vec{r})\right] \tag{3.87}$$

回転軸表示に移り，回転波近似を用いた場合には，（3.87）式は以下のようにな
る.

$$\hat{H}_{\mathrm{r}} = \frac{\vec{p}^2}{2m} + \frac{\hbar\delta}{2}\hat{\sigma}_z + \frac{\hbar\Omega_0(\vec{r})e^{i\varphi(\vec{r})}}{2}\hat{\sigma}_+ + \frac{\hbar\Omega_0(\vec{r})e^{-i\varphi(\vec{r})}}{2}\hat{\sigma}_- \tag{3.88}$$

ただし，$\Omega_0(\vec{r}) = |d|\left|E_0(\vec{r})\right|/\hbar$ である. また，d の位相 φ_d は $\varphi(\vec{r})$ に含めた.

　量子力学においては，系に働く力は運動量演算子の時間変化の期待値で定義さ
れる.

$$\vec{F} \equiv \left\langle \frac{d\vec{p}}{dt} \right\rangle = \frac{i}{\hbar}\left\langle\left[\hat{H}_{\mathrm{r}}, \vec{p}\right]\right\rangle \tag{3.89}$$

3.5 レーザーによって原子に働く力 57

ただし，最後の等号ではハイゼンベルグの方程式を用いた．交換子は以下の関係
を満たす．

$$\left[\hat{H}_{\mathrm{r}}, \vec{p}\right]=i\hbar\frac{\partial\hat{H}_{\mathrm{r}}}{\partial\vec{r}} \tag{3.90}$$

したがって，原子に働く力は以下の式で計算される．

$$\vec{F}=-\left\langle\frac{\partial\hat{H}_{\mathrm{r}}}{\partial\vec{r}}\right\rangle \tag{3.91}$$

ハミルトニアン（3.88）では，$\vec{r}$ に依存するのは，相互作用項 $\hat{H}^{\mathrm{AF}}$ のみである．
この項の位置依存性によって力が生じる．

　ここで，原子の外部自由度が古典的に扱える場合を考える．この近似は，半古
典的近似といわれる．このとき，$\vec{r}$ は演算子ではなく，古典的なベクトル量 $\vec{r}$ で
置き換えることができる．また期待値は，原子の内部自由度の密度行列を用いて
計算することができる．

$$\vec{F}=-\left\langle\frac{\partial\hat{H}_{\mathrm{r}}}{\partial\vec{r}}\right\rangle=-\mathrm{Tr}\left(\tilde{\rho}\frac{\partial\hat{H}_{\mathrm{r}}}{\partial\vec{r}}\right) \tag{3.92}$$

$\hat{H}_{\mathrm{r}}$ に（3.88）式を代入し，また，$\mathrm{Tr}(\tilde{\rho}\hat{\sigma}_{+})=\tilde{\rho}_{\mathrm{ge}}$, $\mathrm{Tr}(\tilde{\rho}\hat{\sigma}_{-})=\tilde{\rho}_{\mathrm{eg}}$ を用いて，対角和
を計算すると以下のようになる．

$$\vec{F}=-\hbar\frac{\nabla\Omega_0(\vec{r})}{2}\left(\tilde{\rho}_{\mathrm{ge}}e^{i\varphi(\vec{r})}+\tilde{\rho}_{\mathrm{eg}}e^{-i\varphi(\vec{r})}\right)-i\hbar\,\nabla\varphi(\vec{r})\frac{\Omega_0(\vec{r})}{2}\left(\tilde{\rho}_{\mathrm{ge}}e^{i\varphi(\vec{r})}-\tilde{\rho}_{\mathrm{eg}}e^{-i\varphi(\vec{r})}\right)$$

$$\tag{3.93}$$

ここで，（3.36），（3.37）式を用いて密度行列の成分をブロッホベクトルの成分
u, v で書き換えると，以下のように整理することができる．

$$\vec{F}=-\hbar\frac{\nabla\Omega_0(\vec{r})}{2}u'+\hbar\,\nabla\varphi(\vec{r})\frac{\Omega_0(\vec{r})}{2}v' \tag{3.94}$$

ただし，u', v' は以下のようにおいた．

$$u'=u\cos\varphi(\vec{r})-v\sin\varphi(\vec{r}), \qquad v'=u\sin\varphi(\vec{r})+v\cos\varphi(\vec{r}) \tag{3.95}$$

　レーザーが原子に及ぼす力は，2つの項からなる．第1項は，レーザー電場の
振幅の勾配により生じる力であり，双極子力（dipole force）といわれる．第2
項は，レーザー電場の位相の勾配により生じる力であり，散乱力（scattering
force）あるいは輻射圧といわれる．レーザーの電場が平面波で近似できる場合
は $\nabla\varphi=\vec{k}$ である．原子が原点で静止しており（$\Omega_0(0)=\Omega_0$, $\varphi(0)=\varphi_0+\varphi_d=\varphi$），

原子とレーザーの相互作用が定常状態にある場合は，ブロッホベクトルの成分 u', v' は（3.73）式で表される（脚注2参照）．したがって，第1項の双極子力と第2項の散乱力は以下のように求められる．

$$\vec{F}_{\mathrm{dip}} \equiv -\hbar \frac{\nabla \Omega_0}{2} u' = \frac{\hbar \delta}{2}\left(\frac{\Omega_0 \nabla \Omega_0}{\delta^2 + \Omega_0^2/2 + \gamma^2/4}\right) = \frac{\hbar \delta}{4}\left(\frac{\nabla \Omega_0^2}{\delta^2 + \Omega_0^2/2 + \gamma^2/4}\right) \quad (3.96)$$

$$\vec{F}_{\mathrm{sp}} \equiv \hbar \nabla \varphi \frac{\Omega_0}{2} v' = \frac{\hbar \vec{k} \gamma}{2}\left(\frac{\Omega_0^2/2}{\delta^2 + \Omega_0^2/2 + \gamma^2/4}\right) \quad (3.97)$$

双極子力 $\vec{F}_{\mathrm{dip}}$ は，共鳴のとき（$\delta=0$）に0で，その両側で符号を変える．すなわち，δ に対して分散型の関数形を持つ．Ω_0^2 はレーザーの強度に比例するので，$\vec{F}_{\mathrm{dip}}$ は $\delta > 0$（$\omega_0 > \omega_{\mathrm{L}}$）のときにはレーザー強度の高い方向を向き，$\delta < 0$（$\omega_0 < \omega_{\mathrm{L}}$）のときには低い方向を向く．双極子力は，以下のポテンシャルから導くことができる．

$$\vec{F}_{\mathrm{dip}} = -\nabla U_{\mathrm{dip}}, \qquad U_{\mathrm{dip}} = -\frac{\hbar \delta}{2}\ln\left(1 + \frac{\Omega_0^2/2}{\delta^2 + \gamma^2/4}\right) \quad (3.98)$$

ポテンシャル U_{dip} は，離調が大きいとき（$|\delta| \gg \Omega_0, \gamma$），3.1.6項で述べた AC シュタルクシフト $-\hbar \Omega_0^2/4\delta$ に一致する．散乱力は（3.74）式を用いると，次のように表すことができる．

$$\vec{F}_{\mathrm{sp}} = \hbar \vec{k} \gamma \tilde{\rho}_{\mathrm{ee}} \quad (3.99)$$

この式は，以下のように説明できる．$\hbar \vec{k}$ は1個の光子の運動量である．γ は1秒間に励起準位が自然放出により遷移する回数，$\tilde{\rho}_{\mathrm{ee}}$ は励起準位が存在する割合である．したがって，$\gamma \tilde{\rho}_{\mathrm{ee}}$ は1秒間に原子が光子を自然放出する回数を表す．定常状態では光子の吸収と放出の回数は等しいので，上式はレーザー中の光子の散乱により，1秒間にレーザーから原子に移される運動量を示している．運動量の移動は，光の吸収および放出の両プロセスで起こる．自然放出は向きがランダムであるために，平均すると0になる．これに対して，光の吸収では常に一方向に運動量が移される．この吸収における運動量の移動が散乱力の起源である．

■ 3.6 調 和 振 動 子 ■

3.6.1 古典的調和振動子

イオントラップ中のイオンの永年運動は，3次元の調和振動で記述されること

を第 2 章で述べた．ここでは後の章で必要になる調和振動子の量子力学による記述をまとめる．質量 m の粒子が 1 次元の調和ポテンシャル $U = m\omega_{\mathrm{v}}^2 x^2/2$ の中にある場合の，古典的ハミルトニアンは以下のように表される．

$$H = \frac{p_x^2}{2m} + \frac{m\omega_{\mathrm{v}}^2 x^2}{2} \tag{3.100}$$

ただし，p_x は座標 x に対する共役な運動量である．古典的な運動の解は，ハミルトンの正準方程式（あるいはニュートンの方程式）を，初期条件 $t=0$, $x=x(0)$, $p_x=p_x(0)=m\dot{x}(0)$ を用いて解くことにより，以下のように書くことができる．

$$x(t) = x(0)\cos\omega_{\mathrm{v}}t + \frac{p_x(0)}{m\omega_{\mathrm{v}}}\sin\omega_{\mathrm{v}}t \tag{3.101}$$

$$p_x(t) = -m\omega_{\mathrm{v}}x(0)\sin\omega_{\mathrm{v}}t + p_x(0)\cos\omega_{\mathrm{v}}t \tag{3.102}$$

3.6.2 調和振動子の固有値と固有状態

量子力学的な扱いでは x と p_x を演算子として扱い，交換関係 $[\hat{x}, \hat{p}_x] = i\hbar$ を導入する．ハミルトニアンは以下の演算子となる．

$$\hat{H} = \frac{\hat{p}_x^2}{2m} + \frac{m\omega_{\mathrm{v}}^2 \hat{x}^2}{2} \tag{3.103}$$

ハミルトニアンの固有値と固有ベクトルを求めるために，以下の演算子を導入する．

$$\hat{a} = \sqrt{\frac{m\omega_{\mathrm{v}}}{2\hbar}}\left(\hat{x} + \frac{i\hat{p}_x}{m\omega_{\mathrm{v}}}\right), \qquad \hat{a}^\dagger = \sqrt{\frac{m\omega_{\mathrm{v}}}{2\hbar}}\left(\hat{x} - \frac{i\hat{p}_x}{m\omega_{\mathrm{v}}}\right) \tag{3.104}$$

あるいは，逆に解くと以下の関係が得られる．

$$\hat{x} = \sqrt{\frac{\hbar}{2m\omega_{\mathrm{v}}}}(\hat{a} + \hat{a}^\dagger), \qquad \hat{p}_x = i\sqrt{\frac{\hbar m\omega_{\mathrm{v}}}{2}}(-\hat{a} + \hat{a}^\dagger) \tag{3.105}$$

$\hat{a}$, $\hat{a}^\dagger$ の 2 つの演算子の間の交換関係は，$[\hat{x}, \hat{p}_x] = i\hbar$ を用いると以下のようになる．

$$[\hat{a}, \hat{a}^\dagger] = 1 \tag{3.106}$$

また，ハミルトニアンは（3.104）式と交換関係を用いると以下のように表される．

$$\hat{H} = \hbar\omega_{\mathrm{v}}(\hat{N} + 1/2) \tag{3.107}$$

$\widehat{N}=\hat{a}^{\dagger}\hat{a}$ は個数演算子と呼ばれる. $\widehat{H}$ と $\widehat{N}$ は可換であり,同じ固有ベクトルを持つ. $\widehat{N}$ の規格化された固有ベクトルを $|n\rangle$,固有値を n とすると,以下の関係が成り立つ.

$$\widehat{N}|n\rangle = n|n\rangle \tag{3.108}$$

$\widehat{N}$ と $\hat{a}$, $\hat{a}^{\dagger}$ の間に成り立つ交換関係, $[\widehat{N}, \hat{a}]=-\hat{a}$, $[\widehat{N}, \hat{a}^{\dagger}]=\hat{a}^{\dagger}$ を用いると,以下の関係を示すことができる.

$$\widehat{N}\hat{a}^{\dagger}|n\rangle = ([\widehat{N}, \hat{a}^{\dagger}]+\hat{a}^{\dagger}\widehat{N})|n\rangle = (n+1)\hat{a}^{\dagger}|n\rangle \tag{3.109}$$

$$\widehat{N}\hat{a}|n\rangle = ([\widehat{N}, \hat{a}]+\hat{a}\widehat{N})|n\rangle = (n-1)\hat{a}|n\rangle \tag{3.110}$$

したがって, $\hat{a}^{\dagger}|n\rangle$ は固有値 $n+1$ を持つ $\widehat{N}$ の固有ベクトル, $\hat{a}|n\rangle$ は固有値 $n-1$ を持つ $\widehat{N}$ の固有ベクトルであることが分かる. $\hat{a}^{\dagger}$ は固有値を 1 だけ増加させる演算子で,生成演算子といわれる. $\hat{a}$ は固有値を 1 だけ減少させる演算子で,消滅演算子といわれる.

生成・消滅演算子の性質を用いると, $\widehat{N}$ の固有値を求めることができる. 消滅演算子の性質により, $\hat{a}|n\rangle = c|n-1\rangle$ (c は定数) が成り立つ. このエルミート共役をとって $\hat{a}|n\rangle$ のノルム (絶対値) を求めると, $\langle n|\hat{a}^{\dagger}\hat{a}|n\rangle = |c|^{2}\langle n-1|n-1\rangle = |c|^{2}$ となる. この式の左辺は n であるので, $n=|c|^{2}\geq 0$ が得られる. したがって,固有値 n は正または 0 の値を持つことが分かる. また,

$$\hat{a}|n\rangle = \sqrt{n}|n-1\rangle \tag{3.111}$$

と表すことができる. 全く同様にして

$$\hat{a}^{\dagger}|n\rangle = \sqrt{n+1}|n+1\rangle \tag{3.112}$$

を示すことができる. 固有ベクトル $|n\rangle$ に順次 $\hat{a}$ を作用させると, $n-1, n-2, \cdots$ の固有ベクトルが発生する. n が整数でないとこの操作を続けることによって負の固有値が発生するので,前の結論より n は整数でなければならない. なぜなら, n が整数の場合には, $\hat{a}$ を n 回作用させると $|0\rangle$ が発生し,さらに $\hat{a}$ を作用させても (3.111) 式より $\hat{a}|0\rangle=0$ となるので新たな負の固有値を持つ固有状態は発生しない. したがって $|0\rangle$ は最小の固有値 0 の固有ベクトルである. $|0\rangle$ に順次 $\hat{a}^{\dagger}$ を作用させることにより,固有状態 $|n\rangle$ を以下のように求めることができる.

$$|n\rangle = \frac{(\hat{a}^{\dagger})^{n}}{\sqrt{n!}}|0\rangle \tag{3.113}$$

以上をまとめると,調和振動子の固有ベクトルは $|n\rangle$ ($n=0, 1, 2, \cdots$) である. $|n\rangle$

で表される状態を個数状態（number states）という．エネルギー固有値は以下のように表される．

$$E_n = (n+1/2)\hbar\omega_v, \qquad n = 0, 1, 2, \cdots \tag{3.114}$$

エネルギーは $\hbar\omega_v$ で量子化される．1つの量子をフォノンと呼ぶ[*5]．個数状態 $\{|n\rangle\}$ は，エルミート演算子の固有ベクトルであるので，正規直交完全系をなす．

$$\langle n|n'\rangle = \delta_{nn'}, \qquad \sum_n |n\rangle\langle n| = 1 \tag{3.115}$$

以上は，エネルギーの固有ベクトルを抽象的なケットの形で求めた．波動関数は，固有ベクトル $|n\rangle$ を位置演算子 $\hat{x}$ の固有ベクトル $|x\rangle$ で展開したときの展開係数 $\langle x|n\rangle$ によって表される．最小の固有値に対する固有値方程式 $\hat{a}|0\rangle = 0$ を，(3.104) 式を用いて $\hat{x}$, $\hat{p}_x$ で表すと，以下の式が得られる．

$$\left(\hat{x} + \frac{i\hat{p}_x}{m\omega_v}\right)|0\rangle = 0 \tag{3.116}$$

これに左から $\langle x|$ を作用させると，以下の微分方程式が得られる．

$$\left(x + 2x_0^2\frac{d}{dx}\right)\phi_0(x) = 0 \tag{3.117}$$

ただし，$\phi_0(x) = \langle x|0\rangle$, $x_0 = \sqrt{\hbar/2m\omega_v}$ である．また，$\langle x|\hat{x}|0\rangle = x\langle x|0\rangle$, $\langle x|\hat{p}_x|0\rangle = (\hbar/i)(\partial/\partial x)\langle x|0\rangle$ を用いた．この微分方程式は容易に解けて以下のように解が得られる．

$$\phi_0(x) = \frac{1}{(2\pi)^{1/4}\sqrt{x_0}}\exp\left[-\frac{1}{4}\left(\frac{x}{x_0}\right)^2\right] \tag{3.118}$$

すなわち，調和振動子の基底状態の波動関数はガウス型となる．励起状態の波動関数については，$\phi_n(x) = \langle x|n\rangle = \langle x|(\hat{a}^\dagger)^n/\sqrt{n!}|n\rangle$ を同様にして求めればよい．

3.6.3 調和振動子の時間発展

調和振動子のハミルトニアンの固有値 E_n と，固有ベクトル $|n\rangle$ が求まったので，シュレーディンガー表示における状態ベクトルの時間発展を求めることができる．この表示では，エネルギーの固有状態 $|n\rangle$ は，時間 t では $e^{-iE_nt/\hbar}|n\rangle$ へ変化する．初期状態が $|\psi(0)\rangle = \sum_n c_n(0)|n\rangle$ であったとすると，時間 t においては $|\psi(t)\rangle =$

[*5] 通常 "フォノン" は集団的な振動の場合に用いられるが，ここでは以後この用語を用いる．

$\sum_n c_n(0)e^{-i(n+1/2)\omega t}|n\rangle$ となる．したがって，時間 t における任意の物理量 $\widehat{A}$ の期待値は，$\langle\widehat{A}\rangle=\langle\psi(t)|\widehat{A}|\psi(t)\rangle$ で求めることができる．調和振動子については，ハイゼンベルグ表示で考えることも多い（付録 A 参照）．この場合，状態ベクトル $|\psi(0)\rangle$ は時間変化せず，演算子が時間変化する．位置および運動量演算子は，（3.105）式のように生成・消滅演算子で表される．したがって，位置，運動量演算子の時間変化は，生成・消滅演算子に対するハイゼンベルグの運動方程式を解くことによって得られる．

$$i\hbar\frac{d\tilde{a}(t)}{dt}=\left[\tilde{a}(t),\widehat{H}\right], \qquad i\hbar\frac{d\tilde{a}^\dagger(t)}{dt}=\left[\tilde{a}^\dagger(t),\widehat{H}\right], \qquad \widehat{H}=\hbar\omega_{\rm v}(\tilde{a}^\dagger(t)\tilde{a}(t)+1/2) \quad (3.119)$$

交換関係 $[\tilde{a}^\dagger(t)\tilde{a}(t),\tilde{a}(t)]=-\tilde{a}(t)$, $[\tilde{a}^\dagger(t)\tilde{a}(t),\tilde{a}^\dagger(t)]=\tilde{a}^\dagger(t)$ を用いると，この解は以下のように容易に得られる．

$$\tilde{a}(t)=\tilde{a}e^{-i\omega_{\rm v}t}, \qquad \tilde{a}^\dagger(t)=\tilde{a}^\dagger e^{i\omega_{\rm v}t} \quad (3.120)$$

ただし，$\tilde{a}=\tilde{a}(0)$, $\tilde{a}^\dagger=\tilde{a}^\dagger(0)$ である．したがって，これを（3.105）式に代入し，（3.104）式の関係を用いると，時間 t における位置，運動量の演算子は以下のようになる．

$$\tilde{x}(t)=\tilde{x}(0)\cos\omega_{\rm v}t+\frac{\tilde{p}_x(0)}{m\omega_{\rm v}}\sin\omega_{\rm v}t \quad (3.121)$$

$$\tilde{p}(t)=-m\omega_{\rm v}\tilde{x}(0)\sin\omega_{\rm v}t+\tilde{p}_x(0)\cos\omega_{\rm v}t \quad (3.122)$$

ただし，$\tilde{x}(0)=\tilde{x}=\sqrt{\hbar/2m\omega_{\rm v}}(\tilde{a}+\tilde{a}^\dagger)$, $\tilde{p}_x(0)=\tilde{p}_x=i\sqrt{\hbar m\omega_{\rm v}/2}(-\tilde{a}+\tilde{a}^\dagger)$ である．この式は，古典的な解（3.101），（3.102）式と全く同じ形をしている．しかしながら，これは演算子の式であり，物理的な解釈は全く異なってくる．位置と運動量の期待値は $\langle\tilde{x}(t)\rangle=\langle\psi(0)|\tilde{x}(t)|\psi(0)\rangle$, $\langle\tilde{p}_x(t)\rangle=\langle\psi(0)|\tilde{p}(t)|\psi(0)\rangle$ で求められる．

3.6.4 個数状態とコヒーレント状態

調和振動子の一般的な量子状態は，個数状態を用いた展開で表すことができる．ここでは典型的な 2 つの状態，個数状態とコヒーレント状態の性質について調べる．

個数状態 $|n\rangle$ は，エネルギーの固有状態であり，フォノンの数が決まった状態である．振動子がこの状態にある場合には，位置と運動量の期待値は以下のようになる．

$$\langle\tilde{x}\rangle=\langle n|\tilde{x}|n\rangle=0, \qquad \langle\tilde{p}_x\rangle=\langle n|\tilde{p}_x|n\rangle=0 \quad (3.123)$$

3.6 調和振動子

位置と運動量の期待値の時間変化は (3.121), (3.122) 式を用いると，$\langle n|\hat{x}(t)|n\rangle$ $=0$, $\langle n|\hat{p}_x(t)|n\rangle=0$ となる．したがって時間的に変化せず，振動的な性質は全く示さない．位置および運動量の揺らぎ $\Delta x, \Delta p_x$ は以下のように計算される．

$$\Delta x \equiv \sqrt{\langle \hat{x}^2 \rangle - \langle \hat{x} \rangle^2} = \sqrt{(\hbar/m\omega_v)(n+1/2)} \tag{3.124}$$

$$\Delta p_x \equiv \sqrt{\langle \hat{p}_x^2 \rangle - \langle \hat{p}_x \rangle^2} = \sqrt{\hbar m\omega_v(n+1/2)} \tag{3.125}$$

したがって，不確定関係は $\Delta x \Delta p_x = (n+1/2)\hbar$ となる． $n=0$ の振動基底状態は最小の不確定関係を満足する．この状態における位置の揺らぎ $\Delta x = x_0 = \sqrt{\hbar/2m\omega_v}$ は，波動関数の波束の広がりを表す．個数状態では，位置や運動量の時間変化は，古典的な振動子のような振動的な振る舞いを示さない．これは，フォノンの個数と位相の間には，不確定性 $\Delta N \Delta \varphi \geq 1/2$ の関係があるためである．個数の決まった個数状態では位相は全く決まらなくなる．

コヒーレント状態（coherent states）は，以下のような個数状態の重ね合わせで表される．

$$|\alpha\rangle = \sum_{n=0}^{\infty} e^{-|\alpha|^2/2} \frac{\alpha^n}{\sqrt{n!}} |n\rangle \tag{3.126}$$

ただし，α は複素数である．$|\alpha\rangle$ は規格化されており，$\langle \alpha|\alpha\rangle=1$ が成り立つ．また，この状態は，消滅演算子 $\hat{a}$ の固有状態でもある．

$$\hat{a}|\alpha\rangle = \alpha|\alpha\rangle \tag{3.127}$$

消滅演算子はエルミート演算子ではないので，固有値 α は実数ではない．この状態では，フォノンの数は一定ではない．フォノンの個数の期待値 $\langle \hat{N} \rangle$，および揺らぎ ΔN は，以下のように計算される．

$$\langle \hat{N} \rangle = \langle \alpha|\hat{a}^{\dagger}\hat{a}|\alpha\rangle = |\alpha|^2, \quad \Delta N = \sqrt{\langle \hat{N}^2 \rangle - \langle \hat{N} \rangle^2} = |\alpha| \tag{3.128}$$

フォノン数の相対的な揺らぎは，$\Delta N/\langle \hat{N} \rangle = 1/|\alpha| = 1/\sqrt{\langle \hat{N} \rangle}$ となる．したがって，フォノン数が増えるにつれて，相対的な揺らぎは小さくなる．位置および運動量の期待値は，以下のように計算される．

$$\langle \hat{x} \rangle = \langle \alpha|\hat{x}|\alpha\rangle = \sqrt{\hbar/2m\omega_v}(\alpha+\alpha^*) = 2x_0|\alpha| \cos\theta \tag{3.129}$$

$$\langle \hat{p}_x \rangle = \langle \alpha|\hat{p}_x|\alpha\rangle = i\sqrt{\hbar m\omega_v/2}(-\alpha+\alpha^*) = 2p_{x0}|\alpha| \sin\theta \tag{3.130}$$

ただし，$\alpha = |\alpha|e^{i\theta}$, $p_{x0} = \sqrt{\hbar m\omega_v/2}$ とおいた．位置と運動量の揺らぎ $\Delta x, \Delta p_x$ は以下のようになる．

$$\Delta x \equiv \sqrt{\langle \hat{x}^2 \rangle - \langle \hat{x} \rangle^2} = \sqrt{\hbar/2m\omega_{\rm v}}, \qquad \Delta p_x \equiv \sqrt{\langle \hat{p}_x^2 \rangle - \langle \hat{p}_x \rangle^2} = \sqrt{\hbar m \omega_{\rm v}/2}$$
(3.131)

したがって，不確定関係 $\Delta x \Delta p_x = \hbar/2$ を満足する．コヒーレント状態は，振動基底状態 $|0\rangle$ と同様に最小の不確定関係を満足する．位置と運動量の期待値の時間変化は，(3.121)，(3.122) 式を用いると以下のように示すことができる．

$$\frac{\langle \hat{x}(t) \rangle}{2x_0} = |\alpha| \cos(\theta - \omega_{\rm v} t), \qquad \frac{\langle \hat{p}_x(t) \rangle}{2p_{x0}} = |\alpha| \sin(\theta - \omega_{\rm v} t) \qquad (3.132)$$

したがって，x と p_x を無次元化した $(x/2x_0)-(p_x/2p_{x0})$ で表される位相空間において，点 $(\langle \hat{x}(t) \rangle/2x_0, \langle \hat{p}_x(t) \rangle/2p_{x0})$ は円運動を行う（図 3.13）．これは，古典的な調和振動子の場合と全く同じであり，振動的な変化を示す．また，$|\alpha|$ が大きくなるほど位置と運動量の相対的な揺らぎは小さくなる．したがって，コヒーレント状態は，古典的な振動状態に最も近い状態である．

コヒーレント状態は，振動基底状態 $|0\rangle$ に以下の演算子を作用させても発生させることができる．

$$|\alpha\rangle = \hat{D}(\alpha)|0\rangle, \qquad \hat{D}(\alpha) = \exp(\alpha \hat{a}^\dagger - \alpha^* \hat{a}) \qquad (3.133)$$

$\hat{D}(\alpha)$ は変位演算子と呼ばれる．2 つの演算子 $\hat{A}, \hat{B}$ が $[\hat{A},[\hat{A},\hat{B}]]=0, [\hat{B},[\hat{A},\hat{B}]]=0$ を満たすとき，以下のベーカー・ハウスドルフの公式（Baker-Hausdorf formula）が成り立つ．

$$e^{\hat{A}+\hat{B}} = e^{-[\hat{A},\hat{B}]/2} e^{\hat{A}} e^{\hat{B}} \qquad (3.134)$$

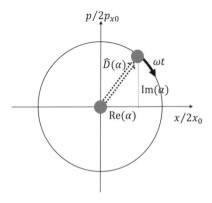

●図 3.13　位相空間でのコヒーレント状態

3.6 調和振動子 65

これを用いると（3.133）式は，$\hat{D}(\alpha)=e^{-|\alpha|^2/2}e^{\alpha\hat{a}^+}e^{-\alpha^*\hat{a}}$ と変形され，$e^{-\alpha^*\hat{a}}|0\rangle=|0\rangle$ が成り立つことに注意すると，（3.126）式に等しいことが示せる．また $\hat{D}^\dagger(\alpha)\hat{a}\hat{D}(\alpha)$ $=\hat{a}+\alpha$，$\hat{D}^\dagger(\alpha)\hat{a}^\dagger\hat{D}(\alpha)=\hat{a}^\dagger+\alpha^*$ を満足する．変位演算子の作用は，位相空間を用いて表すと明確になる．図 3.13 は，個数状態 $|0\rangle$ に変位演算子が作用して，コヒーレント状態が生成される様子を示す．期待値が位相空間の原点 $(0,0)$ にあり，最小の不確定関係を持つ振動基底状態 $|0\rangle$ に変位演算子 $\hat{D}(\alpha)$ が作用すると，期待値が位相空間の $(\mathrm{Re}(\alpha),\ \mathrm{Im}(\alpha))$ へ変位してコヒーレント状態が発生する．コヒーレント状態 $|\alpha\rangle$ とは，振動基底状態が位相空間において $(\mathrm{Re}(\alpha),\ \mathrm{Im}(\alpha))$ だけ変位した状態である．

参考文献

（全般に関して）

[1] C. J. Foot, *Atomic Physics*, Oxford University Press (2005).

（ラムゼイ干渉）

[2] S. Haroche and J. M. Raimond, *Exploring the Quantum*, Oxford University Press (2006).

[3] G. S. Agarwal, *Quantum Optics*, Cambridge University Press (2013).

（光学的ブロッホ方程式とレーザー誘起蛍光と光の吸収）

[4] M. Inguscio and L. Fallani, *Atomic Physics*, Oxford University Press (2013).

（光の原子に及ぼす力）

[5] P. Meystre and M. Sargent III, *Elements of Quantum Optics*, 4th edition, Springer (2007).

[6] H. J. Metcalf and P. van der Straten, *Laser Cooling and Trapping*, Springer-Verlag New York (1999).

（調和振動子）

[7] J. J. Sakurai, *Modern Quantum Mechanics* (revised edition), Addison Wesley (1993).（桜井明夫訳，『現代の量子力学（上）』，吉岡書店（1989））

および文献 [2]

4. イオンのレーザー冷却

　イオントラップ中に生成したイオンの温度は，冷却しなければ数千 K 程度と考えられる．イオンが背景ガスやイオンどうしの衝突によって熱平衡になっている場合，このような高い温度では，マクスウェル速度分布中の大きな速度を持つイオンが電極に衝突して失われてしまう．このため，生成されたイオンの数は次第に減少する．したがってイオンを長い時間捕まえておくためには，イオンの温度を下げる必要がある．レーザー冷却を用いると，イオンを極低温まで一挙に冷却することができる[1,2,3]．また，1 個のイオンでも捕獲して観測することが可能になる[4]．レーザー冷却は，共鳴に近い周波数を持つレーザーを原子に照射したときに発生する，光の力を利用するものである．第 3 章で述べたように，この力には散乱力と双極子力の 2 つがある．双極子力は保存力であるため，冷却には利用されない．冷却には散乱力が用いられる．中性原子に対してはさまざまなレーザー冷却法が開発されているが[5]，ここでは，イオンの冷却に必要なドップラー冷却とサイドバンド冷却について述べる．

　パウルトラップ中のイオンは，マイクロ運動を無視すると，3 次元の調和振動をしている．振動しているイオンのレーザー冷却は，イオンの永年運動の振動角周波数 ω_v と，冷却されるイオンの励起準位の減衰定数 γ との大きさの関係で扱いが異なる．イオンの振動角周波数が減衰定数より十分小さい場合，すなわち $\omega_v \ll \gamma$ が成り立つ場合は弱い束縛の極限，あるいは重い粒子の極限といわれる．逆に，$\omega_v \gg \gamma$ が成り立つ場合は強い束縛の極限，あるいは軽い粒子の極限といわれる．この 2 つの場合に対して，レーザー冷却の扱いが異なってくる[6]．イオンの振動角周波数 ω_v は前にも述べたように，およそ $2\pi \times 10^6 \, \mathrm{s}^{-1}$ である．したがって，この値と励起準位の減衰定数との大きさの関係が重要になる．

■ 4.1 ドップラー冷却 ■

　励起準位が基底準位と電気双極子遷移でつながっている場合には，励起準位の減衰定数は $10^8\,\mathrm{s}^{-1}$ 程度になる．この場合は弱い束縛の極限，$\omega_v \ll \gamma$ が成り立つ．すなわち，原子が光を吸収・放出する時間 $1/\gamma$ に比べて，運動の 1 周期に要する時間 $2\pi/\omega_v$ は十分に長い．このため，イオンは 1 周期の間に，何度も光の吸収・放出を繰り返すことになる．したがって，1 個の光子の吸収・放出を行う間のイオンの速度と位置は，ほぼ一定と考えられる．この場合は，イオン振動の 1 周期より十分短く，かつ原子の寿命より十分長い時間で平均した光の散乱力を考えることができる．散乱力を用いた冷却を，ドップラー冷却（Doppler cooling）という．

　第 3 章では原子が止まっている場合の散乱力を求めたが，速度 $\vec{v}$ を持つ二準位イオンにレーザー光をあてた場合には，ドップラー効果を考慮する必要がある．動いているイオンが見るレーザーの角周波数 ω_L は，ドップラー効果により $\omega_L - \vec{k}\cdot\vec{v}$ にシフトする．ただし $\vec{k}$ はレーザー光の波数ベクトルである．これを用いると第 3 章で示した散乱力の式（3.97）は以下のように修正される．

$$\vec{F}_{\mathrm{sp}} = \hbar\vec{k}\gamma\tilde{\rho}_{\mathrm{ee}} = \frac{\hbar\vec{k}\gamma}{2}\left(\frac{\Omega_0^2/2}{\delta_{\mathrm{eff}}^2 + \Omega_0^2/2 + \gamma^2/4}\right) = \hbar\vec{k}\gamma\frac{s/2}{1 + s + (2\delta_{\mathrm{eff}}/\gamma)^2} \tag{4.1}$$

$$\delta_{\mathrm{eff}} = \delta + \vec{k}\cdot\vec{v} = \omega_0 - \omega_L + \vec{k}\cdot\vec{v} \tag{4.2}$$

ただし，s は飽和パラメーター $s \equiv 2\Omega_0^2/\gamma^2$ である．散乱力はローレンツ型のスペクトルを持ち，$\delta_{\mathrm{eff}} = 0$ のとき最大になる．ここで，イオンは振動しており，振動方向が光の進む方向と一致している場合を考える．光の進む方向を正の方向にとる．このとき，ドップラーシフトは $\vec{k}\cdot\vec{v} = kv$ と表される．イオンが光と反対方向に動く場合は $v < 0$，同じ方向に動く場合は $v > 0$ である．

　レーザーの角周波数 ω_L を，共鳴角周波数 ω_0 の低周波側に設定した場合（$\delta > 0$）を考える．イオンの速度が光の進行方向と反対になる振動の半周期においては，$kv < 0$ となる．このため，ドップラーシフト kv が離調 $\delta = \omega_0 - \omega_L$ を打ち消す．すなわち速度 $v_{\mathrm{res}} = -\delta/k$ のとき，光と原子の共鳴が起こり，強い散乱力が働く．散乱力の方向はイオンの速度と反対であるため，イオンを減速する力となる．逆に，イオンが光と同じ方向に進む半周期の場合は，δ と kv が同じ正

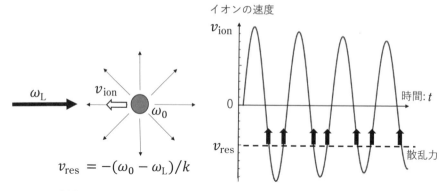

●図4.1　イオンの運動によるドップラーシフトと散乱力による振動の減衰

の符号を持つ．このため，実効的な離調 $\delta_{\text{eff}} = \delta + kv$ が増加し，イオンを加速する散乱力は働かない．したがって，レーザーの角周波数 ω_L を，共鳴角周波数 ω_0 の低周波側に設定した場合には，イオンが光に向かって進む半周期ごとに共鳴が強く起こり，光の散乱力によりイオンは減速される（図4.1）．

冷却の最終段階では，イオンの速度は小さくなり，ドップラーシフトが自然幅 γ より小さくなる．このとき，散乱力の大きさは以下のように速度の1次の項で展開できる．

$$F_{\text{sp}} \approx F_0(1 - \alpha v) \tag{4.3}$$

$$F_0 = \hbar k \gamma \frac{s/2}{1 + s + (2\delta/\gamma)^2}, \quad \alpha = \frac{8k\delta/\gamma^2}{1 + s + (2\delta/\gamma)^2} \tag{4.4}$$

(4.3)式の第1項は，静止したイオンに働く力である．第2項は，速度に比例した力である．$\delta > 0$（$\omega_L < \omega_0$）のときは摩擦力として働く．質量 m のイオンの運動は，この力を加えることによって，以下の減衰振動の方程式で表される．

$$m\frac{d^2x}{dt^2} + F_0\alpha\frac{dx}{dt} + m\omega_v^2 x = F_0 \tag{4.5}$$

右辺の F_0 は，イオンの位置をトラップの中心からいくらかシフトさせる．散乱力による減衰項によって減衰振動を行い，イオンは静止状態近くまで減速されるが，完全に静止させることはできない．これは散乱力は光の散乱による平均の力であるので，実際には平均の値から揺らいでいるためである．この揺らぎにより，最終的に到達できるイオンの速度には限界が生じる．

散乱力の揺らぎの原因は，光の吸収および自然放出において，$\hbar k$ の塊の運動量がイオンにランダムに与えられることである．吸収の場合は，イオンに与えられる運動量は一方向を向いているが，平均値の周りで $\hbar k$ の塊として揺らいでいる．このため，運動量空間において，$\hbar k$ を歩幅とする1次元のランダムウォークが起こっているとみなされる．ランダムウォークによってイオンに与えられる運動量の平均は $\langle \Delta p \rangle = 0$ である．分散は，歩幅 $\hbar k$ とランダムウォークの回数 N を用いて，$\langle \Delta p^2 \rangle = (\hbar k)^2 N$ で与えられる．イオンは，このランダムウォークによるエネルギーの増加によって加熱される．1秒間に流入するエネルギーは，1秒間の散乱の回数 R を用いて，$\langle \Delta p^2 \rangle / 2m = (\hbar k)^2 R / 2m$ となる．自然放出の場合は，ランダムな方向に光が放出される．このため，イオンの運動方向の運動量変化による加熱には，幾何学的な因子がかかる．この因子を ξ とすると，吸収と放出過程を合わせた揺らぎによる加熱速度 $\dot{E}_{\mathrm{abs}}$ は以下のようになる[7]．

$$\dot{E}_{\mathrm{abs}} = \frac{(\hbar k)^2}{2m}(1+\xi)R, \qquad R = \gamma \bar{\rho}_{\mathrm{ee}} = \gamma \frac{s/2}{1+s+(2\delta/\gamma)^2} \tag{4.6}$$

双極子遷移の場合は，$\xi = 2/5$ である．一方，散乱力によってイオンが冷却されて失う単位時間当たりのエネルギー（冷却速度）$\dot{E}_{\mathrm{cool}}$ は，（4.3）式を用いると以下で与えられる．

$$\dot{E}_{\mathrm{cool}} = \langle F_{\mathrm{sp}} v \rangle = F_0 \langle v \rangle - F_0 \alpha \langle v^2 \rangle = -F_0 \alpha \langle v^2 \rangle \tag{4.7}$$

速度の時間平均 $\langle v \rangle = 0$ となるのは，イオンが振動しているためである．平衡状態になるのは，冷却と加熱がつりあうときである．$\dot{E}_{\mathrm{abs}} + \dot{E}_{\mathrm{cool}} = 0$ を用いると，到達可能な運動エネルギーが得られる．

$$\frac{1}{2}m\langle v^2 \rangle = \frac{\hbar \gamma}{16}(1+\xi)\left[(1+s)\frac{\gamma}{2\delta} + \frac{2\delta}{\gamma}\right] \tag{4.8}$$

この値は離調 δ に依存し，δ が以下の半値半幅のとき最小になる．

$$\delta = \frac{\gamma\sqrt{1+s}}{2} \tag{4.9}$$

到達可能な運動エネルギーを $k_{\mathrm{B}}T/2$ とおいて温度 T に換算すると，以下の式が得られる．ただし，k_{B} はボルツマン定数である．

$$T_{\min} = \frac{\hbar \gamma \sqrt{1+s}}{4k_{\mathrm{B}}}(1+\xi) \tag{4.10}$$

低い到達温度を得るためには，レーザーの強度を下げて $s \ll 1$ とすることが必要

である．このとき得られる温度をドップラー限界という．

以上の説明では，1次元の運動のみを扱った．イオンの3次元の運動を冷却するためには，トラップの楕円型ポテンシャルの主軸に対して傾いた方向からレーザーを照射する．これにより，3つの振動方向のすべてに，波数ベクトルの射影成分が存在する．したがって，3つの振動周波数が縮退していない場合には，1本のレーザービームによって，3方向の振動を冷却することができる．ドップラー冷却では，散乱力を有効に働かせるためには，光の吸収・放出の閉じたサイクルを作り，光の散乱を繰り返し行う必要がある．このために，3.4節で述べたサイクリング遷移がしばしば用いられる．図4.2に，Ca^+イオンのエネルギー準位を示す．Ca^+イオンの場合は，基底準位 $^2S_{1/2}$ の上に励起準位 $^2P_{1/2}$ がある．この準位は，基底準位へ波長 397 nm の電気双極子遷移を持っている．減衰定数 γ は $1.4 \times 10^8 \, s^{-1}$ である．この遷移を用いて，ドップラー冷却を行うことができる．しかしながらCa^+イオンの場合には，励起準位 $^2P_{1/2}$ からは，基底準位だけでなく，約 1/15 の割合で準安定準位 $^2D_{3/2}$ へも遷移する．したがって，完全に閉じた二準位系にはならない．閉じたサイクルを作るため，$^2D_{3/2}$ から $^2P_{1/2}$ 準位にイオンを戻すレーザー（866 nm）も，同時に照射することが必要である．Ca^+ イオンの場合，ドップラー冷却の到達温度は $T_{min} \approx 0.53$ mK である．

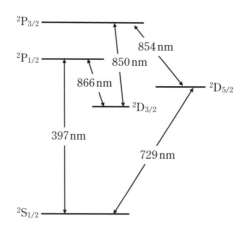

●図4.2 Ca^+イオンのエネルギー準位図

ドップラー冷却には波長 397 nm のレーザーが用いられる．波長 866 nm のレーザーはポンピングバック用．サイドバンド冷却には波長 729 nm のレーザーが用いられる．

■ 4.2 サイドバンド冷却 ■

サイドバンド冷却（sideband cooling）は，強い束縛の極限 $\omega_v \gg \gamma$ が成り立つ条件で行われる．したがって光の遷移には，電気四重極遷移などの禁制遷移が用いられる．$\omega_v \gg \gamma$ が成り立つ場合には，イオンは光を吸収して放出する間に何度も振動運動を繰り返す．したがって，光とのコヒーレントな相互作用で生じる振動双極子モーメントが，イオンの振動で変調される．このために，光の吸収スペクトルにサイドバンドが現れる．あるいは，イオンに静止した系で見ると，レーザーの電場がイオンの振動角周波数 ω_v で位相変調され，イオンが多くのサイドバンドと相互作用すると考えることができる．ここでは，まず振動している1個のイオンと，レーザーとの相互作用を考える．レーザーが z 方向に進んでいるとき，イオンの位置を z_i とすると，イオンの位置でのレーザーの電場は以下のように表される．

$$\vec{E} = \vec{\epsilon} E_0 \cos(kz_i - \omega_L t) \tag{4.11}$$

イオンが原点を中心に振幅 z_0 で調和振動している場合には，イオンの位置は $z_i = z_0 \cos(\omega_v t)$ で表される．したがって，イオンの見る電場は，ドップラー効果により，以下のように表される．

$$\vec{E} = \vec{\epsilon} E_0 \cos[kz_0 \cos(\omega_v t) - \omega_L t] \tag{4.12}$$

これは，よく知られているように位相変調された波である．kz_0 は変調指数といわれる．n 次のベッセル関数 $J_n(x)$ を用いると，以下のように展開される．

$$\vec{E} = \vec{\epsilon} E_0 \Big[J_0(kz_0) \cos(\omega_L t) + \sum_{n=1}^{\infty} (-1)^n J_n(kz_0) \cos\left\{(\omega_L + n\omega_v)t + \frac{n}{2}\pi\right\}$$
$$+ \sum_{n=1}^{\infty} J_n(kz_0) \cos\left\{(\omega_L - n\omega_v)t - \frac{n}{2}\pi\right\} \Big] \tag{4.13}$$

レーザーの電場は角周波数 ω_L のキャリア成分に加え，角周波数 $\omega_L \pm n\omega_v$ のサイドバンド成分からなる．イオンはこれらの周波数成分を持つ電場と相互作用する．相互作用が弱い場合，すなわち，相互作用のラビ周波数が ω_v よりも十分小さい場合には，それぞれのサイドバンドと二準位イオンの相互作用は，独立に扱うことができる．このため，イオンの光の吸収断面積は，以下のようにそれぞれのサイドバンドからの寄与の和で表される．

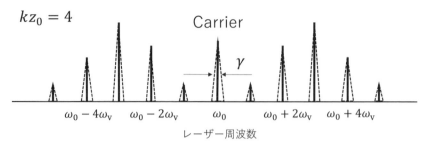

●図4.3 イオンの振動によって光スペクトルに現れるドップラーサイドバンド

$$\sigma(\omega) = \sigma_0 \sum_{n=-\infty}^{\infty} |J_n(kz_0)|^2 \frac{(\gamma/2)^2}{(\gamma/2)^2 + (\omega_0 - \omega_L - n\omega_v)^2} \quad (4.14)$$

したがって吸収スペクトルは，ω_0 の角周波数におけるキャリア遷移（$n=0$），および $\omega_0 \pm n\omega_v$ におけるドップラーサイドバンドから構成される．変調指数に相当する kz_0 は，ラム・ディッケ因子（Lamb-Dicke factor）と呼ばれ，振動の振幅と波長の比の目安を与える．サイドバンドスペクトルの間隔 ω_v に比べて，サイドバンドのスペクトル幅 γ が小さいため，図4.3に示すように，サイドバンドは分離して観測される．

イオンがドップラー冷却により冷却されて振幅 z_0 が小さくなり，以下の条件が満たされる場合を考える．

$$kz_0 = \frac{2\pi z_0}{\lambda} \ll 1 \quad (4.15)$$

このように，イオンが電磁波の波長以下の領域に局在しているときは，ラム・ディッケの基準が満たされている（Lamb-Dicke regime），あるいはラム・ディッケ領域まで閉じ込められているという．このとき，高次のベッセル関数 $J_n(kz_0)$ は小さくなるので，サイドバンドの高次の成分は非常に小さい．したがって，イオンのスペクトルは，中心のキャリア（carrier）成分が支配的となり，第一サイドバンド成分のみが小さく観測される[8]．高い周波数側のサイドバンドは，第一ブルーサイドバンド（first blue sideband. 通常，第一を略してブルーサイドバンド），低い周波数側のサイドバンドは，第一レッドサイドバンド（first red sideband. 通常，第一を略してレッドサイドバンド）と呼ばれる．図4.4(a), (b)に，1個のCa$^+$イオンのドップラー冷却後の電気四重極遷移（$^2S_{1/2}$

4.2 サイドバンド冷却　　　　　　　　　　　　　　　　　　　　73

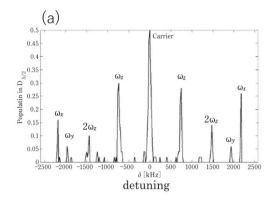

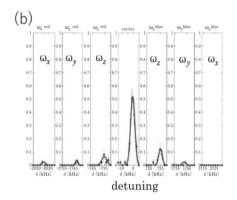

● 図 4.4　ドップラー冷却によって冷却されたリニアトラップ中の 1 個の Ca⁺イオンの 729 nm における電気四重極遷移の光吸収スペクトル
(a)冷却の最適化前のスペクトル．キャリアスペクトルの両側に x, y, z 方向の振動によるサイドバンドが観測される．(b)最適化後のスペクトル．ラム・ディッケ領域に入っている．到達した振動量子数は $n_x=8.9, n_y=10, n_z=9.3$ と推定される．

$-^2D_{5/2}$) の光吸収スペクトルの測定例を 2 つ示す．図(b)はラム・ディッケ領域まで閉じ込められたスペクトルの例であり，(a)に比べてサイドバンドが小さく観測されている．

1 個のイオンのサイドバンド冷却は，ドップラー冷却によってラム・ディッケ領域まで閉じ込められた後に用いられる[9]．イオンがラム・ディッケ領域まで閉じ込められている場合には，運動状態を量子化して記述することができる．1 つの振動モードの状態を個数状態 $|n\rangle$ で表し，内部状態まで含めたイオンの量子

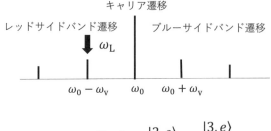

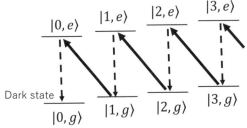

●図 4.5　サイドバンド冷却により振動量子が 1 個ずつ減少していくプロセス

状態を $|n, e\rangle$, $|n, g\rangle$ のように表す．サイドバンド冷却では，図 4.5 上に示すようにレーザー角周波数 ω_L を低周波側のレッドサイドバンド，すなわち $\omega_0 - \omega_v$ に同調させる．また，冷却する振動モードの射影成分を含む方向からレーザーをイオンに照射する．これにより，イオンは光子のエネルギー $\hbar(\omega_0 - \omega_v)$ を得て，基底準位から励起準位へと移る．基底準位から励起準位へと移るには $\hbar\omega_0$ のエネルギーが必要であるが，不足分 $\hbar\omega_v$ は外部の運動から賄われる．すなわち，外部の運動エネルギーを減少させることによって，励起準位への遷移が起こる．したがって，最初の振動モードの量子状態が $|n_1\rangle$ であった場合には，イオンはレッドサイドバンド遷移によって振動の量子数を減らし，$|n_1, g\rangle$ から $|n_1-1, e\rangle$ へ遷移する．励起状態 $|n_1-1, e\rangle$ へ移ったイオンは，自然放出によって再び基底状態に戻る．ラム・ディッケの基準が満たされている場合には，自然放出ではキャリア遷移が支配的である．このため，$\hbar\omega_0$ のエネルギーを放出して基底準位 $|n_i-1, g\rangle$ へ遷移する．したがって，1 回の光の吸収・放出の過程により，$\hbar\omega_v$ の振動エネルギーを失う．図 4.5 下に示すように，このプロセスを繰り返して振動量子 $\hbar\omega_v$ を 1 つずつ減らすことによって，イオンを振動基底状態 $|0, g\rangle$ まで冷却することができる．

4.2 サイドバンド冷却

レッドサイドバンド遷移 $|n, g\rangle \to |n-1, e\rangle$，およびブルーサイドバンド遷移 $|n, g\rangle \to |n+1, e\rangle$ の遷移確率は，振動量子数 n に対して，それぞれ n，$(n+1)$ に比例する．したがって，振動基底状態 $|0, g\rangle$ にあるイオンのレッドサイドバンド遷移の遷移確率は 0 になる．このため，サイドバンド冷却の過程で振動基底状態まで落ち込んだイオンは，光と相互作用しなくなる．この状態を暗状態（dark state）という．ドップラー冷却の限界は光の吸収・放出過程における運動量の拡散で決められたのに対し，サイドバンド冷却の場合には暗状態に落ち込むため，このようなことは起こらない．サイドバンド冷却の冷却限界は，レッドサイドバンド遷移の励起スペクトルが有限の幅を持つため，その裾でキャリア遷移，あるいはブルーサイドバンド遷移が励起されて，振動量子の増加が起こることで決められる．

冷却限界を決める支配的なプロセスは，前者はキャリア遷移が励起された後に，振動量子が 1 つ増加するような自然放出が起こるプロセス，後者はブルーサイドバンド遷移が励起された後に，振動量子が変化しない自然放出が起こるプロセスである．これらのプロセスを考慮すると，励起スペクトルの形がスペクトル幅 γ を持つローレンツ型の場合には，冷却限界は以下のように求められる[7]．

$$E_{\min} = \hbar\omega_{\mathrm{v}}\left(n_{\mathrm{av}} + \frac{1}{2}\right), \qquad n_{\mathrm{av}} = \left(\xi + \frac{1}{4}\right)\frac{\gamma^2}{4\omega_{\mathrm{v}}^2} \qquad (4.16)$$

ただし，ξ は自然放出の角度分布により決まる定数である．電気双極子遷移の場合は 2/5 である．また，n_{av} は，冷却の最終状態における平均の振動量子数である．通常，$\omega_{\mathrm{v}} \gg \gamma$ を満足する遷移が用いられるので，$n_{\mathrm{av}} \approx 0$ となる．しかしながら実際には，自然幅 γ に比べてレーザーのスペクトル幅が大きいので，これによって限界が決まる．振動基底状態まで冷却するには，スペクトル幅の狭い（1 kHz 以下）レーザーを用いることが必要である．

サイドバンド冷却の冷却速度は小さいが，ドップラー限界より低い振動基底状態まで冷却できる．したがって，ドップラー冷却でイオンをラム・ディッケ領域に閉じ込めた後，最終的にイオンを振動基底状態まで冷却するのに用いられる．到達量子数は，光吸収スペクトルにおけるレッドサイドバンドの高さ S_{L} と，ブルーサイドバンドの高さ S_{U} の比によって測定できる．2 つのサイドバンドの高さは，それぞれ n，$(n+1)$ に比例する．振動状態の熱的分布を考慮して平均量子数 $\langle n \rangle$ を用いると，サイドバンドの高さの比は，$S_{\mathrm{L}}/S_{\mathrm{U}} = \langle n \rangle/(\langle n \rangle + 1)$ となる．

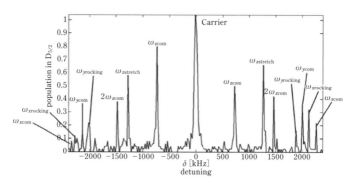

●図 4.6 ドップラー冷却によって冷却されたリニアトラップ中の 2 個の Ca$^+$ イオンの 729 nm における電気四重極遷移の光吸収スペクトル
冷却は最適化されていないのでサイドバンドの高さは低くない．キャリアの両側に，x, y, z 方向の振動によるサイドバンドスペクトルがそれぞれ 2 つずつ観測されている．

S_L/S_U は実験で求めることができるので，この関係から到達した $\langle n \rangle$ を求めることができる．

　多数個のイオンのサイドバンド冷却も，1 個のイオンと全く同様にして行うことができる．後で述べるように，リニアトラップの場合には，ドップラー冷却の後，イオンは 1 列に並ぶ．このとき，各イオンの運動は基準振動の重ね合わせで表される．例えば，2 個のイオンの場合は，z 方向の振動には，基準振動として，COM（重心運動）モードとストレッチモードの 2 つのモードがある（後述）．したがって，各イオンの吸収スペクトルには，それぞれのモードの振動周波数に対応するサイドバンドが現れる．図 4.6 にドップラー冷却後の 2 個の Ca$^+$ イオンの光吸収スペクトルの測定例を示す．サイドバンド冷却は，1 個の場合と同様に，冷却したいモードのレッドサイドバンドにレーザーの周波数を同調させる．これにより，そのモードを振動基底状態付近まで冷却することができる．すべてのモードを冷却する場合には，それぞれのモードを順次冷却していくことが必要になる．

　Ca$^+$ イオンの場合には，サイドバンド冷却は，基底準位 $^2S_{1/2}$ と準安定準位 $^2D_{5/2}$ の間の電気四重極遷移を用いて行う．この遷移の波長は 729 nm である．準安定準位 $^2D_{5/2}$ の寿命は約 1.1 s（減衰定数：$\gamma = 2\pi \times 0.14\,\mathrm{s}^{-1}$）であるため，強い束縛の条件を十分に満たしている．実際のサイドバンド冷却の実験では，さ

4.3 マイクロ運動の影響

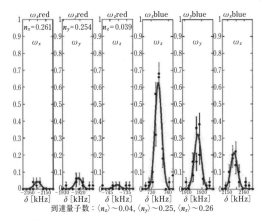

●図 4.7　リニアトラップ中の 1 個の Ca$^+$ イオンのサイドバンド冷却後の 729 nm における光吸収スペクトル
左側の 3 つが左から順にそれぞれ x, y, z 成分のレッドサイドバンド，右側の 3 つが左から順にそれぞれ z, y, x 成分のブルーサイドバンドである．振動基底状態近くまで冷却されている．

らに 854 nm のレーザー光をイオンに照射して，$^2D_{5/2}$ 準位から $^2P_{3/2}$ 準位への遷移を加えて，準安定準位 $^2D_{5/2}$ の寿命を実効的に短くする．これによって，冷却サイクルの時間を短くすることができる．図 4.7 には，リニアトラップ中の単一 Ca$^+$ イオンのサイドバンド冷却後の，729 nm 遷移における光吸収スペクトルの測定結果を示す．レッドサイドバンド成分がほとんど消えている．したがって，振動基底状態の近くまで冷却されていることが分かる．到達した量子数は，図中に示されている．

■ 4.3　マイクロ運動の影響 ■

これまでは，イオンのレーザー冷却についてはマイクロ運動を無視して，永年運動による調和振動のみを考えてきた．実際には，rf トラップ中のイオンの運動は，マイクロ運動と永年運動からなる．マイクロ運動は外部からの rf 電場によって常に駆動されるため，レーザー冷却の対象にはならない．冷却の対象となるのは永年運動である．永年運動を冷却することによって，マイクロ運動を間接的に小さくすることができる．1 個のイオンの運動は，マイクロ運動を考慮する

と，(2.11)〜(2.13) 式より，$u_x = x$, $u_y = y$, $u_z = z$ に対し，以下のように表される.

$$u_\alpha = A_\alpha \cos(\omega_{v\alpha} t + \theta_\alpha)\left[1 - \left(\frac{q_\alpha}{2}\right)\cos \Omega_{rf}t\right], \qquad \alpha = x, y, z$$

A_α は永年運動の振幅であり，レーザー冷却によって 0 に近づけることができる．上式で分かるように，マイクロ運動の振幅も A_α に比例するので，永年運動の冷却に伴ってマイクロ運動の振幅も 0 に近づく．これは，理想的な四重極電場では，永年運動を起こす有効ポテンシャルの最小点と rf 電場が 0 となる点が一致しており，この場所を中心にイオンが永年運動の振動を行うためである．3 枚の回転双曲面からなるパウルトラップの場合，この条件が満足されるのは，rf 電場のノードであるトラップの中心点のみである．このため，1 個のイオンのみが極低温まで冷却できる．リニアトラップの場合は，対称軸である直線上において rf 電場が 0 になる．したがって，直線状に並んだイオンをすべて極低温まで冷却できる．

　しかしながら，電極に機械的な不完全性がある場合や，電極に付着した金属の接触電位などにより付加的な電場が存在する場合には，イオンの見る実効的なポテンシャルの最小点と，rf 電場が 0 となる点がずれる．このため，イオンが局在するポテンシャルの最小点において，マイクロ運動が発生する．例えば，外部から均一に電場 $\vec{E}_{DC}$ が加わった場合には，有効ポテンシャル近似で計算すると，イオンの運動は以下のように修正される[10].

$$u_\alpha = [A_{0\alpha} + A_\alpha \cos(\omega_{v\alpha} t + \theta_\alpha)]\left[1 - \left(\frac{q_\alpha}{2}\right)\cos \Omega_{rf}t\right] \qquad (4.17)$$

$$\alpha = x, y, z, \qquad A_{0\alpha} \approx \frac{e\vec{E}_{DC} \cdot \vec{e}_\alpha}{m\omega_{v\alpha}^2}$$

ただし，$\vec{e}_\alpha$ は α 方向の単位ベクトルである．$A_{0\alpha}$ は外部電場に比例する項で，イオンの位置の，rf 電場のゼロ点からのシフト量を表す．$A_{0\alpha}$ は，冷却によって小さくできない項である．したがって，冷却によって永年運動の振幅 A_α が 0 に近づいても，この項の存在によってマイクロ運動が消えない．これを余剰マイクロ運動という．余剰マイクロ運動があると，レーザー冷却によってイオンの運動を完全に除くことができない．加えて，余剰マイクロ運動はレーザー冷却の効率にも悪影響を与える．

大きな余剰マイクロ運動があると，イオンの光吸収スペクトルには，マイクロ運動によるドップラー効果に起因する $\omega_0 \pm \Omega_{rf} \pm \omega_v$ などの角周波数を持つサイドバンドが現れる．ドップラー冷却では，レーザーの角周波数を共鳴から $\gamma/2$ 程度離れた低周波側に設定する．マイクロ運動の角周波数 Ω_{rf} と，イオンのスペクトル線幅 γ が同程度の大きさの場合には，共鳴の低周波側に位置する $\omega_0 - \Omega_{rf} + \omega_v$ のサイドバンドを励起する可能性が高くなる．このサイドバンド遷移は，永年運動に対してはブルーサイドバンドとなるため，永年運動を加熱し，冷却の妨げとなる．したがって，イオンを極低温まで冷却するためには，余剰マイクロ運動を検出して補正することが非常に重要である．余剰マイクロ運動の検出にはいろいろな方法が開発されている．イオンからの蛍光がマイクロ運動によるドップラー効果で変調されるという性質を利用して，蛍光信号と駆動 rf 信号の相関を検出する光子相関法[10]や，パラメトリック励起法[11]などがある．余剰マイクロ運動の補正は，それに起因する信号がなくなるように，補正電極に電圧を加えて不要な電場を打ち消すことでなされる．

■ 4.4 イオンの結晶化 ■

イオントラップ中の複数個のイオンは，一成分プラズマ（one component plasma）といわれる．プラズマの状態は，近くの電荷との間の静電エネルギーと熱運動エネルギーの比であるクーロン相関パラメーター $\Gamma = (1/4\pi\varepsilon_0)(e^2/d_n k_B T)$ で記述される．ε_0 は真空の誘電率，d_n は最も近い粒子との距離，k_B はボルツマン定数，T は温度である．Γ が 1 以上の場合には強結合プラズマといわれる．冷却されたイオンでは Γ を大きくすることができ，100 以上にすることが可能である．このような強結合状態では，イオンは結晶構造をとることが知られている．

複数個のイオンのレーザー冷却過程は，非線形なクーロン相互作用があるため，非常に複雑である．このプロセスはイオン運動のシミュレーションにより解析され，実験と比較されている[12]．レーザー冷却の冷却速度が小さく，イオン間の平均距離が十分大きい場合には，加熱は起こらず，イオンは独立した粒子のように振る舞う．冷却速度が大きくなり，冷却によって粒子間の距離が小さくなるにつれて，イオン間の衝突によって rf 加熱が起こり，イオンはカオス的な運

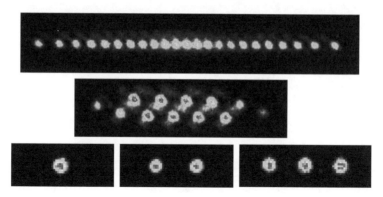

●図 4.8 (上)ドップラー冷却によりリニアトラップ中で結晶化して並んだ 23 個のイオン，(中)ジグザグ構造のイオン，(下) 1 個，2 個，3 個の Ca^+ イオン

動を行う．さらに冷却速度が大きくなると，イオン間の距離はさらに小さくなり，準周期的な運動を経て，静的なつりあいの状態に移行する．静的なつりあいの状態は，トラップのポテンシャルの形状と粒子間のクーロン相互作用で決まる．このようなイオンの状態の変化は，レーザーの周波数を低周波側から共鳴中心まで掃引して，イオンの蛍光スペクトルを観測することによって知ることができる．冷却速度の小さい低周波側では，カオス的な運動を行う雲状態による広いスペクトルが観測される．周波数を中心に近づけると，急に結晶状態を示す鋭いスペクトルに変化する．変化が起こるレーザーの周波数は，トラップの動作条件，レーザーのパワー，イオンの個数に依存する．どのような結晶配列が起こるかは，トラップのポテンシャルの形とイオンの数によって決められる．

　リニアトラップの場合，結晶構造はイオンの個数とポテンシャルの異方性を表すパラメーター $\alpha_p = \omega_{vz}^2/\omega_{vr}^2$ に依存する．ただし，ω_{vz}, ω_{vr} はそれぞれイオンの z 方向，r 方向の永年振動角周波数である．例えば，イオンの個数 N を一定にして，z 方向の閉じ込め電圧を小さな値から増加させた場合を考える．α_p が小さく，ポテンシャルの形が軸方向（z 方向）に長いときには直線状に並び，α_p が増加するにつれてジグザグ構造，さらにらせん構造へと変化する．変化の起こる α_p の値は理論やシミュレーションで求められ，2 つの定数 c, β を用いて $\alpha_p = cN^\beta$ の形になることが知られている [13,14]．10 個までのイオンの，直線からジグザグ構造への変化に対しては，実験により $c=3.23$, $\beta=-1.83$ が求められ，理論

との比較もなされている[15]. イオンの数が非常に多くなった場合には, 層構造
になることも知られている[16]. 図4.8は, 小型のリニアトラップ中に1列に並
んだ23個のイオン, ジグザグ構造のイオン, および1個, 2個, 3個のCa$^+$イオ
ンを2次元の画像装置で撮影したものである.

■ 4.5 直線配列イオンの振動モード ■

　レーザー冷却が進むと, 複数個のイオンは, トラップのポテンシャルと粒子間
のクーロン相互作用で決まる静的なつりあいの状態に移行する. リニアトラップ
では, 異方性パラメーター α_p が小さいときには, イオンは1列に配列する. こ
のとき, 各イオンは安定点の周りで微小振動を行う. イオン間の相互作用が大き
いときには, イオンは基準振動あるいはノーマルモード (後述) と呼ばれる集団
的な振動を行う. ここでは, 解析が容易な2個のイオンの場合に対して, 静的な
つりあいの状態におけるイオン間の距離, および基準振動について述べる. 3個
のイオンについては結果だけを示し, N 個のイオンについての一般的な扱いに
ついては, 数学的にやや複雑になるので付録Dに示す[17,18].

　質量 m の2個のイオンが, 3次元の楕円型の調和ポテンシャルの中にある場
合を考える. この系の古典的ハミルトニアンは, 以下のように表される.

$$H = \frac{m}{2}\sum_{j=1}^{2}(\dot{x}_j^2 + \dot{y}_j^2 + \dot{z}_j^2) + \frac{m}{2}\sum_{j=1}^{2}(\omega_{vx}^2 x_j^2 + \omega_{vy}^2 y_j^2 + \omega_{vz}^2 z_j^2) + \frac{e^2}{4\pi\varepsilon_0|\vec{r}_1 - \vec{r}_2|}$$

$$(4.18)$$

ただし, 各イオンの位置は, $\vec{r}_1 = \begin{pmatrix} x_1 \\ y_1 \\ z_1 \end{pmatrix}$, $\vec{r}_2 = \begin{pmatrix} x_2 \\ y_2 \\ z_2 \end{pmatrix}$ で表される. $\dot{x}_j$ などは x_j の時

間微分を表す. 第1項は運動エネルギー, 第2項はイオントラップのポテンシャ
ルエネルギーである. 1個のイオンに対しては, x, y, z 方向にそれぞれ
$\omega_{vx}, \omega_{vy}, \omega_{vz}$ の振動角周波数を持つ. 第3項はイオン間のクーロン相互作用のエ
ネルギーを示す. ε_0 は真空中の誘電率である. ここで以下の座標変換を行
う[*1].

[*1] 通常, 二体問題では, 重心座標 $\vec{R} = (\vec{r}_1 + \vec{r}_2)/2$, 相対座標 $\vec{r} = (\vec{r}_1 - \vec{r}_2)$ をとることが多いが, ここで
は座標変換 (直交行列による変換) を強調するためにこのようにとる. 付録D参照. スケールが変
わるだけで物理的な意味は全く変わらない.

$$\begin{pmatrix} X_1 \\ Y_1 \\ Z_1 \end{pmatrix} \equiv \vec{R}_1 = \frac{1}{\sqrt{2}}(\vec{r}_2 + \vec{r}_1), \qquad \begin{pmatrix} X_2 \\ Y_2 \\ Z_2 \end{pmatrix} \equiv \vec{R}_2 = \frac{1}{\sqrt{2}}(\vec{r}_2 - \vec{r}_1) \qquad (4.19)$$

ただし, イオン 2 は座標の大きい側にあるとする. (4.19) 式を逆に解いて, (4.18) 式に代入すると, ハミルトニアンは 2 つの項に分離できる.

$$H = H_c + H_r$$

$$H_c = \frac{m}{2}\left(\dot{X}_1^2 + \dot{Y}_1^2 + \dot{Z}_1^2\right) + \frac{m}{2}(\omega_{vx}^2 X_1^2 + \omega_{vy}^2 Y_1^2 + \omega_{vz}^2 Z_1^2) \qquad (4.20)$$

$$H_r = \frac{m}{2}\left(\dot{X}_2^2 + \dot{Y}_2^2 + \dot{Z}_2^2\right) + \frac{m}{2}(\omega_{vx}^2 X_2^2 + \omega_{vy}^2 Y_2^2 + \omega_{vz}^2 Z_2^2) + \frac{e^2}{4\sqrt{2}\pi\varepsilon_0 R_2} \qquad (4.21)$$

ただし, $R_2 = (X_2^2 + Y_2^2 + Z_2^2)^{1/2}$ である. 第 1 項の H_c は重心運動のハミルトニアンである. この運動は, 1 個のイオンと全く同じ調和振動を行う. 第 2 項の H_r は相対運動のハミルトニアンであり, クーロン相互作用項が存在する. イオンの平衡位置は, 2 つの項のポテンシャルの極小点で決まる. 第 1 項 H_c のポテンシャルの極小点は, $X_1 = 0$, $Y_1 = 0$, $Z_1 = 0$ である. 次に, 第 2 項 H_r のポテンシャルの極小点を求める.

$$V\left(\vec{R}_2\right) = \frac{m}{2}(\omega_{vx}^2 X_2^2 + \omega_{vy}^2 Y_2^2 + \omega_{vz}^2 Z_2^2) + \frac{e^2}{4\sqrt{2}\pi\varepsilon_0}\frac{1}{R_2} \qquad (4.22)$$

X_2, Y_2, Z_2 に対する 1 次微分を 0 とおくと, 以下の式が得られる.

$$\frac{\partial V}{\partial X_2} = X_2\left[m\omega_{vx}^2 - \frac{e^2}{4\sqrt{2}\pi\varepsilon_0}R_2^{-3}\right] = 0$$

$$\frac{\partial V}{\partial Y_2} = Y_2\left[m\omega_{vy}^2 - \frac{e^2}{4\sqrt{2}\pi\varepsilon_0}R_2^{-3}\right] = 0$$

$$\frac{\partial V}{\partial Z_2} = Z_2\left[m\omega_{vz}^2 - \frac{e^2}{4\sqrt{2}\pi\varepsilon_0}R_2^{-3}\right] = 0$$

これらをすべて満足する解は, 以下の 3 つの点となることが分かる.

$$\text{点 A}: X_2 = \sqrt[3]{\frac{e^2}{4\sqrt{2}\pi\varepsilon_0 m\omega_{vx}^2}}, \qquad Y_2 = Z_2 = 0$$

$$\text{点 B}: Y_2 = \sqrt[3]{\frac{e^2}{4\sqrt{2}\pi\varepsilon_0 m\omega_{vy}^2}}, \qquad X_2 = Z_2 = 0$$

$$\text{点 C}: Z_2 = \sqrt[3]{\frac{e^2}{4\sqrt{2}\pi\varepsilon_0 m\omega_{vz}^2}}, \qquad X_2 = Y_2 = 0$$

4.5 直線配列イオンの振動モード

これらの点が極小になるかどうかを調べるために，それぞれの点における2次微分を計算すると，以下のようになる．

点Aにおける2次微分：

$$\left(\frac{\partial^2 V}{\partial X_2^2}\right)_A = 3m\omega_{vx}^2, \qquad \left(\frac{\partial^2 V}{\partial Y_2^2}\right)_A = m(\omega_{vy}^2 - \omega_{vx}^2), \qquad \left(\frac{\partial^2 V}{\partial Z_2^2}\right)_A = m(\omega_{vz}^2 - \omega_{vx}^2)$$

点Bにおける2次微分：

$$\left(\frac{\partial^2 V}{\partial X_2^2}\right)_B = m(\omega_{vx}^2 - \omega_{vy}^2), \qquad \left(\frac{\partial^2 V}{\partial Y_2^2}\right)_B = 3m\omega_{vy}^2, \qquad \left(\frac{\partial^2 V}{\partial Z_2^2}\right)_B = m(\omega_{vz}^2 - \omega_{vy}^2)$$

点Cにおける2次微分：

$$\left(\frac{\partial^2 V}{\partial X_2^2}\right)_C = m(\omega_{vx}^2 - \omega_{vz}^2), \qquad \left(\frac{\partial^2 V}{\partial Y_2^2}\right)_C = m(\omega_{vy}^2 - \omega_{vz}^2), \qquad \left(\frac{\partial^2 V}{\partial Z_2^2}\right)_C = 3m\omega_{vz}^2$$

$(\partial^2 V/\partial X_2 \partial Y_2)_A$ などの異なった成分についての2次微分はすべて0である．$V(\vec{R}_2)$ が点A，B，Cで極小となるためには，2次微分がすべて正の値を持たなければならない．通常，リニアトラップでは，イオンをマイクロ運動のないロッド電極方向に並べるために，この方向の振動角周波数を小さくする．この方向はz軸であるので

$$\omega_{vz} < \omega_{vx}, \ \omega_{vy} \tag{4.23}$$

の条件が成り立つ．したがって，この条件では点Cの2次微分がすべて正になる．したがって，この点が極小点となる．

一方，点A，点Bはポテンシャルの鞍点となる．例えば，イオンの周波数を$\omega_{vz} < \omega_{vx} < \omega_{vy}$とした場合には，点Cの次にポテンシャルエネルギーの低い鞍点は点Aとなる．この点と点Cとのポテンシャルエネルギーの差は以下のように求められる．

$$V(\vec{R}_{2A}) - V(\vec{R}_{2C}) = \frac{3}{2}\sqrt[3]{m\left(\frac{e^2}{4\sqrt{2}\pi\varepsilon_0}\right)^2}(\omega_{vx}^{2/3} - \omega_{vz}^{2/3}) \tag{4.24}$$

ただし，$\vec{R}_{2A}$, $\vec{R}_{2C}$ はそれぞれ点A，点Cの座標である．イオンの運動エネルギーが，この鞍点と極小点とのポテンシャルエネルギーの差より十分小さい場合は，イオンは極小点付近に局在する．運動エネルギーが$V(\vec{R}_{2A}) - V(\vec{R}_{2C})$を超え，$V(\vec{R}_{2B}) - V(\vec{R}_{2C})$を超えない場合には，イオンは$x$-$z$面内で回転運動を行う．実際に2個のイオンを用いて，このような運動が観測されている[19]．また，3個のイオンでも同様に回転運動が観測され，これを使った量子回転子の研

究が行われている[20].

イオンが極小点付近に局在する場合，（4.22）式の $V(\vec{R}_2)$ を，極小点 C におい
て 2 次の項まで展開すると，以下の式が得られる.

$$V(\vec{R}_2) = V(\vec{R}_{2\mathrm{C}}) + \frac{1}{2!}\left[\left(\frac{\partial^2 V}{\partial X_2^2}\right)_{\mathrm{C}} Q_{2x}^2 + \left(\frac{\partial^2 V}{\partial Y_2^2}\right)_{\mathrm{C}} Q_{2y}^2 + \left(\frac{\partial^2 V}{\partial Z_2^2}\right)_{\mathrm{C}} Q_{2z}^2\right]$$

$$= V(\vec{R}_{2\mathrm{C}}) + \frac{m}{2}(\omega_{2x}^2 Q_{2x}^2 + \omega_{2y}^2 Q_{2y}^2 + \omega_{2z}^2 Q_{2z}^2) \qquad (4.25)$$

ただし，Q_{2x}, Q_{2y}, Q_{2z} は平衡点からの微小変位，$X_2 = Q_{2x}$, $Y_2 = Q_{2y}$, $Z_2 = Z_{20} + Q_{2z}$,
$Z_{20} = \sqrt[3]{e^2/4\sqrt{2}\pi\varepsilon_0 m\omega_{\mathrm{vz}}^2}$ である. $\omega_{2x}, \omega_{2y}, \omega_{2z}$ は以下のように表される.

$$\omega_{2x} = \sqrt{\omega_{\mathrm{vx}}^2 - \omega_{\mathrm{vz}}^2}, \qquad \omega_{2y} = \sqrt{\omega_{\mathrm{vy}}^2 - \omega_{\mathrm{vz}}^2}, \qquad \omega_{2z} = \sqrt{3}\,\omega_{\mathrm{vz}} \qquad (4.26)$$

重心運動のハミルトニアンを，平衡点 $(0, 0, 0)$ からの微小変位，$X_1 = Q_{1x}$,
$Y_1 = Q_{1y}$, $Z_1 = Q_{1z}$ を用いて書き換え，また，相対運動のポテンシャルの定数項を除
くと，全体のハミルトニアンは，以下のように独立な調和振動子の和で表される.

$$H = \sum_{\alpha = x, y, z}\left[\left(\frac{P_{1\alpha}^2}{2m} + \frac{m\omega_{1\alpha}^2 Q_{1\alpha}^2}{2}\right) + \left(\frac{P_{2\alpha}^2}{2m} + \frac{m\omega_{2\alpha}^2 Q_{2\alpha}^2}{2}\right)\right] \qquad (4.27)$$

ただし，$P_{s\alpha}$ ($s = 1, 2$, $\alpha = x, y, z$) は，$Q_{s\alpha}$ の共役な運動量 $P_{s\alpha} = m\dot{Q}_{s\alpha}$ である. ま
た，$\omega_{1\alpha} = \omega_{\mathrm{v}\alpha}$ である. これらの振動は基準振動あるいはノーマルモード（nor-
mal mode）と呼ばれる. ハミルトニアンは 6 つの項からなる. それぞれ，x 方向
の COM（重心運動）モード（center of mass mode）（ω_{1x}）およびロッキング
モード（rocking mode）（ω_{2x}），y 方向の COM モード（ω_{1y}）およびロッキング
モード（ω_{2y}），z 方向の COM モード（ω_{1z}）およびストレッチモード（stretch
mode）（ω_{2z}）と呼ばれる. したがってイオンの運動は，x, y 方向は COM モード
とロッキングモードの重ね合わせ，z 方向は，COM モードとストレッチモード
の重ね合わせで記述される. 図 4.9 にこれらのモードにおけるイオンの振動の様
子を示す.

各イオンの平衡点の位置は，重心運動 $\vec{R}_1$ における平衡点 $(0, 0, 0)$，相対運動
$\vec{R}_2$ における平衡点 $\vec{R}_{2\mathrm{C}} = (0, 0, Z_{20})$ と（4.19）式を用いて計算できる. イオン 1
の平衡点の座標は $(0, 0, -Z_{20}/\sqrt{2})$，イオン 2 の平衡点の座標は $(0, 0, Z_{20}/\sqrt{2})$ とな
る. イオン間の間隔は

$$z_{20} - z_{10} = \sqrt{2}Z_{20} = \sqrt[3]{\frac{e^2}{2\pi\varepsilon_0 m\omega_{\mathrm{vz}}^2}} = 2^{1/3}l, \qquad l \equiv \sqrt[3]{\frac{e^2}{4\pi\varepsilon_0 m\omega_{\mathrm{vz}}^2}} \qquad (4.28)$$

4.5 直線配列イオンの振動モード

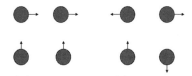

●図 4.9　2 個のイオンの 6 つの基準振動モード

結晶軸方向（z 方向）には COM モードとストレッチモード．横方向（x,y 方向）にはそれぞれ COM モードとロッキングモードがある．

である．それぞれのイオンの座標を平衡点および基準モードの微小変位で表すと，以下のようになる．

$$\begin{pmatrix} x_2 \\ y_2 \\ z_2 \end{pmatrix} = \begin{pmatrix} 0 \\ 0 \\ 2^{-2/3}l \end{pmatrix} + \frac{1}{\sqrt{2}} \begin{pmatrix} Q_{1x} \\ Q_{1y} \\ Q_{1z} \end{pmatrix} + \frac{1}{\sqrt{2}} \begin{pmatrix} Q_{2x} \\ Q_{2y} \\ Q_{2z} \end{pmatrix} \tag{4.29}$$

$$\begin{pmatrix} x_1 \\ y_1 \\ z_1 \end{pmatrix} = \begin{pmatrix} 0 \\ 0 \\ -2^{-2/3}l \end{pmatrix} + \frac{1}{\sqrt{2}} \begin{pmatrix} Q_{1x} \\ Q_{1y} \\ Q_{1z} \end{pmatrix} - \frac{1}{\sqrt{2}} \begin{pmatrix} Q_{2x} \\ Q_{2y} \\ Q_{2z} \end{pmatrix} \tag{4.30}$$

イオンの運動の量子化は，各振動モードを個別に量子化すればよい．すなわち $Q_{s\beta}, P_{s\beta}$ ($s=1,2$, $\beta=x,y,z$) の間に正準交換関係を導入する．

$$[\widehat{Q}_{s\beta}, \widehat{P}_{s'\beta'}] = i\hbar \delta_{ss'}\delta_{\beta\beta'} \tag{4.31}$$

あるいは，生成演算子 $\hat{a}_{s\beta}^\dagger$，消滅演算子 $\hat{a}_{s\beta}$ を導入する．

$$\widehat{Q}_{s\beta} = \sqrt{\frac{\hbar}{2m\omega_{s\beta}}}(\hat{a}_{s\beta} + \hat{a}_{s\beta}^\dagger), \qquad \widehat{P}_{s\beta} = i\sqrt{\frac{m\hbar\omega_{s\beta}}{2}}(\hat{a}_{s\beta}^\dagger - \hat{a}_{s\beta}) \tag{4.32}$$

$$[\hat{a}_{s\beta}, \hat{a}_{s'\beta'}] = 0, \quad [\hat{a}_{s\beta}^\dagger, \hat{a}_{s'\beta'}^\dagger] = 0, \quad [\hat{a}_{s\beta}, \hat{a}_{s'\beta'}^\dagger] = \delta_{ss'}\delta_{\beta\beta'} \tag{4.33}$$

ハミルトニアンは以下のようになる．

$$H = \sum_{\substack{s=1,2 \\ \beta=x,y,z}} \hbar\omega_{s\beta}\left(\hat{a}_{s\beta}^\dagger \hat{a}_{s\beta} + \frac{1}{2}\right) \tag{4.34}$$

3 個のイオンについても同様に解析できる．以下のハミルトニアン（4.35）を（4.36）式を用いて座標変換を行う．

$$H = \frac{m}{2}\sum_{j=1}^{3}(\dot{x}_j^2+\dot{y}_j^2+\dot{z}_j^2) + \frac{m}{2}\sum_{j=1}^{3}(\omega_{vx}^2 x_j^2+\omega_{vy}^2 y_j^2+\omega_{vz}^2 z_j^2) + \frac{1}{2}\sum_{\substack{i,j=1\\i\neq j}}^{3}\frac{e^2}{4\pi\varepsilon_0|\vec{r}_i-\vec{r}_j|}$$
(4.35)

$$\vec{R}_1 = \frac{\vec{r}_1+\vec{r}_2+\vec{r}_3}{\sqrt{3}}, \quad \vec{R}_2 = \frac{\vec{r}_3-\vec{r}_1}{\sqrt{2}}, \quad \vec{R}_3 = \frac{\vec{r}_1-2\vec{r}_2+\vec{r}_3}{\sqrt{6}} \quad (4.36)$$

2個のイオンの場合と全く同様にして，平衡点を求めることができる．$12\omega_{vz}^2/5 < \omega_{vx}^2, \omega_{vy}^2$ が成り立つ場合には，イオンはz方向に直線状に並ぶ．この条件が満たされない場合には，満たされない方向にジグザグ形状となる．ポテンシャルの平衡点の周りでの2次までの展開，および微小変位$Q_{s\alpha}$を用いると，ハミルトニアンは以下のようになる．

$$H = \sum_{\alpha=x,y,z}\left[\left(\frac{P_{1\alpha}^2}{2m}+\frac{m\omega_{1\alpha}^2 Q_{1\alpha}^2}{2}\right)+\left(\frac{P_{2\alpha}^2}{2m}+\frac{m\omega_{2\alpha}^2 Q_{2\alpha}^2}{2}\right)+\left(\frac{P_{3\alpha}^2}{2m}+\frac{m\omega_{3\alpha}^2 Q_{3\alpha}^2}{2}\right)\right]$$
(4.37)

ただし，各方向の振動モードの振動角周波数は以下のように与えられる．

$$\omega_{1x}=\omega_{vx}, \qquad \omega_{2x}=\sqrt{\omega_{vx}^2-\omega_{vz}^2}, \qquad \omega_{3x}=\sqrt{\omega_{vx}^2-12\omega_{vz}^2/5} \quad (4.38)$$

$$\omega_{1y}=\omega_{vy}, \qquad \omega_{2y}=\sqrt{\omega_{vy}^2-\omega_{vz}^2}, \qquad \omega_{3y}=\sqrt{\omega_{vy}^2-12\omega_{vz}^2/5} \quad (4.39)$$

$$\omega_{1z}=\omega_{vz}, \qquad \omega_{2z}=\sqrt{3}\,\omega_{vz}, \qquad \omega_{3z}=\sqrt{29/5}\,\omega_{vz} \quad (4.40)$$

3個のイオンの場合は，9つの独立な調和振動で表される．x方向の運動は，COMモード（ω_{1x}），ロッキングモード（ω_{2x}）およびシザーモード（scissor mode）（ω_{3x}）からなる．y方向も同様である．z方向の運動は，COMモード（ω_{1z}），ストレッチモード（ω_{2z}），シザーモード（ω_{3z}）からなる．図4.10にそれぞれのモードにおけるイオンの振動の様子を示す．基準振動の角周波数について

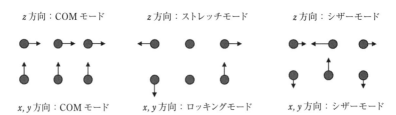

●図4.10 3個のイオンの9つの基準振動モード
結晶軸方向（z方向）に3つ，軸に直交する2つの方向（x,y方向）にそれぞれ3つのモードがある．

は，軸方向（z方向）では COM モードが最も低く，順にロッキングモード，シ
ザーモードと高くなる．動径方向（x, y 方向）では，逆に COM モードが最も高
く，順にロッキングモード，シザーモードと低くなる．

イオン 1 の平衡点の座標は $(0, 0, -d)$，イオン 2 の平衡点の座標は $(0, 0, 0)$，イ
オン 3 の平衡点の座標は $(0, 0, d)$ となる．隣り合うイオン間の間隔は，$d=$
$(5/4)^{1/3}l$ である．量子化の手続きは，2 個の場合と全く同様である．

参考文献

[1] T. W. Hänsch and A. L. Schawlow, *Opt. Commun.* **13**, 68 (1975).

[2] D. J. Wineland, R. E. Drullinger and F. L. Walls, *Phys. Rev. Lett.* **40**, 1639 (1978).

[3] W. Neuhauser, M. Hohenstatt, P. Toschek and H. Dehmelt, *Phys. Rev. Lett.* **41**, 233 (1978).

[4] W. Neuhauser, M. Hohenstatt, P. Toschek and H. Dehmelt, *Phys. Rev. A* **22**, 1137 (1980).

[5] H. J. Metcalf, *Laser Cooling and Trapping*, Springer-Verlag New York (1999).

[6] D. J. Wineland and W. M. Itano, *Phys. Rev. A* **20**, 1521 (1979).

[7] D. Leibfried, R. Blatt, C. Monroe and D. J. Wineland, *Rev. Mod. Phys.* **75**, 281 (2003).

[8] J. C. Bergquist, W. M. Itano and D. J. Wineland, *Phys. Rev. A* **36**, 428 (1987).

[9] D. Diedrich, J. C. Bergquist, W. M. Itano and D. J. Wineland, *Phys. Rev. Lett.* **62**, 403 (1989).

[10] D. J. Berkland, J. D. Miller, J. C. Bergquist, W. M. Itano and D. J. Wineland, *J. Appl. Phys.* **83** (1998).

[11] Y. Ibaraki, U.Tanaka and S. Urabe, *Appl. Phys. B* **105**, 219 (2011).

[12] H. Walther, "Phase transitions of stored laser-cooled ions", in J. Dalibard, J. -M. Raimond and J. Zinn-Justin (eds.), *Fundamental Systems in Quantum Optics*, p. 211, North-Holland (1992).

[13] J .P. Schiffer, *Phys. Rev. Lett.* **70**, 818 (1993).

[14] D. H. E. Dubin, *Phys. Rev. Lett.* **71**, 2753 (1993).

[15] D. G. Enzer et al., *Phys. Rev. Lett.* **85**, 2466 (2000).

[16] M. Drewsen, C. Brodersen, L. Hornekær, J. S. Hangst and J. P. Schiffer, *Phys. Rev. Lett.* **81**, 2878 (1998).

[17] D. E. F. James, *Appl. Phys. B* **66**, 181 (1998).

[18] C. Marquet, F. Schmidt-Kaler and D. F. V. James, *Appl. Phys. B* **76**, 199 (2003).

[19] D. Reiß, K. Abich, N. Neuhauser, Ch. Wunderlich and P. Toschek, *Phys. Rev. A* **65**, 053401 (2002).

[20] A. Noguchi, Y. Shikano, K. Toyoda and S. Urabe, *Nature Commun.* **5**, 3868 (2014).

5. 量子状態の操作と測定

■ 5.1 振動状態の変化を伴う相互作用 ■

第3章では二準位原子とレーザーの相互作用を扱った．また，外部運動と結合する相互作用の例として，レーザーの原子に及ぼす力についても述べた．ここでは，2準位間の遷移と運動状態とが結合する相互作用をさらに詳しく扱う．この相互作用では，2準位間の遷移によって運動状態が変化する．この相互作用を使うと，レーザーを用いてイオンの運動状態を制御することが可能になる．このような相互作用を発生させるためには，レーザーの電場が空間的な勾配を持っていることが必要である．この勾配には，振幅の部分によるものと，波としての位相の空間的な変化によるものがある．ここでは，まず後者の平面進行波との相互作用を考える．

質量 m を持ち，z 方向に角周波数 ω_{vz} で振動している1個の二準位イオンと，レーザーの相互作用を考える．励起準位の寿命は長く，放射減衰は無視できるものとする．イオンは十分に冷却されており，イオンの運動を量子化して記述する．イオンは原点にあり，z 方向の振動のみが励起される．すなわち，x, y 方向にはきつく束縛されており，この方向の励起は無視できる．このとき，ハミルトニアンは以下のように表される．

$$\hat{H} = \hat{H}^{E} + \hat{H}^{A} + \hat{H}^{AF} = \hbar\omega_{vz}\hat{a}^{\dagger}\hat{a} + \frac{\hbar\omega_0\hat{\sigma}_z}{2} + \hat{H}^{AF} \tag{5.1}$$

第1項の $\hat{H}^{E}$ はイオンの振動状態，第2項の $\hat{H}^{A}$ はイオンの内部状態，第3項の $\hat{H}^{AF}$ はイオンとレーザーの相互作用のハミルトニアンである．$\hat{H}^{AF}$ は，レーザーの電場が均一な平面進行波の場合には，以下のように表すことができる．

5.1 振動状態の変化を伴う相互作用

$$\hat{H}^{\mathrm{AF}}=-\hat{\mu}E(\hat{z}, t), \qquad E(\hat{z}, t)=|E_0|\cos{(\omega_\mathrm{L} t-k\hat{z}-\varphi_0)} \qquad (5.2)$$

$\hat{\mu}$ は，電気双極子遷移の場合には（3.15）式の $\hat{\mu}=-(d\hat{\sigma}_+ + d^*\hat{\sigma}_-)$，電気四重極遷移の場合には（B.19）式の $\hat{\mu}=-(q_u\hat{\sigma}_+ + q_u^*\hat{\sigma}_-)$ で表される．レーザーはイオンの振動方向に対して，角度 θ の方向から照射されている．したがって，k はレーザーの波数ベクトルの振動方向成分 $k=\vec{k}\cdot\vec{z}=|\vec{k}|\cos\theta$ を表す．

イオンの振動の振幅が小さく，$k\langle\hat{z}\rangle\ll 1$ が成り立つ場合には，相互作用ハミルトニアンをイオンの平衡位置でテーラー展開することができる．

$$\hat{H}^{\mathrm{AF}}=-\hat{\mu}E(\hat{z}, t)=-\hat{\mu}\left[E(0, t)+\left(\frac{\partial E}{\partial \hat{z}}\right)_0 \hat{q}_z+\frac{1}{2!}\left(\frac{\partial^2 E}{\partial \hat{z}^2}\right)_0 \hat{q}_z^2+\cdots\right] \qquad (5.3)$$

この場合，電場の勾配は，位相部分からの寄与である．$\hat{q}_z$ はイオンの平衡位置である原点からの微小変位で，生成・消滅演算子を用いて以下のように表される．

$$\hat{q}_z=z_0(\hat{a}+\hat{a}^\dagger), \qquad z_0=\sqrt{\frac{\hbar}{2m\omega_{\mathrm{vz}}}} \qquad (5.4)$$

z_0 は振動基底状態の波束の広がりを表す．イオンの振動の振幅が小さいので，展開の1次項までの近似を考えると，（5.3）式は以下のようになる．

$$\hat{H}^{\mathrm{AF}}\approx E(0, t)(d\hat{\sigma}_+ + d^*\hat{\sigma}_-)+\eta|E_0|(d\hat{\sigma}_+ + d^*\hat{\sigma}_-)(\hat{a}+\hat{a}^\dagger)\sin{(\omega_\mathrm{L} t-\varphi_0)} \qquad (5.5)$$

ただし，$\eta=kz_0$ である．第2項に着目すると，$\hat{\sigma}_+\hat{a}$ のような内部状態と運動状態の演算子の結合した4つの項が現れる．後で示すように相互作用表示では，各演算子は $\hat{\sigma}_+ e^{i\omega_0 t}$，$\hat{\sigma}_- e^{-i\omega_0 t}$，$\hat{a}^\dagger e^{i\omega_{\mathrm{vz}} t}$，$\hat{a}e^{-i\omega_{\mathrm{vz}} t}$ の形で時間変化する．$\sin{(\omega_\mathrm{L} t-\varphi_0)}$ を指数関数で表して，各項の時間依存性を調べると，$\omega_\mathrm{L}=\omega_0-\omega_{\mathrm{vz}}$ の条件が満たされるときは $\hat{\sigma}_+\hat{a}$ および $\hat{\sigma}_-\hat{a}^\dagger$，$\omega_\mathrm{L}=\omega_0+\omega_{\mathrm{vz}}$ の条件が満たされるときは $\hat{\sigma}_+\hat{a}^\dagger$ および $\hat{\sigma}_-\hat{a}$，を含む項が時間依存を持たないことが分かる．時間的に振動する項は回転波近似によって落とすことができるので，これらは相互作用において主要な項となる．前者（後者）は振動量子を1つ消して（増やして）基底状態から励起準位へ遷移する相互作用，あるいは，振動量子を1つ増やして（消して）励起準位から基底準位へ遷移する相互作用である．

このように，相互作用するレーザーの位相部分の勾配によって，内部状態間の遷移と運動状態間の遷移を結合させる相互作用が現れる．これは，位相の勾配とイオンの運動によって，イオンの見るレーザーの周波数が変化するためであり，サイドバンド冷却のところで述べたように，イオンの運動によるドップラーサイ

ドバンドの発生に起因する効果である．ηはラム・ディッケパラメーター（Lamb-Dicke parameter）と呼ばれ，内部状態と外部状態の結合の大きさを示すパラメーターである．これは，$\eta = kz_0 = 2\pi z_0/\lambda$ と書くことができる．すなわち，イオンの振動基底状態の波束の広がりと，相互作用する電磁場の波長の比に 2π を掛けたものである．あるいは，光の吸収による反跳周波数 $\omega_{\mathrm{rec}} = \hbar k^2/2m$ を使うと，以下のように表すこともできる．

$$\eta = k\sqrt{\frac{\hbar}{2m\omega_{\mathrm{vz}}}} = \sqrt{\frac{\omega_{\mathrm{rec}}}{\omega_{\mathrm{vz}}}} \qquad (5.6)$$

角周波数 $\omega_{\mathrm{vz}} = 2\pi \times 1\,\mathrm{MHz}$ で振動している Ca^+ イオンの場合には，振動基底状態の波束の広がりは $z_0 \approx 11\,\mathrm{nm}$ である．したがって，可視領域（400〜700 nm）の光の場合，$\eta \approx 0.1 \sim 0.18$ 程度の値になる．これは相互作用を起こすのに十分な値である．Ca^+ イオンの電気四重極遷移の 729 nm 光の場合（反跳周波数は $\omega_{\mathrm{rec}} = 2\pi \times 9.4\,\mathrm{kHz}$）は，$\eta \approx 0.095$ となる．一方，波長が数センチ以上のマイクロ波などの電波になると，η が非常に小さくなり，このような相互作用を起こすことは不可能である．超微細構造準位間や電子スピンのゼーマン副準位間の遷移は，マイクロ波や高周波などの電波領域に存在する．このため，運動状態との結合を発生させるためには，マイクロ波や電波を直接使うのではなく，η を大きくすることができる誘導ラマン遷移（付録C参照）が用いられる．

　超微細構造準位間などの遷移に対して，マイクロ波や電波を直接用いるためには，振幅部分の空間的な勾配を利用する方法が考えられる[1]．例えば，2つのエネルギー準位が，磁気双極子遷移で結びついている場合を考える．量子化軸（静磁場の方向）が z 方向を向き，振動磁場が x 方向の成分を持つ場合には，相互作用ハミルトニアンは以下のように表される．

$$\widehat{H}^{\mathrm{AF}} = -\hat{\mu}_{\mathrm{m}x} B_x(\hat{z}, t) \qquad (5.7)$$

$\hat{\mu}_{\mathrm{m}x}$ は磁気双極子モーメントの x 成分である．振動磁場の振幅が，イオンの振動方向（z 方向）に勾配を持っているとする．振動磁場 $B_x(\hat{z}, t) = B_x(\hat{z}) \cos(\omega t - \varphi)$ を1次項までのテーラー展開で近似すると，以下のようになる．

$$B_x(\hat{z}, t) = \left[B_x(0) + \left(\frac{\partial B_x}{\partial \hat{z}}\right)_0 \hat{q}_z \right] \cos(\omega t - \varphi) \qquad (5.8)$$

$\hat{\mu}_{\mathrm{m}x} = \mu_{\mathrm{m}0}(\hat{\sigma}_+ + \hat{\sigma}_-)$ と表されるので，$\hat{q}_z$ を (5.4) 式の生成・消滅演算子で表すと，(5.5) 式と全く同様な，内部状態と運動状態を結合する項が，相互作用ハミルト

ニアン（5.7）に現れる．このため，磁場勾配を十分に大きくすることができれば，運動状態の変化を伴う内部状態間の遷移を起こすことが可能である．大きな振動磁場勾配の発生には，表面電極トラップの微細な電極に，rfあるいはマイクロ波電流を流して発生する近接場が用いられる[2,3]．

■ 5.2 サイドバンド相互作用 ■

5.2.1 相互作用表示

前節で述べた均一な平面進行波との相互作用について，さらに一般的に解析を行う．相互作用ハミルトニアン（5.2）にラビ周波数 Ω_0 を導入して書き換える．

$$\widehat{H}^{\mathrm{AF}}=\frac{\hbar\Omega_0}{2}(\hat{\sigma}_+e^{i\varphi_d}+\hat{\sigma}_-e^{-i\varphi_d})\left[e^{i(kq_z-\omega_\mathrm{L}t+\varphi_0)}+e^{-i(kq_z-\omega_\mathrm{L}t+\varphi_0)}\right] \tag{5.9}$$

ラビ周波数は，電気双極子相互作用の場合には，$\Omega_0=|d||E_0|/\hbar$，$d=|d|e^{i\varphi_d}$ となる．電気四重極相互作用の場合も同じ形に書くことができる．ここで，全ハミルトニアン（5.1）を，すでに解かれている部分 $\widehat{H}_0=\widehat{H}^\mathrm{A}+\widehat{H}^\mathrm{E}$ と相互作用 $\widehat{H}^{\mathrm{AF}}$ に分け，相互作用表示に移行する（付録 A 参照）．相互作用表示への変換演算子は，$\widehat{H}^\mathrm{E}$ と $\widehat{H}^\mathrm{A}$ が可換なので以下のように表される．

$$\widehat{U}_\mathrm{I}=\exp\left(-i\frac{\widehat{H}_0t}{\hbar}\right)=\widehat{U}_\mathrm{E}\widehat{U}_\mathrm{A},\qquad \widehat{U}_\mathrm{E}=\exp\left(-i\frac{\widehat{H}^\mathrm{E}t}{\hbar}\right),\qquad \widehat{U}_\mathrm{A}=\exp\left(-i\frac{\widehat{H}^\mathrm{A}t}{\hbar}\right)$$

相互作用表示のハミルトニアン $\widehat{H}_\mathrm{I}=\widehat{U}_\mathrm{I}^\dagger\widehat{H}^{\mathrm{AF}}\widehat{U}_\mathrm{I}$ は，$\widehat{H}^\mathrm{E}$ と $\widehat{H}^\mathrm{A}$ が可換なことを用いると，以下のようになる．

$$\widehat{H}_\mathrm{I}=\frac{\hbar\Omega_0}{2}\left(\widehat{U}_\mathrm{A}^\dagger\hat{\sigma}_+\widehat{U}_\mathrm{A}e^{i\varphi_d}+\widehat{U}_\mathrm{A}^\dagger\hat{\sigma}_-\widehat{U}_\mathrm{A}e^{-i\varphi_d}\right)\left[e^{i\left(k\widehat{U}_\mathrm{E}^\dagger q_z\widehat{U}_\mathrm{E}-\omega_\mathrm{L}t+\varphi_0\right)}+e^{-i\left(k\widehat{U}_\mathrm{E}^\dagger q_z\widehat{U}_\mathrm{E}-\omega_\mathrm{L}t+\varphi_0\right)}\right]$$

ただし，$\hat{q}_z$ は（5.4）式で表される．付録 A の（A.15），（A.16）式の導出と同様な計算を $\hat{\sigma}_\pm,\hat{a}^\dagger,\hat{a}$ に対して行うと，以下の関係が得られる．

$$\widehat{U}_\mathrm{A}^\dagger\hat{\sigma}_\pm\widehat{U}_\mathrm{A}=\hat{\sigma}_\pm e^{\pm i\omega_0t} \tag{5.10}$$

$$\widehat{U}_\mathrm{E}^\dagger\hat{a}^\dagger\widehat{U}_\mathrm{E}=\hat{a}^\dagger e^{i\omega_\mathrm{vz}t},\qquad \widehat{U}_\mathrm{E}^\dagger\hat{a}\widehat{U}_\mathrm{E}=\hat{a}e^{-i\omega_\mathrm{vz}t} \tag{5.11}$$

これらを代入し，さらに回転波近似を用いて $e^{\pm i(\omega_\mathrm{L}+\omega_0)t}$ で変化する項を無視すると以下の式が得られる．

$$\widehat{H}_\mathrm{I}=\frac{\hbar\Omega_0}{2}\hat{\sigma}_+\exp\left[i\eta(\hat{a}^\dagger e^{i\omega_\mathrm{vz}t}+\hat{a}e^{-i\omega_\mathrm{vz}t})\right]e^{i(\delta t+\varphi)}+\mathrm{H.\,c.} \tag{5.12}$$

ただし，$\delta = \omega_0 - \omega_L$，$\varphi = \varphi_0 + \varphi_d$ である．H. c. はエルミート共役を表す．また，η は前に述べたラム・ディッケパラメーターである．

5.2.2 ラム・ディッケ領域の近似

　イオンが光の波長以下の領域に閉じ込められて，ラム・ディッケの基準が満たされている場合は，$k\langle \hat{q}_z \rangle \ll 1$，あるいは $\eta\sqrt{\langle (\hat{a}+\hat{a}^\dagger)^2 \rangle} \ll 1$ が成り立つ．このとき，5.1 節で行ったように，ハミルトニアンの指数部分を 1 次の項までのテーラー展開で近似できる．

$$\widehat{H}_I = \frac{\hbar\Omega_0}{2}\hat{\sigma}_+[1 + i\eta(\hat{a}^\dagger e^{i\omega_{vz}t} + \hat{a}e^{-i\omega_{vz}t})]e^{i(\delta t + \varphi)} + \text{H. c.} \tag{5.13}$$

このハミルトニアンは，レーザーの周波数 ω_L が以下の関係を満足する場合には，時間的に振動する部分を無視すると（回転波近似），それぞれ簡単な形の相互作用に近似できる．

　$\omega_L = \omega_0$（$\delta = 0$）が成り立つとき，以下の項が時間に依存しない．これを，キャリア相互作用という．

$$\widehat{H}_{I,\text{ca}} = \frac{\hbar\Omega_0}{2}(\hat{\sigma}_+ e^{i\varphi} + \hat{\sigma}_- e^{-i\varphi}) \tag{5.14}$$

この相互作用は，原子の内部状態のみを結合させる．すなわち，振動状態が個数状態 $|n\rangle$ で表される場合には，遷移は $|n, g\rangle \leftrightarrow |n, e\rangle$ の間で起こる．ケットの最初の記号は振動状態，2 番目は内部状態を示す．この相互作用では振動状態は変化しない．ラビ周波数は Ω_0 である．

　$\omega_L = \omega_0 - \omega_{vz}$（$\delta = \omega_{vz}$）が成り立つとき，以下の項が時間に依存しない．これを，レッドサイドバンド相互作用という．

$$\widehat{H}_{I,\text{rsb}} = \frac{\hbar\Omega_0\eta}{2}(\hat{a}\hat{\sigma}_+ e^{i(\varphi + \pi/2)} + \hat{a}^\dagger\hat{\sigma}_- e^{-i(\varphi + \pi/2)}) \tag{5.15}$$

この相互作用では，イオンが基底準位から励起準位に移るとき，振動量子数が 1 つ減少する．すなわち，振動状態 $|n\rangle$ に対して $|n, g\rangle \leftrightarrow |n-1, e\rangle$ の遷移が起こる．ラビ周波数は振動状態からの寄与を考慮すると，$\Omega_{n,n-1} = \Omega_0\sqrt{n}$ となる．この相互作用は，ジェインズ・カミングスモデル（Jaynes-Cummings model）といわれる単一モードの電磁波と原子との相互作用と同じ形である．したがって，光子の吸収・放出と同様な物理過程を記述する．

$\omega_L = \omega_0 + \omega_{vz}$（$\delta = -\omega_{vz}$）が成り立つとき，以下の項が時間に依存しない．これを，ブルーサイドバンド相互作用という．

$$\widehat{H}_{I,bsb} = \frac{\hbar\Omega_0\eta}{2}(\widehat{a}^\dagger\widehat{\sigma}_+ e^{i(\varphi+\pi/2)} + \widehat{a}\widehat{\sigma}_- e^{-i(\varphi+\pi/2)}) \tag{5.16}$$

この相互作用では，イオンが基底準位から励起準位に移るとき，振動量子数が1つ増加する．すなわち，振動状態 $|n\rangle$ に対して，$|n, g\rangle \leftrightarrow |n+1, e\rangle$ の遷移が起こる．ラビ周波数は振動状態からの寄与を考慮すると，$\Omega_{n,n+1} = \Omega_0\eta\sqrt{n+1}$ となる．この相互作用は，イオンが励起されるとともにフォノンが増加するといった，一見するとエネルギーを保存しない過程を記述する．したがって，ジェインズ・カミングスモデルで表される単一モードの電磁波と原子との相互作用には現れない．イオントラップ中のフォノンに対してこのような相互作用が現れるのは，古典的なレーザー場によってエネルギーが外部から供給されるからである．

これらの3つの相互作用の近似が成り立つ条件は，近接する遷移の非共鳴励起の確率が小さくなることである．これは近接する遷移に対するラビ周波数が，周波数の分離に比べて十分小さいときに成り立つ．この条件は，キャリア相互作用に対しては $\eta\Omega_0\sqrt{n} \ll \omega_{vz}$，レッドサイドバンド，ブルーサイドバンド相互作用に対しては $\Omega_0 \ll \omega_{vz}$ となる．レーザーパルスを使ってイオンを操作する場合には，操作速度はラビ周波数で決まる．η の値は小さいので，サイドバンド遷移に対する条件によって，イオンの量子状態を操作できる最大の速度が制限される．例えば，$n=0$ において，ブルーサイドバンド遷移をラビ周波数 $\Omega_{0,1} = \eta\Omega_0$ で励起する場合には，隣接するキャリア遷移の非共鳴励起の確率は (3.26) 式より Ω_0^2/W^2 で近似できるので，これが小さいという条件は，以下のように表される．

$$\frac{\Omega_0^2}{W^2} = \frac{\Omega_0^2}{\Omega_0^2 + \omega_{vz}^2} \approx \frac{\Omega_0^2}{\omega_{vz}^2} = \frac{1}{\eta^2}\left(\frac{\Omega_{0,1}}{\omega_{vz}}\right)^2 \ll 1 \tag{5.17}$$

これより，$\Omega_{0,1} \ll \eta\omega_{vz}$ が得られる．すなわち，イオンの量子状態を操作する速度（ラビ周波数）はイオンの振動周波数より小さな値に制限される．イオンの振動周波数が数 MHz 程度のときは，η の値を考慮すると操作速度は 100 kHz 以下になる．このように操作を速くできないことは，サイドバンドパルスを用いた量子状態操作の特徴であり，1つの欠点にもなっている．

3つの相互作用を図5.1に示す．これらの相互作用が，調和ポテンシャルの中で振動している二準位イオンとレーザーの相互作用の基礎となる．サイドバンド

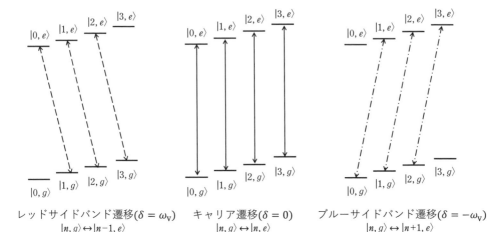

●図 5.1　キャリア相互作用と 2 つのサイドバンド相互作用

相互作用は，古典的には，第 4 章のサイドバンド冷却のところで述べたように，ドップラーサイドバンドとの相互作用に起因するものである．ここで示した振動を量子化した扱いでは，(5.2)，(5.4) 式に示すように，電場を以下の形で扱ってきた．

$$E(\hat{z}, t) = |E_0| \cos(\omega_L t - k\hat{z} - \varphi_0), \quad \hat{z} = \hat{q}_z = z_0(\hat{a} + \hat{a}^\dagger)$$

相互作用表示では，$\hat{a}^\dagger, \hat{a}$ は $\hat{a}^\dagger e^{i\omega_{vz} t}, \hat{a} e^{-i\omega_{vz} t}$ の形で時間変化する．振動状態が古典的振動に近いコヒーレント状態の場合には，$\hat{a}^\dagger, \hat{a}$ を固有値 α^*, α で置き換えることができる．したがって，$\alpha = |\alpha| e^{i\theta_\alpha}$ とおくと，相互作用する電場は以下のように表される．

$$E(\hat{z}, t) = |E_0| \cos[\omega_L t - 2kz_0|\alpha| \cos(\omega_{vz} t - \theta_\alpha) - \varphi_0]$$

これは，第 4 章で述べた，イオンの運動によって位相変調された電場の式 (4.12) と同じ形である．

5.2.3　イオン列中の 1 個のイオンとの相互作用

ここまでは，振動している 1 個のイオンとレーザーとの相互作用を扱った．この扱いは，N 個のイオン列中の任意の j 番目の 1 個のイオンにレーザーを照射した場合にも拡張できる．j 番目のイオンの座標は，平衡点の位置を z_{j0}，変位を

$\hat{q}_{jz}$ とすると，付録 D の基準座標への変換式 (D.6)，(D.29) と量子化の手続き
を用いて以下のように表される．

$$\hat{z}_j = z_{j0} + \hat{q}_{jz}, \qquad \hat{q}_{jz} = \sum_{s=1}^{N} b_j^{(s)} \hat{Q}_{sz}, \qquad \hat{Q}_{sz} = \sqrt{\frac{\hbar}{2m\omega_{sz}}} (\hat{a}_s + \hat{a}_s^\dagger) \qquad (5.18)$$

ただし，s は基準モードを表す指数である．相互作用表示への変換およびラム・
ディッケ領域の近似を用いると，相互作用している j 番目のイオンのハミルトニ
アンは，以下のように書き換えられる．

$$\hat{H}_\mathrm{I} = \frac{\hbar \Omega_{j0}}{2} \hat{\sigma}_{j+} \left[1 + i \sum_{s=1}^{N} \eta_{sj} (\hat{a}_s^\dagger e^{i\omega_{sz}t} + \hat{a}_s e^{-i\omega_{sz}t}) \right] e^{i(\varphi_j + \delta t)} + \mathrm{H.\,c.} \qquad (5.19)$$

ただし，ラム・ディッケパラメーターは以下のように表される．

$$\eta_{sj} = b_j^{(s)} \eta_s = b_j^{(s)} k \sqrt{\frac{\hbar}{2m\omega_{sz}}} \qquad (5.20)$$

また，位相は $\varphi_j = \varphi + k z_{j0}$ である．(5.19) 式によると，キャリア相互作用
($\delta = 0$) は 1 個のイオンの場合と同じ形である．レーザーの離調を 1 つの基準
モード s（通常は COM モードあるいはストレッチモードが用いられる）の振動
周波数に合わせ，他のモードによる速く振動する項を無視すると，孤立した 1 個
のイオンの場合と同様な相互作用が得られる．例えば，$\delta = \omega_{sz}$ のとき，レッド
サイドバンド相互作用が得られる．

$$\hat{H}_\mathrm{I,rsb} = \frac{\hbar \Omega_{0j} \eta_{sj}}{2} (\hat{a}_s \hat{\sigma}_{j+} e^{i(\varphi_j + \pi/2)} + \hat{a}_s^\dagger \hat{\sigma}_{j-} e^{-i(\varphi_j + \pi/2)}) \qquad (5.21)$$

この場合，ラム・ディッケパラメーターには (5.20) 式のように，基準座標への
変換行列要素 $b_j^{(s)}$ が掛かり，位相は $\varphi_j = \varphi + k z_{j0}$ に置き換わる．$\delta = -\omega_{sz}$ のとき
のブルーサイドバンド相互作用についても同様な式が得られる．したがって，N
個のイオン列中の 1 個のイオンに対しても，レーザーを個別に照射することに
よって，孤立した 1 個のイオンの場合と同様に扱うことができる．

5.2.4 時 間 発 展

相互作用ハミルトニアン $\hat{H}_\mathrm{I}$ による，系の時間発展を計算する．ここでは簡単
のため，ラム・ディッケの基準が満たされている場合のみを考える．高次のサイ
ドバンドを含む一般的な場合は，文献[4]に与えられる．レーザーの周波数が，
キャリアあるいはサイドバンド近くに同調されているとする．キャリアおよびサ
イドバンドからの離調 δ_d を，以下のように定義する．

$$-\delta_\mathrm{d} \equiv (\omega_0 + l\omega_\mathrm{vz}) - \omega_\mathrm{L} = \delta + l\omega_\mathrm{vz} \tag{5.22}$$

ただし，$l=0$ はキャリア遷移，$l=-1$ はレッドサイドバンド遷移，$l=1$ はブルーサイドバンド遷移の場合である．δ_d が ω_vz に比べて小さく，$|\delta_\mathrm{d}| \ll \omega_\mathrm{vz}$ が成り立つ場合を考える．このとき，振動量子数が l だけ異なる状態間の結合が支配的になる．すなわち，キャリア，レッドサイドバンド，ブルーサイドバンド遷移に対して，それぞれ，$|n, g\rangle$ と $|n, e\rangle$，$|n, g\rangle$ と $|n-1, e\rangle$，$|n, g\rangle$ と $|n+1, e\rangle$ のみが結合する．それぞれの遷移に対するハミルトニアンは，以下のようになる．

$$\widehat{H}_{\mathrm{I},0} = \frac{\hbar\Omega_0}{2}\left(\hat{\sigma}_+ e^{i(\varphi-\delta_\mathrm{d}t)} + \hat{\sigma}_- e^{-i(\varphi-\delta_\mathrm{d}t)}\right) \tag{5.23}$$

$$\widehat{H}_{\mathrm{I},-1} = \frac{\hbar\Omega_0\eta}{2}\left(\hat{a}\hat{\sigma}_+ e^{i(\varphi+\pi/2-\delta_\mathrm{d}t)} + \hat{a}^\dagger\hat{\sigma}_- e^{-i(\varphi+\pi/2-\delta_\mathrm{d}t)}\right) \tag{5.24}$$

$$\widehat{H}_{\mathrm{I},+1} = \frac{\hbar\Omega_0\eta}{2}\left(\hat{a}^\dagger\hat{\sigma}_+ e^{i(\varphi+\pi/2-\delta_\mathrm{d}t)} + \hat{a}\hat{\sigma}_- e^{-i(\varphi+\pi/2-\delta_\mathrm{d}t)}\right) \tag{5.25}$$

各相互作用における状態ベクトルを $|\psi_l\rangle_\mathrm{I}$ とすると，各相互作用に対するシュレーディンガー方程式は以下のようにまとめて表すことができる．

$$i\hbar\frac{\partial|\psi_l\rangle_\mathrm{I}}{\partial t} = \widehat{H}_{\mathrm{I},l}|\psi_l\rangle_\mathrm{I}, \qquad l = 0, \pm 1 \tag{5.26}$$

状態ベクトルを以下のようにおいて[1]，シュレーディンガー方程式 (5.26) に代入する．

$$|\psi_l\rangle_\mathrm{I} = \sum_{n=0}^{\infty} \left[e^{-i\delta_\mathrm{d}t/2} c^r_{n+l,e}|n+l, e\rangle + e^{i\delta_\mathrm{d}t/2} c^r_{n,g}|n, g\rangle \right] \tag{5.27}$$

展開係数の時間発展について，3つの相互作用をまとめて表すと，以下の微分方程式が得られる．

$$i\hbar\frac{d}{dt}\begin{pmatrix} c^r_{n+l,e} \\ c^r_{n,g} \end{pmatrix} = \frac{\hbar}{2}\begin{pmatrix} -\delta_\mathrm{d} & \Omega_{n+l,n}e^{i(\varphi+|l|\pi/2)} \\ \Omega_{n+l,n}e^{-i(\varphi+|l|\pi/2)} & \delta_\mathrm{d} \end{pmatrix}\begin{pmatrix} c^r_{n+l,e} \\ c^r_{n,g} \end{pmatrix} \tag{5.28}$$

キャリア ($l=0$)，ブルーサイドバンド ($l=1$) 相互作用に対しては $n \geq 0$，レッドサイドバンド ($l=-1$) 相互作用に対しては $n \geq 1$ である．また，ラビ周波数は，キャリア，レッドサイドバンド，ブルーサイドバンド相互作用に対して，それぞれ以下のように示される．

$$\Omega_{n,n} = \Omega_0, \qquad \Omega_{n-1,n} = \Omega_0\eta\sqrt{n}, \qquad \Omega_{n+1,n} = \Omega_0\eta\sqrt{n+1} \tag{5.29}$$

---

[1] ここでも (3.20) 式のように展開係数の時間依存性を2つに分けた．$c^r_{n+l,e}, c^r_{n,g}$ は各遷移に対する回転軸表示における確率振幅である．

(5.28) 式の微分方程式は第3章の微分方程式 (3.23) と全く同じ形である. したがって, 解は同じ形で表され, 時間発展は以下のように書くことができる.

$$\begin{pmatrix} c_{n+l,e}^r(t) \\ c_{n,g}^r(t) \end{pmatrix} = T_n^l \begin{pmatrix} c_{n+l,e}^r(0) \\ c_{n,g}^r(0) \end{pmatrix}$$

$$T_n^l = \begin{pmatrix} \cos{(Wt/2)} + i(\delta_d/W)\sin{(Wt/2)} & -i(\Omega_{n+l,n}/W)e^{i(\varphi+|l|\pi/2)}\sin{(Wt/2)} \\ -i(\Omega_{n+l,n}/W)e^{-i(\varphi+|l|\pi/2)}\sin{(Wt/2)} & \cos{(Wt/2)} - i(\delta_d/W)\sin{(Wt/2)} \end{pmatrix}$$

(5.30)

ただし, $W = \sqrt{\Omega_{n+l,n}^2 + \delta_d^2}$ である. これより, 各相互作用において, 結合する準位間でラビ遷移が起こることが分かる.

各相互作用が共鳴 $\delta_d = 0$ のときの時間発展行列 (T_n^l) を以下に示す.

$$T_n^l = \begin{pmatrix} \cos{(\Omega_{n+l,n}t/2)} & -ie^{i(\varphi+|l|\pi/2)}\sin{(\Omega_{n+l,n}t/2)} \\ -ie^{-i(\varphi+|l|\pi/2)}\sin{(\Omega_{n+l,n}t/2)} & \cos{(\Omega_{n+l,n}t/2)} \end{pmatrix} \quad (5.31)$$

$l=0$ は $\omega_L = \omega_0$ のキャリア遷移 ($|n, e\rangle \leftrightarrow |n, g\rangle$), $l=-1$ は $\omega_L = \omega_0 - \omega_{vz}$ のレッドサイドバンド遷移 ($|n-1, e\rangle \leftrightarrow |n, g\rangle$), $l=1$ は $\omega_L = \omega_0 + \omega_{vz}$ のブルーサイドバンド遷移 $|n+1, e\rangle \leftrightarrow |n, g\rangle$ の場合である.

■ 5.3 1個のイオンの量子状態の操作 ■

5.3.1 回 転 演 算 子

前節で述べたキャリア遷移, レッドサイドバンド遷移, ブルーサイドバンド遷移を用いると, イオンの内部の二準位の状態や, 外部の振動状態を操作することができる. 第3章で述べたように, 二準位系の状態ベクトル $|\psi\rangle_r = \cos{(\theta_0/2)}|e\rangle + e^{i\varphi_0}\sin{(\theta_0/2)}|g\rangle$ は, ブロッホベクトル $(\sin\theta_0\cos\varphi_0, \sin\theta_0\sin\varphi_0, \cos\theta_0)$ に対応させることができる. ブロッホベクトルの, ブロッホ空間内でのある軸の周りの角度 θ の回転は, 状態ベクトル $|\psi\rangle_r$ に次の回転演算子を作用させることに対応する[5].

$$\widehat{R}_{\vec{n}}(\theta) = e^{-i(\theta/2)\vec{n}\cdot\vec{\sigma}} = \cos{(\theta/2)}\,\widehat{I} - i\sin{(\theta/2)}\,\vec{n}\cdot\vec{\sigma} \quad (5.32)$$

ただし, $\vec{n} = (n_x, n_y, n_z)$ は回転軸の単位ベクトル, $\vec{\sigma} = (\hat{\sigma}_x, \hat{\sigma}_y, \hat{\sigma}_z)$ はパウリ演算子, $\hat{I}$ は恒等演算子である. $\widehat{R}_{\vec{n}}(\theta)$ の $|e\rangle$, $|g\rangle$ を基底にとった行列は以下のように表される.

$$R_{\vec{n}}(\theta) = \begin{pmatrix} \cos(\theta/2) - in_z \sin(\theta/2) & (-in_x - n_y)\sin(\theta/2) \\ (-in_x + n_y)\sin(\theta/2) & \cos(\theta/2) + in_z \sin(\theta/2) \end{pmatrix} \qquad (5.33)$$

回転演算子を用いると，キャリア遷移の時間発展行列 (5.31) は，$[|n, e\rangle, |n, g\rangle]$ で構成されるブロッホ空間における回転行列で表される．すなわち，回転軸の単位ベクトルを $\vec{n} = (\cos\varphi, -\sin\varphi, 0)$ とおいて，$R_{\vec{n}}(\theta) = R(\theta, \varphi)$ と表すと，時間発展行列は以下の回転行列で表される．

$$T_n^0 = R(\theta, \varphi) = \begin{pmatrix} \cos(\theta/2) & -ie^{i\varphi}\sin(\theta/2) \\ -ie^{-i\varphi}\sin(\theta/2) & \cos(\theta/2) \end{pmatrix} \qquad (5.34)$$

ただし，回転角 θ は $\theta = \Omega_0 t$ である．同様に，レッドサイドバンド，ブルーサイドバンド遷移に対しても，それぞれ $[|n-1, e\rangle, |n, g\rangle]$，$[|n+1, e\rangle, |n, g\rangle]$ で構成されるブロッホ空間を考えると，(5.31) 式の時間発展行列は回転行列で表される．回転軸の単位ベクトルを $\vec{n} = (\cos\varphi', -\sin\varphi', 0)$，$\varphi' = \varphi + \pi/2$ とおいて $R_{\vec{n}}(\theta) = R^{\pm}(\theta, \varphi')$ と表すと，時間発展行列は以下のように表される．

$$T_n^{\pm 1} = R^{\pm}(\theta, \varphi') = \begin{pmatrix} \cos(\theta/2) & -ie^{i\varphi'}\sin(\theta/2) \\ -ie^{-i\varphi'}\sin(\theta/2) & \cos(\theta/2) \end{pmatrix} \qquad (5.35)$$

ただし，回転角はレッドサイドバンド遷移に対し $\theta = \Omega_{n-1,n}t = \Omega_0\eta\sqrt{n}\,t$，ブルーサイドバンド遷移に対し $\theta = \Omega_{n+1,n}t = \Omega_0\eta\sqrt{n+1}\,t$ である．ブロッホ空間の赤道面上にある回転軸 $\vec{n}$ の向きを決める角度 φ は，レーザーの位相によって決められる．しかしながら，レーザーの位相の原点の取り方については任意性がある．したがって，文献ではしばしば，位相 φ, φ' を $\varphi + \pi$, $\varphi' + \pi$ に置き換えた以下の形も使われる[6]．

$$T_n^0 = R(\theta, \varphi) = \begin{pmatrix} \cos(\theta/2) & ie^{i\varphi}\sin(\theta/2) \\ ie^{-i\varphi}\sin(\theta/2) & \cos(\theta/2) \end{pmatrix} \qquad (5.36)$$

$$T_n^{\pm 1} = R^{\pm}(\theta, \varphi') = \begin{pmatrix} \cos(\theta/2) & ie^{i\varphi'}\sin(\theta/2) \\ ie^{-i\varphi'}\sin(\theta/2) & \cos(\theta/2) \end{pmatrix} \qquad (5.37)$$

本書の以下の説明ではこの形を用いる．重要なことは，連続した一連のパルス操作をする場合には，最初に決めた位相の原点を一定に保つことである．

初期状態を $|0, g\rangle$ に準備して，(5.36) 式の $R(\theta, \varphi)$，(5.37) 式の $R^+(\theta, \varphi')$ の操作を時間的に連続的に加えた場合には，それぞれ，$|g, 0\rangle \leftrightarrow |e, 0\rangle$, $|g, 0\rangle \leftrightarrow |e, 1\rangle$ の間でキャリア，およびブルーサイドバンド遷移におけるラビ振動を観測することができる．図5.2は，1個の Ca^+ イオンの電気四重極遷移（$^2S_{1/2} \Leftrightarrow {}^2D_{5/2}$）を使って

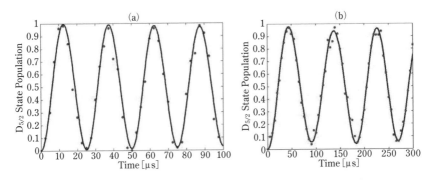

●図 5.2 Ca⁺イオンの電気四重極遷移を使って得られたラビ振動
(a)キャリア遷移のラビ周波数は 40 kHz, (b)ブルーサイドバンド遷移のラビ周波数は 11 kHz.

観測した,キャリア,ブルーサイドバンドのラビ振動である.

5.3.2 1個のイオンの個別操作

第3章ではラビ遷移を用いた二準位系の状態の操作を述べた.ここでは,これをさらに拡張した,キャリア,レッドサイドバンド,ブルーサイドバンド遷移を用いた1個のイオンの量子状態の操作例をいくつか示す.これらの操作は,イオントラップ中の1個のイオンだけでなく,N個のイオン列中の1個のイオンに対しても,レーザーを個別に照射することで実行可能である.したがって,量子計算や量子状態制御の基礎技術となる.以下,パルスの操作の説明に (5.36), (5.37) 式を用いる.

(1) キャリアパルスによるブロッホベクトル(単一量子ビット)の回転

この操作は,第3章で述べた二準位系の操作と全く同じである.キャリアパルスは振動状態と結合しないため,多数のイオンに同時に照射して操作することもできる.$\theta = \Omega_0 t = \pi/2$ のパルス面積を持つパルスを $\pi/2$ パルスと呼ぶ.回転演算子が $R(\pi/2, \varphi)$ である.このパルスは,等しい重ね合わせ状態を作る.例えば $\varphi = 0$ のとき,基底準位を以下のように変える.

$$|n, g\rangle \to (i|n, e\rangle + |n, g\rangle)/\sqrt{2}$$

$\theta = \Omega_0 t = \pi$ のパルス面積を持つパルスを π パルスと呼ぶ.回転演算子は $R(\pi, \varphi)$ である.このパルスは内部状態を反転する.例えば $\varphi = 0$ のとき,基底準位を以下のように変える.

$$|n, g\rangle \rightarrow i|n, e\rangle$$

$\theta = \Omega_0 t = 2\pi$ のパルス面積を持つパルスを 2π パルスと呼ぶ. 回転演算子は $R(2\pi, \varphi)$ である. このパルスは状態の符号を以下のように反転する.

$$|n, g\rangle \rightarrow -|n, g\rangle$$

(2) レッドサイドバンド, ブルーサイドバンドパルスによる振動状態と内部状態の量子もつれ状態の発生

レッドサイドバンド遷移（$\omega_L = \omega_0 - \omega_{vz}$）の $\pi/2$ パルスは, $\Omega_{n-1,n}t = \Omega_0 \eta \sqrt{n}\, t$ $= \pi/2$ が成り立つときに得られ, 回転演算子は $R^-(\pi/2, \varphi)$ となる. 例えば $\varphi = 0$ のとき, このパルスによって $|n, g\rangle$ は以下のように変わる.

$$|n, g\rangle \rightarrow \frac{i|n-1, e\rangle + |n, g\rangle}{\sqrt{2}}$$

この状態は, $|n\rangle \otimes |g\rangle$ のように, 振動状態と内部状態の2つの状態の直積で表すことができない. このような状態は量子もつれ状態（entangled states）といわれる. ブルーサイドバンド遷移（$\omega_L = \omega_0 + \omega_{vz}$）の $\pi/2$ パルスも同様に, 量子もつれ状態を発生する. 回転演算子 $R^+(\pi/2, \varphi)$ において $\varphi = 0$ のとき, このパルスによって $|n, g\rangle$ は以下のように変わる.

$$|n, g\rangle \rightarrow \frac{i|n+1, e\rangle + |n, g\rangle}{\sqrt{2}}$$

(3) レッドサイドバンド, ブルーサイドバンドパルスによる振動状態と内部状態のスワップ操作

振動状態の空間を $[|0\rangle, |1\rangle]$ に限定した場合, レッドサイドバンドの π パルス, $R^-(\pi, \pi/2)$ は, 内部状態を振動状態に移すスワップ操作になる. 状態 $|0, g\rangle$ はこのパルスで変化しないので, 振動状態が $|0\rangle$ にある場合には, このパルスによる状態変化は $|0, g\rangle \rightarrow |0, g\rangle$, $|0, e\rangle \rightarrow |1, g\rangle$ になる. したがって, 振動状態が $|0\rangle$, 内部状態が重ね合わせの状態 $\alpha|g\rangle + \beta|e\rangle$ にあるとき, このパルスを加えると状態は以下のように変化する.

$$|0\rangle(\alpha|g\rangle + \beta|e\rangle) \rightarrow (\alpha|0\rangle + \beta|1\rangle)|g\rangle$$

したがって, 内部の重ね合わせ状態を振動状態へ移すことができる. この場合, 振動状態と内部状態の対応は $|0\rangle \rightarrow |g\rangle$, $|1\rangle \rightarrow |e\rangle$ という関係になる. ブルーサイドバンドの π パルス $R^+(\pi, -\pi/2)$ も同様な機能を持つ. 状態 $|0, e\rangle$ はこのパルスで変化しないため, 振動状態が $|0\rangle$ にある場合の状態変化は $|0, e\rangle \rightarrow |0, e\rangle$,

$|0, g\rangle \rightarrow |1, e\rangle$ になる．したがって，内部の重ね合わせ状態は，このパルスにより以下のような振動状態に移る．

$$|0\rangle(\alpha|g\rangle + \beta|e\rangle) \rightarrow (\alpha|1\rangle + \beta|0\rangle)|e\rangle$$

この場合，振動状態と内部状態の対応はレッドサイドバンド遷移の場合と逆に，$|0\rangle \rightarrow |e\rangle, |1\rangle \rightarrow |g\rangle$ という関係になる．

■ 5.4 状態依存力による量子状態の操作 ■

5.4.1 調和振動子の強制振動

前節までは，孤立した1個のイオンあるいは1列に並んだイオン鎖中の1個のイオンにレーザーパルスを照射して，量子状態を操作する方法を述べた．しかしながら，この方法では操作する粒子数の増加に伴って操作回数が大きく増加し，時間の増加や操作の信頼性の低下が起こる．ここでは，別の観点から，イオンの振動状態を利用した量子状態の操作方法を述べる．この方法は，多数個のイオンに集団的にアクセスし，その量子状態を一挙に操作する方法に拡張できる．そのための準備として，まず調和振動子の強制振動の問題を考える[7,8]．

イオントラップ中で原点において，z 方向に振動している1個のイオンに，z 方向の力 $-f(t)$ を加える．この作用によるハミルトニアンは，以下のように表される．

$$\widehat{H}_{\mathrm{F}} = f(t) \cdot \hat{z} \tag{5.38}$$

なぜなら，第3章で述べたように，このハミルトニアンより力が以下のように求められるためである．

$$\left\langle \frac{d\hat{p}_z}{dt} \right\rangle = \frac{i}{\hbar} \left\langle [\widehat{H}_{\mathrm{F}}, \hat{p}_z] \right\rangle = -\left\langle \frac{\partial \widehat{H}_{\mathrm{F}}}{\partial \hat{z}} \right\rangle = -f(t)$$

したがって，$\hat{z} = \hat{q}_z$ として（5.4）式を用いると，このイオンの全ハミルトニアンは以下のように表される．

$$\widehat{H} = \hbar\omega_{\mathrm{v}} \hat{a}^\dagger \hat{a} + f(t) z_0 (\hat{a}^\dagger + \hat{a}) \tag{5.39}$$

ただし，$z_0 = \sqrt{\hbar/2m\omega_{\mathrm{vz}}}$ である．ここで，イオンの振動角周波数 ω_{vz} に近い角周波数 $(\omega_{\mathrm{vz}} - \delta')$ を持つ周期的な力を加える場合を考える．

$$f(t) = |F| \cos[(\omega_{\mathrm{vz}} - \delta')t + \phi] \tag{5.40}$$

ただし，$|\delta'| \ll \omega_{vz}$ が成り立つ．相互作用表示に移り，さらに回転波近似により $(2\omega_{vz} - \delta')$ で振動する項を省くと，以下のハミルトニアンが得られる．

$$\widehat{H}_1(t) = \frac{Fz_0}{2}\hat{a}e^{-i\delta't} + \frac{F^*z_0}{2}\hat{a}^\dagger e^{i\delta't} = g(t)\hat{a} + g^*(t)\hat{a}^\dagger \tag{5.41}$$

ただし，$g(t) = Fz_0 e^{-i\delta't}/2$，$F = |F|e^{i\phi}$ とおいた．このハミルトニアンによる状態の時間発展はシュレーディンガー方程式で記述される．

$$i\hbar\frac{d|\Psi(t)\rangle_1}{dt} = \widehat{H}_1(t)|\Psi(t)\rangle_1$$

$|\Psi(t)\rangle_1 = \widehat{U}_T(t, 0)|\Psi(0)\rangle_1$ とおいて時間発展演算子 $\widehat{U}_T(t, 0)$ を導入すると，時間発展演算子は以下の式を満足する．

$$i\hbar\frac{d\widehat{U}_T(t, 0)}{dt} = \widehat{H}_1(t)\widehat{U}_T(t, 0) \tag{5.42}$$

この方程式は異なる時間におけるハミルトニアン，$\widehat{H}_1(t')$，$\widehat{H}_1(t'')$ が交換しないため，簡単に積分することができない．形式的には，逐次近似により，時間発展演算子は以下のダイソン級数で表される．

$$\widehat{U}_T(t, 0) = 1 - \frac{i}{\hbar}\int_0^t \widehat{H}_1(t')dt' + \left(-\frac{i}{\hbar}\right)^2 \int_0^t \widehat{H}_1(t')dt' \int_0^{t'} \widehat{H}_1(t'')dt'' + \cdots$$

この級数は簡単には計算することはできない．しかしながら時間発展演算子は，異なる時間におけるハミルトニアンが交換しない場合でも，時間を細かく刻むことにより，以下のように表すことができる[7]．

$$\widehat{U}_T(t, 0) = \lim_{N\to\infty} e^{\bar{H}_N}e^{\bar{H}_{N-1}}e^{\bar{H}_{N-2}}\cdots e^{\bar{H}_2}e^{\bar{H}_1} \tag{5.43}$$

ただし，$\widehat{H}_k$ は以下のように定義されている．

$$\widehat{H}_k = -\frac{i}{\hbar}\int_{(k-1)\varepsilon}^{k\varepsilon} \widehat{H}_1(t')dt', \qquad N\varepsilon = t, \quad k = 1, 2, \cdots, N$$

強制振動の場合には，異なる時間におけるハミルトニアンの交換子は，単なる数（正確には恒等演算子に数を掛けたもの）になる．

$$[\widehat{H}_1(t'), \widehat{H}_1(t'')] = g(t)g^*(t'') - g^*(t')g(t'') \tag{5.44}$$

したがって，k の異なる $\widehat{H}_k$ の交換子も，同様に単なる数になる．このような場合には，(3.134) 式のベーカー・ハウスドルフの公式 $e^{\hat{A}}e^{\hat{B}} = e^{\hat{A}+\hat{B}+[\hat{A},\hat{B}]/2}$ を用いることができる．(5.43) 式に対してこの公式を繰り返し用いると，$\widehat{U}_T(t, 0)$ は以下のように変形できる．

5.4 状態依存力による量子状態の操作

$$\widehat{U}_{\mathrm{T}}(t,0)=\lim_{N\to\infty}\exp\left\{\sum_{k=1}^{N}\left(\widehat{H}_k+\frac{1}{2}\left[\widehat{H}_k,\sum_{n=1}^{k}\widehat{H}_n\right]\right)\right\}$$

$N\to\infty$, $\varepsilon\to 0$ を実行すると積分で表され，時間発展演算子は以下のように求められる.

$$\widehat{U}_{\mathrm{T}}(t,0)=\exp\left\{-\frac{i}{\hbar}\int_0^t \widehat{H}_1(t')dt'-\frac{1}{2\hbar^2}\int_0^t dt'\int_0^{t'}dt''\left[\widehat{H}_1(t'),\widehat{H}_1(t'')\right]\right\} \quad (5.45)$$

(5.45) 式に，(5.41) 式に示す $\widehat{H}_1(t')$，および (5.44) 式に示す $[\widehat{H}_1(t'),\widehat{H}_1(t'')]$ を代入して整理すると，以下の結果が得られる.

$$\widehat{U}_{\mathrm{T}}(t,0)=e^{i\Phi(t)}\exp\left[\alpha(t)\widehat{a}^{\dagger}-\alpha^*(t)\widehat{a}\right] \quad (5.46)$$

ただし，$\alpha(t)$, $\Phi(t)$ は以下のように表される.

$$\alpha(t)=-\frac{i}{\hbar}\int_0^t g^*(t')dt'=-\frac{i}{\hbar}\int_0^t \frac{F^*z_0}{2}e^{i\delta't'}dt'=\alpha_0(1-e^{i\delta't}) \quad (5.47)$$

$$\Phi(t)=\frac{i}{2\hbar^2}\int_0^t dt'\int_0^{t'}dt''[g(t')g^*(t'')-g^*(t')g(t'')]=|\alpha_0|^2(\delta't-\sin\delta't) \quad (5.48)$$

$$\alpha_0=\frac{F^*z_0}{2\hbar\delta'} \quad (5.49)$$

(5.46) 式より，時間発展演算子 $\widehat{U}_{\mathrm{T}}(t,0)$ は，コヒーレント状態を発生する変位演算子であることが分かる. したがって，振動基底状態に強制振動を加えた場合にはコヒーレント状態 $|\alpha(t)\rangle$ が発生する. $\Phi(t)$ は変位に伴って蓄積される位相である. 図5.3に初期状態を振動基底状態 $|0\rangle$，位相 $\phi=0$ とおいたときの振動状態の変化を位相空間上に示す. (5.47) 式より $\mathrm{Re}(\alpha(t))=\alpha_0(1-\cos\delta't)$, $\mathrm{Im}(\alpha(t))=-\alpha_0\sin\delta't$ と表されるので，コヒーレント状態は，中心 $(\alpha_0,0)$，半径 $|\alpha_0|$ の円周上を動く.

位相 $\Phi(t)$ は，動いた円弧の形の軌跡と移動した点と最初の点とを結ぶ直線で囲まれる面積に比例する. 3.6.4項で述べたように，変位演算子は位相空間で振動子の状態を変位させる. 時間 t' における変位ベクトルは $(\mathrm{Re}(\alpha(t')),\mathrm{Im}(\alpha(t')))$ である. dt' 後の状態は，t' の状態に対応するベクトルに，微小変位のベクトル $(\mathrm{Re}(d\alpha(t')/dt')dt',\mathrm{Im}(d\alpha(t')/dt')dt')$ を加えたものとなる. 図5.3に示すこれらの2つのベクトルで囲まれる三角形の面積は，$[\mathrm{Re}(\alpha(t'))\mathrm{Im}(d\alpha(t')/dt')dt'-\mathrm{Im}(\alpha(t'))\mathrm{Re}(d\alpha(t')/dt')dt']/2$ で計算される. ただし，面積は状態が反時計回りに回るときに正，時計回りのときに負の値をとるものと定義する. 0から t まで時

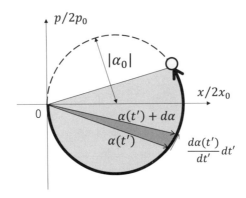

●図5.3 周期的な強制振動による調和振動子の位相空間での動き ($\phi=0$)

間発展したときに,位相空間上で動いた円弧の形の軌跡と,時間 t における変位ベクトルの囲む面積 $S(t)$ は,以下のように求めることができる.

$$S(t)=\frac{1}{2}\int_0^t \left[\text{Re}(\alpha(t'))\text{Im}\left(\frac{d\alpha(t')}{dt'}\right)-\text{Im}(\alpha(t'))\text{Re}\left(\frac{d\alpha(t')}{dt'}\right)\right]dt'$$

(5.47) 式より得られる $\alpha(t')=-(i/\hbar)\int_0^{t'} g^*(t'')dt''$,および $d\alpha(t')/dt'=-ig^*(t')/\hbar$ を代入して面積を計算すると,$2S(t)$ が $\Phi(t)$ に等しくなる.

$$2S(t)=\Phi(t)=\frac{i}{2\hbar^2}\int_0^t dt'\int_0^{t'} dt''[g(t')g^*(t'')-g^*(t')g(t'')]$$

円を一周したとき ($\delta' t=2\pi$) に得られる位相は,(5.48) 式より以下のように与えられる.

$$\Phi\left(\frac{2\pi}{\delta'}\right)=2\pi|\alpha_0|^2=\frac{\pi|Fz_0|^2}{2(\hbar\delta')^2} \tag{5.50}$$

5.4.2 状態依存力

強制振動において加える力がイオンの内部状態に依存する場合は,この力を状態依存力(state-dependent force),あるいは二準位系をスピンになぞらえて,スピン依存力(spin-dependent force)という [8,9].このハミルトニアンは,一般的に以下のように表すことができる.

$$\widehat{H}_1(t)=\left(\frac{Fz_0}{2}\hat{a}e^{-i\delta' t}+\frac{F^*z_0}{2}\hat{a}^\dagger e^{i\delta' t}\right)\hat{\sigma}_n=[g(t)\hat{a}+g^*(t)\hat{a}^\dagger]\hat{\sigma}_n \tag{5.51}$$

5.4 状態依存力による量子状態の操作

ただし，$\hat{\sigma}_n = \vec{\sigma} \cdot \vec{n}$, $\vec{\sigma} = (\hat{\sigma}_x, \hat{\sigma}_y, \hat{\sigma}_z)$, $\vec{n}$ は単位ベクトルである．(5.46) 式の時間発展演算子 $\hat{U}_T(t, 0)$ の中の $\alpha(t)$, $\Phi(t)$ は以下のように演算子に置き換わる．

$$\hat{\alpha}(t) = \alpha(t)\hat{\sigma}_n = \alpha_0 \hat{\sigma}_n (1 - e^{i\delta' t}), \qquad \hat{\Phi}(t) = |\alpha_0|^2 \hat{\sigma}_n^2 (\delta' t - \sin \delta' t) \qquad (5.52)$$

また，円を一周したときに得られる時間発展演算子と位相は以下のようになる．

$$\hat{U}_T\left(\frac{2\pi}{\delta'}, 0\right) = e^{i\hat{\Phi}(2\pi/\delta')}, \qquad \hat{\Phi}\left(\frac{2\pi}{\delta'}\right) = 2\pi|\alpha_0|^2 \hat{\sigma}_n^2 = \frac{\pi |F z_0|^2 \hat{\sigma}_n^2}{2(\hbar\delta')^2} \qquad (5.53)$$

$\vec{n} = (0, 0, 1)$ の場合には，$\hat{\sigma}_z$ 依存の力が働く．したがって，固有値 1 を持つ $|e\rangle$ の状態にあるイオンと，固有値 -1 を持つ $|g\rangle$ の状態にあるイオンに対しては，ハミルトニアンの符号が変わるので反対の向きの力が働く．時間発展演算子は以下のようになる．

$$\hat{U}_T(t, 0) = e^{i\Phi(t)} \exp\left[\alpha(t)\hat{\sigma}_z \hat{a}^\dagger - \alpha^*(t)\hat{\sigma}_z \hat{a}\right]$$

初期状態として，$|0\rangle(|e\rangle + |g\rangle)/\sqrt{2}$ を準備すると，時間 t の後には以下の状態が生成される．

$$|\Psi(t)\rangle_I = \frac{1}{\sqrt{2}} e^{i\Phi(t)} |e\rangle |\alpha(t)\rangle + \frac{1}{\sqrt{2}} e^{i\Phi(t)} |g\rangle |-\alpha(t)\rangle \qquad (5.54)$$

$|\alpha(t)\rangle, |-\alpha(t)\rangle$ は，それぞれ変位 $\alpha(t), -\alpha(t)$ を持つコヒーレント状態である．(5.54) 式の状態は振動状態と内部状態がもつれた状態である．図 5.4 にこの状態の動きを位相空間上に示す．2 つのコヒーレント状態の波束は，位相空間上で逆向きの円運動を行う．それぞれの波束は内部状態ともつれあっている．変位量 $|\alpha(t)|$ が大きな場合には，2 つの波束は分離され，古典的に識別可能である．したがって，この状態は古典的に分離した 2 つの波束と，内部状態のもつれを表すこ

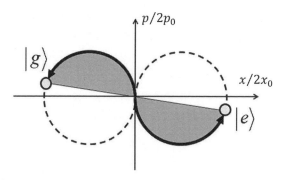

● 図 5.4　状態依存力を用いたシュレーディンガーの猫状態の発生

とから，シュレーディンガーの猫状態ともいわれる．$\delta't = 2n\pi$（n：整数）のときは，位相空間の原点に戻り，振動状態と内部状態の量子もつれは解消する．このとき，初期状態には $e^{i\Phi(2n\pi/\delta')}$ の位相項が掛かる．

以上の説明では，力が大きく α_0 が大きな値を持つ，強い相互作用の場合について述べた．一方，$|F^*z_0/2\hbar| \ll |\delta'|$ が成り立つ弱い相互作用の場合には，$|\alpha_0| \ll 1$ となるので振動状態は位相空間内でほとんど変位せず，原点の周りの微小な円上を回転する．このとき，時間発展演算子は，（5.52）式の $\sin\delta't$ の項を無視することができて以下のように近似される．

$$U_{\mathrm{T}}(t,0) = e^{i\Phi(t)}, \qquad \widehat{\Phi}(t) = |\alpha_0|^2 \hat{\sigma}_n^2 \delta't = \frac{1}{4}\frac{|Fz_0|^2}{\hbar^2\delta'}\hat{\sigma}_n^2 t \qquad (5.55)$$

これは，以下のような実効的なハミルトニアンが生じ，それによる時間発展であるとみなすことができる．

$$\widehat{H}_{\mathrm{eff}} = -\frac{1}{4}\frac{|Fz_0|^2}{\hbar\delta'}\hat{\sigma}_n^2 \qquad (5.56)$$

$\hat{\sigma}_n^2$ の項は1個のイオンの場合は1になるが，1列に並んだ複数個のイオンを扱う場合には後に述べるように物理的に大きな意味を持つ項になる．たとえば，各イオンに同じ大きさを持つ等位相の状態依存力を加えて COM モードを励起した場合には，$\hat{\sigma}_n$ は各イオンのパウリ演算子の和になる．このため $\hat{\sigma}_n^2$ の項によって各イオンの内部状態間の相互作用が発生する．

5.4.3 状態依存力の発生

状態依存力を物理的に発生させるには，種々の方法がある．レーザーを用いる場合には主に2つの方法がある．1つの方法は，準位 $|e\rangle$, $|g\rangle$ の状態にあるイオンに，第3章で述べた双極子力をそれぞれ異なる大きさで働かせる方法である．この場合には，$\hat{\sigma}_z$ に依存する力が発生する[10,11]．もう1つの方法は，イオンのレッドサイドバンドおよびブルーサイドバンドに近い周波数を持つ2色のレーザーを同時にイオンに照射する方法である[12,13,14]．この場合，ブロッホ空間の赤道上に固有状態を持つ $\hat{\sigma}_\varphi$ に依存する力が発生する．

a. $\hat{\sigma}_z$ 依存力

$\hat{\sigma}_z$ 依存力は，$|e\rangle$ と $|g\rangle$ の準位にあるイオンに，レーザーを使ってそれぞれ異なった双極子力を働かすことによって発生させることができる．図5.5(a)に示

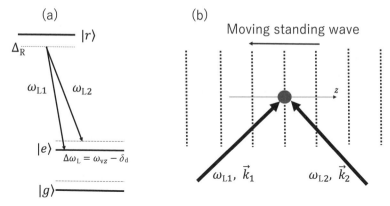

●図 5.5 (a) $\bar{\sigma}_z$ 依存力を発生させるためのエネルギー準位とレーザーの周波数, (b) 2 本のレーザーを用いた移動定在波の発生

すように,基底状態の 2 つの超微細構造準位 $|e\rangle$, $|g\rangle$,およびそれらに対して光領域の電気双極子遷移を持つ励起準位 $|r\rangle$ からなる Λ 型の三準位系を考える.イオンに対して,以下の 2 本のレーザーをラマン型の相互作用が発生するように照射する [1].

$$\vec{E}_1 = \vec{\epsilon}_1 |E_{10}| \cos(\vec{k}_1 \cdot \vec{r} - \omega_{L1} t + \varphi_1), \quad \vec{E}_2 = \vec{\epsilon}_2 |E_{20}| \cos(\vec{k}_2 \cdot \vec{r} - \omega_{L2} t + \varphi_2) \tag{5.57}$$

レーザーの角周波数はそれぞれ ω_{L1}, ω_{L2} である.周波数差はイオンの z 方向の振動角周波数に近い,$\Delta\omega_L \equiv \omega_{L1} - \omega_{L2} = \omega_{vz} - \delta_d$, $|\delta_d| \ll \omega_{vz}$ に設定する.一光子遷移の離調 $\Delta_R = \omega_{re} - \omega_{L1}$ は十分大きく,$\Delta_R \gg \gamma$ が成り立つ.ただし,γ は励起準位の減衰定数である.

図 5.5(b) に示すように,2 本のレーザービームを直交させ,それぞれがイオンの振動方向である z 軸と 45°,135° の角度を持つようにしてイオンに照射する場合を考える.また,簡単のために,$|E_{10}| = |E_{20}| = E_0$, $\vec{\epsilon}_1 = \vec{\epsilon}_2 = \vec{\epsilon}$ が成り立つ場合を考える.2 つのビームの重ね合わせにより,z 方向に動く定在波が発生する.

$$\vec{E} = \vec{E}_1 + \vec{E}_2 = \vec{\epsilon} 2 E(t) \cos\left[\frac{(\vec{k}_1 + \vec{k}_2) \cdot \vec{r}}{2} - \frac{(\omega_{L1} + \omega_{L2}) t}{2} + \frac{\varphi_1 + \varphi_2}{2}\right] \tag{5.58}$$

ただし,振幅部分は z 方向に動くビート波となり,以下のように表される.

$$2E(t) = 2E_0 \cos\left(\frac{\Delta k z}{2} - \frac{\Delta \omega_{\mathrm{L}} t}{2} + \frac{\Delta\varphi}{2}\right), \qquad \Delta k = \sqrt{2}|\vec{k}_1| \approx \sqrt{2}|\vec{k}_2|, \quad \Delta\varphi = \varphi_1 - \varphi_2$$

したがってイオンは，振幅が $2E(t)$，角周波数が $(\omega_{\mathrm{L}1} + \omega_{\mathrm{L}2})/2 \approx \omega_{\mathrm{L}1}\,(\omega_{\mathrm{L}2})$ を持つ非共鳴の光と相互作用することになる．2つの準位 $|e\rangle, |g\rangle$ はこの光により，空間的な勾配を持つ AC シュタルクシフトを受ける．準位 $|\alpha\rangle$, $\alpha = e, g$ に対して，AC シュタルクシフトは (3.62) 式を用いると，以下のように求められる．

$$\Delta E_{\mathrm{AC},\alpha} = -\frac{\hbar\Omega_{0\alpha}^2}{\Delta_{\mathrm{R}}} \cos^2\left(\frac{\Delta k z}{2} - \frac{\Delta\omega_{\mathrm{L}} t}{2} + \frac{\Delta\varphi}{2}\right), \qquad \Omega_{0\alpha} = \frac{\langle\alpha|\vec{\epsilon}\cdot\vec{\mu}|r\rangle E_0}{\hbar} \qquad (5.59)$$

ただし，$|e\rangle$ と $|r\rangle$，$|g\rangle$ と $|r\rangle$ 間の遷移に対する離調はともに Δ_{R} に等しいと近似した．双極子力は (3.98) 式で示したように AC シュタルクシフトの勾配，$f_\alpha = -\partial(\Delta E_{\mathrm{AC},\alpha})/\partial z$ で表される．$|e\rangle$ と $|r\rangle$，$|g\rangle$ と $|r\rangle$ の間の一光子ラビ周波数 Ω_{0e}, Ω_{0g} が異なるため，それぞれの準位に対して異なる双極子力が発生する．この力は角周波数 $\Delta\omega_{\mathrm{L}} = (\omega_{\mathrm{v}z} - \delta_{\mathrm{d}})$ で振動する．したがって，この力はイオンに対する状態依存力となる．$\Omega_\alpha = \hbar\Omega_{0\alpha}^2/2\Delta_{\mathrm{R}}$ とおくと，$|e\rangle, |g\rangle$ それぞれの準位に対する双極子力は以下のように表される．

$$f_{\mathrm{e}} = \hbar\Omega_{\mathrm{e}}\Delta k \cos(\Delta k z - \Delta\omega_{\mathrm{L}} t + \Delta\varphi'), \qquad f_{\mathrm{g}} = \hbar\Omega_{\mathrm{g}}\Delta k \cos(\Delta k z - \Delta\omega_{\mathrm{L}} t + \Delta\varphi')$$
$$(5.60)$$

ただし，$\Delta\varphi' = \Delta\varphi + \pi/2$ とおいた．

1個のイオンにこの状態依存力を働かせた場合のハミルトニアンは，相互作用表示を用いると，イオンの微小変位 $\hat{q}_z$ を使って以下のように表すことができる．

$$\widehat{H}_{\mathrm{I}} = f_{\mathrm{e}}\cdot\hat{q}_z|e\rangle\langle e| + f_{\mathrm{g}}\cdot\hat{q}_z|g\rangle\langle g| \qquad (5.61)$$

イオンの位置を $z = 0$ とおき，微小変位に $\hat{q}_z$ の相互作用表示 $\hat{q}_z = z_0(\hat{a}^\dagger e^{i\omega_{\mathrm{v}z} t} + \hat{a} e^{-i\omega_{\mathrm{v}z} t})$ を代入し，回転波近似を用いて式を整理する．さらに，

$$F_{\mathrm{e}} \equiv \hbar\Omega_{\mathrm{e}}\Delta k e^{-i\Delta\varphi'}, \qquad F_{\mathrm{g}} \equiv \hbar\Omega_{\mathrm{g}}\Delta k e^{-i\Delta\varphi'}, \qquad F_a = \frac{F_{\mathrm{e}} + F_{\mathrm{g}}}{2}, \qquad F_d = \frac{F_{\mathrm{e}} - F_{\mathrm{g}}}{2}$$

とおくと，以下のようにまとめることができる．

$$\widehat{H}_{\mathrm{I}} = \left(\frac{F_a z_0}{2}\hat{a} e^{-i\delta_{\mathrm{d}} t} + \frac{F_a^* z_0}{2}\hat{a}^\dagger e^{i\delta_{\mathrm{d}} t}\right)\hat{I} + \left(\frac{F_d z_0}{2}\hat{a} e^{-i\delta_{\mathrm{d}} t} + \frac{F_d^* z_0}{2}\hat{a}^\dagger e^{i\delta_{\mathrm{d}} t}\right)\hat{\sigma}_z \quad (5.62)$$

第1項は状態依存のダイナミクスには影響を与えないので，内部状態と振動状態の相互作用のみに着目する場合には無視することができる．したがって，第2項のみを考えると，(5.51) 式と同じ形を持つ $\hat{\sigma}_z$ 依存力のハミルトニアンが得られ

5.4 状態依存力による量子状態の操作

る.

　この双極子力を1列に並んだN個のイオンに加えた場合に拡張する. 2本のレーザーともに各イオンに対して等しい振幅で照射されるものとする. (5.18)式の各イオンの平衡点の位置z_{j0}, および微小変位$\hat{q}_{jz}$の相互作用表示を用いると, ハミルトニアンは以下のように表される.

$$\widehat{H}_I=\sum_{j=1}^{N}(f_{ej}\cdot\hat{q}_{jz}|e_j\rangle\langle e_j|+f_{gj}\cdot\hat{q}_{jz}|g_j\rangle\langle g_j|) \tag{5.63}$$

$$f_{ej}=\hbar\Omega_e\Delta k\cos(\Delta kz_{j0}-\Delta\omega_Lt+\Delta\varphi'),\qquad f_{gj}=\hbar\Omega_g\Delta k\cos(\Delta kz_{0j}-\Delta\omega_Lt+\Delta\varphi')$$

ただし, $\hat{q}_{jz}$は以下のように基準モードの生成・消滅演算子で表される.

$$\hat{q}_{jz}=\sum_{s'=1}^{N}b_j^{(s')}z_{s'0}(\hat{a}_{s'}e^{-i\omega_{s'z}t}+\hat{a}_{s'}^{\dagger}e^{i\omega_{s'z}t}),\qquad z_{s'0}=\sqrt{\frac{\hbar}{2m\omega_{s'z}}}$$

1つの振動モードを操作するために, $\Delta\omega_L$をモードsの振動角周波数の近傍, $\Delta\omega_L=\omega_{sz}-\delta_d$に設定する. 周波数の離れた他のモードとの相互作用を, 回転波近似を用いて無視することにより, イオン1個の場合と同様にして整理すると, 内部状態に依存する項に対して以下の式が得られる.

$$\widehat{H}_I=\sum_{j=1}^{N}\left(\frac{F_dz_{s0}}{2}\hat{a}_se^{-i\delta_dt}e^{-i\Delta kz_{j0}}+\frac{F_d^*z_{s0}}{2}\hat{a}_s^{\dagger}e^{i\delta_dt}e^{i\Delta kz_{j0}}\right)b_j^{(s)}\hat{\sigma}_{jz} \tag{5.64}$$

ただし, $z_{s0}=\sqrt{\hbar/2m\omega_{sz}}$である. さらに, すべてのイオンに双極子力が同じ位相で作用するように, イオンの位置を$\Delta kz_{j0}=2n_j\pi$（n_j：整数）を満足するように調整する. 最終的に, s番目の振動モードに対する, $\hat{\sigma}_z$依存力を表す以下の相互作用ハミルトニアンが得られる.

$$\widehat{H}_I=\frac{\hbar\Omega_d\eta_s}{2}\left(\hat{a}_se^{-i(\delta_dt+\Delta\varphi')}+\hat{a}_s^{\dagger}e^{i(\delta_dt+\Delta\varphi')}\right)\sum_{j=1}^{N}b_j^{(s)}\hat{\sigma}_{jz} \tag{5.65}$$

ただし, 次項の$\hat{\sigma}_\varphi$依存力との比較のために, $F_dz_{s0}=\hbar\Omega_d\eta_se^{-i\Delta\varphi'}$, $\Omega_d\equiv(\Omega_e-\Omega_g)/2$, $\eta_s\equiv\Delta kz_{s0}$とおいた. (5.65)式の内部状態に依存する部分はパウリ演算子と基準座標への変換行列要素の積の和で表される.

b. $\hat{\sigma}_\varphi$依存力

　図5.6(a)に示すように, 強度が等しく, 共鳴角周波数ω_0に対称に$\pm\delta$の離調を持つ2色のレーザー$\omega_{Lr}=\omega_0-\delta$, $\omega_{Lb}=\omega_0+\delta$を1個のイオンに照射する. 前者はレッドサイドバンドの近傍, 後者はブルーサイドバンドの近傍にスペクトルを持つ. 前者のレッドサイドバンドからの離調$(\omega_0-\omega_{vz})-\omega_{Lr}$, 後者のブルーサイ

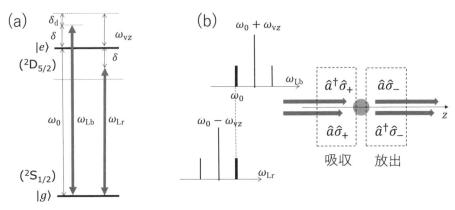

●図 5.6 (a)$\hat{\sigma}_\varphi$ 依存力を発生させるためのエネルギー準位とレーザーの周波数, (b)振動しているイオンの 2 色のレーザー光による光の吸収・放出過程

ドバンドからの離調 $(\omega_0+\omega_{vz})-\omega_{Lb}$ を, それぞれ, $-\delta_d$, δ_d とおく. ただし $|\delta_d| \ll \omega_{vz}$ が成り立つ. また, 2 色のレーザーの位相はそれぞれ φ_r および φ_b とする. このとき, 相互作用ハミルトニアンはラム・ディッケの基準が満たされている場合には, (5.24) 式および離調 δ_d の符号を変えた (5.25) 式を加え合わせることにより, 以下のように表される.

$$\hat{H}_I = \frac{\hbar\Omega_0\eta}{2}[(\hat{a}\hat{\sigma}_+ e^{-i(\delta_d t - \varphi_r)} + \hat{a}^\dagger\hat{\sigma}_- e^{i(\delta_d t - \varphi_r)}) + (\hat{a}^\dagger\hat{\sigma}_+ e^{i(\delta_d t + \varphi_b)} + \hat{a}\hat{\sigma}_- e^{-i(\delta_d t + \varphi_b)})]$$
(5.66)

ただし, (5.24) 式および (5.25) 式の位相にある $\pi/2$ は φ_r, φ_b の中に含めた.
まず簡単のために, $\delta_d = 0$, $\varphi_r = \varphi_b = 0$ とおいて, 2 つのサイドバンド遷移が共鳴している場合を例にとって状態依存力の起源を説明する. このときハミルトニアンは, 以下のように書くことができる.

$$\hat{H}_I = \frac{\hbar\Omega_0\eta}{2}[(\hat{a}\hat{\sigma}_+ + \hat{a}^\dagger\hat{\sigma}_-) + (\hat{a}^\dagger\hat{\sigma}_+ + \hat{a}\hat{\sigma}_-)] = \frac{\hbar\Omega_0\eta}{2}(\hat{a}+\hat{a}^\dagger)(\hat{\sigma}_+ + \hat{\sigma}_-) \quad (5.67)$$

図 5.6(b) に示すように, レッドサイドバンド, ブルーサイドバンドに同調した 2 色のレーザー光が存在する場合には, 振動するイオンから見ると, ドップラー効果により, 各レーザーから生じる 2 つの共鳴するサイドバンド光が存在する. イオンは, これらの 2 つの光と共鳴相互作用をすることになる. このため, 光の

吸収過程においては，2つの成分の寄与によって $(\hat{a}+\hat{a}^\dagger)\hat{\sigma}_+$ という振動子を変位させる相互作用，あるいは力が生じる．光の放出過程でも，$(\hat{a}+\hat{a}^\dagger)\hat{\sigma}_-$ という同様な相互作用が生じる．この吸収・放出過程 $(|e\rangle\to|g\rangle, |g\rangle\to|e\rangle)$ では，$\hat{\sigma}_x=\hat{\sigma}_++\hat{\sigma}_-$ の固有状態（あるいはドレスト状態）$|+\rangle=(|e\rangle+|g\rangle)/\sqrt{2}$ は変化しない．したがって，この状態にあるイオンに対して定常的に力が働く．一方，$\hat{\sigma}_x$ のもう1つの固有状態 $|-\rangle=(|e\rangle-|g\rangle)/\sqrt{2}$ に対しては，吸収・放出過程 $(|e\rangle\to|g\rangle, |g\rangle\to|e\rangle)$ によって内部状態の符号が反転する．したがって，振動子を反対方向に変位させる力が働く．このような過程によって，$\hat{\sigma}_x$ 依存の力が生じることになる．

一般的な扱いでは，（5.66）式を $\varphi_\mathrm{p}=-(\varphi_\mathrm{b}+\varphi_\mathrm{r})/2,\ \varphi_\mathrm{m}=(\varphi_\mathrm{b}-\varphi_\mathrm{r})/2$ とおいて整理すると以下の式が得られる．

$$\hat{H}_\mathrm{I}=\frac{\hbar\Omega_0\eta}{2}[\hat{a}e^{-i(\delta_\mathrm{d}t+\varphi_\mathrm{m})}+\hat{a}^\dagger e^{i(\delta_\mathrm{d}t+\varphi_\mathrm{m})}]\hat{\sigma}_{\varphi_\mathrm{p}} \tag{5.68}$$

ただし $\hat{\sigma}_{\varphi_\mathrm{p}}=\hat{\sigma}_x\cos\varphi_\mathrm{p}+\hat{\sigma}_y\sin\varphi_\mathrm{p}$ である．この式は $\hbar\Omega_0\eta e^{-i\varphi_\mathrm{m}}=Fz_0$ および $\vec{n}=(\cos\varphi_\mathrm{p}, \sin\varphi_\mathrm{p}, 0)$ とおくと，状態依存力を定義したハミルトニアン（5.51）と全く同じ形になる．したがって，$\hat{\sigma}_{\varphi_\mathrm{p}}$ 依存力のハミルトニアンになる[8]．N 個のイオンの場合には，2色のレーザーを，s 番目のモードのレッドサイドバンド，ブルーサイドバンド近傍の角周波数 $(\omega_0-\omega_{sz})-\omega_\mathrm{Lr}=-\delta_\mathrm{d}, (\omega_0+\omega_{sz})-\omega_\mathrm{Lb}=\delta_\mathrm{d}$ に設定して各イオンに照射する．各イオンのハミルトニアンは，1個のイオンに対する式（5.68）において，ラビ周波数を Ω_{0j}，ラム・ディッケパラメーター η とレーザーの位相 $\varphi_\mathrm{r}, \varphi_\mathrm{b}$ を，それぞれ各イオンに対する値 $\eta_{sj}=b_j^{(s)}\eta_s=b_j^{(s)}k\sqrt{\hbar/2m\omega_{sz}}$，$\varphi_{\mathrm{r}j}=\varphi_\mathrm{r}+kz_{j0}, \varphi_{\mathrm{b}j}=\varphi_\mathrm{b}+kz_{j0}$ へ置き換えればよい．ただし，z_{j0} は j 番目のイオンの平衡点の位置である．各イオンのハミルトニアンを加え，さらに，$\hat{\sigma}_{j\varphi_\mathrm{p}j}=\hat{\sigma}_{jx}\cos\varphi_{\mathrm{p}j}+\hat{\sigma}_{jy}\sin\varphi_{\mathrm{p}j}, \varphi_{\mathrm{p}j}=-(\varphi_{\mathrm{b}j}+\varphi_{\mathrm{r}j})/2, \varphi_{\mathrm{m}j}=(\varphi_{\mathrm{b}j}-\varphi_{\mathrm{r}j})/2$ とおいて整理すると，相互作用ハミルトニアンは以下のようになる．

$$\hat{H}_\mathrm{I}=\frac{\hbar}{2}\sum_{j=1}^{N}\Omega_{0j}\eta_{sj}[\hat{a}_se^{-i(\delta_\mathrm{d}t+\varphi_\mathrm{m}j)}+\hat{a}_s^\dagger e^{i(\delta_\mathrm{d}t+\varphi_\mathrm{m}j)}]\hat{\sigma}_{j\varphi_\mathrm{p}j} \tag{5.69}$$

ここで各イオンの位置を，同じレーザーの位相 $kz_{j0}=2\pi n_j$（n_j：整数）になるように調整する．すべてのイオンを等しい強度 $\Omega_{0j}=\Omega_0$ で照射した場合には，ハミルトニアンは，最終的に以下のように書くことができる．

$$\hat{H}_\mathrm{I}=\frac{\hbar\Omega_0\eta_s}{2}[\hat{a}_se^{-i(\delta_\mathrm{d}t+\varphi_\mathrm{m})}+\hat{a}_s^\dagger e^{i(\delta_\mathrm{d}t+\varphi_\mathrm{m})}]\sum_{j=1}^{N}b_j^{(s)}\hat{\sigma}_{j\varphi_\mathrm{p}} \tag{5.70}$$

ただし，$\hat{\sigma}_{j\varphi_p} = \hat{\sigma}_{jx}\cos\varphi_p + \hat{\sigma}_{jy}\sin\varphi_p$，$\varphi_p = -(\varphi_b + \varphi_r)/2$，$\varphi_m = (\varphi_b - \varphi_r)/2$ である．このハミルトニアンも，s モードの振動に対して働く状態依存力の形になっている．

c. 状態依存力による量子状態操作

（5.65）式と（5.70）式を見ると，2 つの状態依存力のハミルトニアンは，パウリ演算子の成分以外は同じ形をしていることが分かる．したがって，これらの力を用いた量子状態の操作は，全く同じように議論することができる．ここでは（5.70）式を用いた操作の例を示す．（5.70）式において，振動モードとして重心運動モード（COM モード，$s=1$）を選んだ場合には，$b_j^{(1)}$ は j に依存しないので，ハミルトニアンの状態依存の部分は以下のようにパウリ演算子の和になる．

$$\widehat{H}_I = \frac{\hbar\Omega_0\eta_1 b^{(1)}}{2}\left[\hat{a}_1 e^{-i(\delta_d t + \varphi_m)} + \hat{a}_1^\dagger e^{i(\delta_d t + \varphi_m)}\right]\sum_{j=1}^N \hat{\sigma}_{jy} \tag{5.71}$$

ただし，$b^{(1)} = b_j^{(1)} = 1/\sqrt{N}$，$\eta_1 = k\sqrt{\hbar/2m\omega_{cz}}$ である．ω_{cz} は COM モードの振動角周波数，$\hat{a}_1$ は COM モードの消滅演算子である．また，ここでは $\varphi_p = \pi/2$ とおいた（$\varphi_p = 0$ とおいた場合でも $\hat{\sigma}_x$ に対し全く同様な議論ができる）．振動状態が位相空間を一周するように，時間 $t = 2\pi/\delta_d$ のレーザーパルスを照射した場合には，（5.53）式の Fz_0 を $\hbar\Omega_0\eta_1 b^{(1)}e^{-i\varphi_m}$ に，$\hat{\sigma}_n$ を $\sum_{j=1}^N \hat{\sigma}_{jy}$ に，δ' を δ_d に置き換えることにより，以下の時間発展演算子が得られる．

$$U_T\left(\frac{2\pi}{\delta_d}, 0\right) = e^{i\widehat{\Phi}(2\pi/\delta_d)}, \qquad \widehat{\Phi}\left(\frac{2\pi}{\delta_d}\right) = \frac{\pi}{2}\left(\frac{\Omega_0\eta_1 b^{(1)}}{\delta_d}\right)^2\left(\sum_{j=1}^N \hat{\sigma}_{jy}\right)^2 \tag{5.72}$$

ここで，角運動量演算子 $J_y = \sum_{j=1}^N \hat{\sigma}_{jy}/2$ を導入し，さらに $(\Omega_0\eta_1 b^{(1)}/\delta_d)^2 = 1/4$ となるようにレーザーのパワーと離調を調整すると，以下の演算子が得られる．

$$U_T\left(\frac{2\pi}{\delta_d}, 0\right) = \exp\left(i\frac{\pi}{2}J_y^2\right) \tag{5.73}$$

一方，5.4.2 項で述べたように，$|\Omega_0\eta_1 b^{(1)}/2| \ll |\delta_d|$ が成り立つような弱い相互作用の条件で働かせた場合には，時間発展演算子は（5.55）式より以下のようになる．

$$U_T(t, 0) = \exp\left[\frac{i}{4}\frac{(\Omega_0\eta_1 b^{(1)})^2}{\delta_d}\left(\sum_{j=1}^N \hat{\sigma}_{jy}\right)^2 t\right] = \exp\left[i\frac{(\Omega_0\eta_1 b^{(1)})^2}{\delta_d}J_y^2 t\right] \tag{5.74}$$

当然のことであるが，$t = 2\pi/\delta_d$，$(\Omega_0\eta_1 b^{(1)}/\delta_d)^2 = 1/4$ とおくと，（5.73）式と一致する．（5.74）式は，以下の実効的なハミルトニアンによる時間発展とみなすこ

とができる.

$$\widehat{H}_{\mathrm{eff}} = -\hbar \frac{\left(\Omega_0 \eta_1 b^{(1)}\right)^2}{\delta_{\mathrm{d}}} J_y^2 \tag{5.75}$$

(5.73), (5.75) 式に現れる J_y^2 の項は, イオンの内部状態の間の相互作用を表す非常に有用なものである. 各成分を具体的に示すと, $J_y^2 = (N + 2\sum_{i>j}\tilde{\sigma}_{iy}\tilde{\sigma}_{jy})/4$ と表される. $\tilde{\sigma}_{iy}\tilde{\sigma}_{jy}$ 項は, イオンの内部状態の間の直接の相互作用を表すものである. 通常は, イオン間の距離が大きいため, このような相互作用は存在しない. これは, 状態依存力による振動状態の操作を仲介にして現れたものである. この相互作用を用いると, イオンの内部状態間の量子もつれの発生, 量子シミュレーションなど量子情報処理に必要な多くの操作を実現できる.

ここでは, 簡単な例として, 2 個のイオンの状態 $|g,g\rangle, |e,e\rangle, |g,e\rangle, |e,g\rangle$ が, (5.74) 式の時間発展演算子によって発展していく様子を示す. 計算は, $|g\rangle, |e\rangle$ を $\tilde{\sigma}_y$ の固有状態 $|\sigma_y;+\rangle = (|e\rangle+i|g\rangle)/\sqrt{2}$, $|\sigma_y;-\rangle = (|e\rangle-i|g\rangle)/\sqrt{2}$ で表して $U(t,0)$ を作用させた後, 元の基底に戻せばよい.

$$\left.\begin{aligned}
|g,g\rangle &\to \cos(\widetilde{\Omega}t/2)|g,g\rangle - i\sin(\widetilde{\Omega}t/2)|e,e\rangle \\
|e,e\rangle &\to \cos(\widetilde{\Omega}t/2)|e,e\rangle - i\sin(\widetilde{\Omega}t/2)|g,g\rangle \\
|g,e\rangle &\to \cos(\widetilde{\Omega}t/2)|g,e\rangle + i\sin(\widetilde{\Omega}t/2)|e,g\rangle \\
|e,g\rangle &\to \cos(\widetilde{\Omega}t/2)|e,g\rangle + i\sin(\widetilde{\Omega}t/2)|g,e\rangle
\end{aligned}\right\} \tag{5.76}$$

ただし, $\widetilde{\Omega} = (\Omega_0 \eta_1 b^{(1)})^2/\delta_{\mathrm{d}}$ とおいた. 定数項からくるグローバル位相は省いている. このように, 比較的に簡単な操作で量子もつれ状態を生成することができる. $\widetilde{\Omega}t = \pi/2$ のとき, 最大の量子もつれ状態が実現する.

ここで述べた状態依存力を用いた操作では, 振動状態を位相空間で一周させることによって得られる位相を用いて, 内部状態を制御する[*2]. この位相は実験的な条件に対してロバストであるため, この方式による量子状態の操作では非常に高い忠実度が得られる. 図5.3では位相空間の原点を, 強制振動における振動状態の出発点としてとった例を示した. しかしながら, 出発点は原点である必要はない. したがって, この方式では初期状態として振動基底状態 $|0\rangle$ まで持っていく必要はない. ラム・ディッケの基準が満たされる領域までの冷却でこの操作

[*2] ここで得られる位相はしばしば幾何学的位相と呼ばれ, $\tilde{\sigma}_z$ 依存力を用いた操作を幾何学的位相ゲートということもある. しかしながら純粋の意味での幾何学的位相 (ベリー位相) とはいくらか異なっており, 動力学的な位相も含まれる.

は有効に働くことが知られている.

■ 5.5 量子状態の測定 ■

5.5.1 量子跳躍の観測

イオントラップでは，1個，2個など少数個のイオンを捕獲して実験を行うことが多い．このような少数個のイオンの捕獲の確認は，イオンからの蛍光の検出によって行われる．ドップラー冷却では，電気双極子遷移による光の吸収・放出の閉じたサイクルを用いるため，イオンが冷却されると強い蛍光が観測される．冷却された1個のイオンからの蛍光によって1秒間に放出される光子数は，$\gamma\tilde{\rho}_{ee}$で見積もることができる．$\tilde{\rho}_{ee}$は（3.74）式で与えられる．Ca^+イオンの場合，ドップラー冷却に用いる励起準位$^2P_{1/2}$の放射減衰定数γは，$1.4\times10^8 s^{-1}$である．共鳴近くで完全に飽和させた場合には，1秒間に約7×10^7個の光子が放出される．実際には，離調を半値半幅程度にとり，また，飽和強度より低いレーザー強度で照射するため，放出される光子数はもっと少なくなる．検出用の集光レンズの立体角，光電子増倍管の量子効率，フィルターの透過率等を含めると検出効率は0.2%程度である．したがって，1秒間に2×10^7個程度の光子が放出されるとすると，1個のイオンから4×10^4個/秒程度の光子を検出することができる．光学系を工夫して背景雑音を100個/秒程度に抑えると，観測時間が1 ms程度でも，1個のイオンからの信号を高い信号対雑音比で検出することができる．

1個のイオンからの大きな蛍光信号を用いると，量子跳躍の観測が可能になる[15,16,17]．量子跳躍の観測には，図5.7に示される，V字型のエネルギー準位構造を持つイオンが用いられる．イオンは基底準位$|g\rangle$の上に，2つの励起準位$|e\rangle, |r\rangle$を持つ．励起準位$|e\rangle$は，寿命が1秒程度の準安定準位であり，電気四重極遷移によって基底準位へ遷移する．励起準位$|r\rangle$は，寿命が10^{-8}秒程度であり，電気双極子遷移によって基底準位へ遷移する．通常，この遷移がドップラー冷却に用いられる．ドップラー冷却では，基底準位と励起準位の間で吸収・放出の閉じたサイクルを構成する．したがって，このサイクルにあるイオンからは，10^4個/秒程度の強い蛍光が観測される．量子跳躍の観測は，以下のようにして行う．$|g\rangle\leftrightarrow|r\rangle$間の遷移を使ってドップラー冷却が行われている1個のイオンに，電気四重極遷移$|g\rangle\leftrightarrow|e\rangle$の周波数に一致する制御レーザー光をさらに照射する．

5.5 量子状態の測定

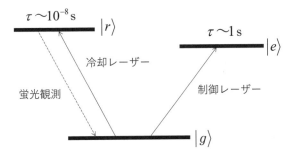

●図 5.7 イオンの状態検出のための V 字型のエネルギー準位

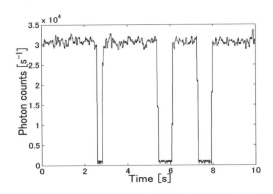

●図 5.8 1 個の Ca$^+$ イオンを用いた量子跳躍の観測例
イオンが冷却サイクルにあると蛍光が観測される．蛍光の消失は準安定状態に量子跳躍したことを示す．

イオンがドップラー冷却のサイクルにあるときは，強い蛍光が観測される．イオンが制御レーザーの光子を 1 個吸収して準安定準位 $|e\rangle$ へ遷移すると，イオンの蛍光は突然消失する．この準位の寿命は 1 秒程度なので，平均すると 1 秒程度蛍光は消失する．イオンが光子を 1 個放出して基底準位 $|g\rangle$ へ戻ると，イオンは冷却サイクルに戻り，再び強い蛍光が観測される．このため，弱い遷移（電気四重極遷移）における，1 個の光子の吸収・放出に伴う量子跳躍を，強い遷移（電気双極子遷移）の蛍光変化で観測することができる．これは，1 個の光子の吸収・放出の過程を，10^4 個程度の光子からなる蛍光信号に増幅して観測することに相当する．この測定方法はデーメルトにより提案され，"シェルビング法（電子の

棚上げ法）"（electron shelving method）とも名付けられている．図5.8に Ca^+ イオンを使った量子跳躍の観測例を示す．

5.5.2 射 影 測 定

シェルビング法をさらに発展させると，イオンの基底状態 $|g\rangle$, 励起状態 $|e\rangle$ で構成される二準位系（量子ビット）における量子力学的な測定が可能になる．量子力学の基本原理によると，測定について以下のように述べられる[18,19]．量子状態 $|\phi\rangle$ にある系において，あるオブザーバブル $\widehat{A}$ についての測定を行うと，結果は $\widehat{A}$ の固有値 a_i のうちの1つが得られる．a_i が得られる確率 p_i は，$\widehat{A}$ の固有ベクトル $|a_i\rangle$ で定義される射影演算子（projection operator）$\widehat{P}_i=|a_i\rangle\langle a_i|$ を用いて，以下のように表される．

$$p_i=\langle\phi|\widehat{P}_i|\phi\rangle \tag{5.77}$$

ただし，ここでは固有ベクトル $|a_i\rangle$ には縮退はないと仮定した．測定後の状態は以下のようになる．

$$\frac{\widehat{P}_i|\phi\rangle}{\sqrt{p_i}} \tag{5.78}$$

測定の結果，状態ベクトルが観測量の固有状態に射影されることから，射影測定（projective measurements）ともいわれる．この原理により，1回の測定だけでは，単に1つの固有値 a_i が得られるだけで，何も知ることはできない．オブザーバブル $\widehat{A}$ の期待値を知るには，同じ量子状態 $|\phi\rangle$ を繰り返し準備して測定を行うか，全く同じ量子状態を多数持つアンサンブルを準備して測定を行うことが必要になる．この結果，それぞれの固有値 a_i が得られる確率 p_i が求まり，$\widehat{A}$ の期待値を以下のように得ることができる．

$$\langle\widehat{A}\rangle=\sum_i a_i p_i=\langle\phi|\sum_i a_i\widehat{P}_i|\phi\rangle=\langle\phi|\widehat{A}|\phi\rangle \tag{5.79}$$

イオンの基底準位 $|g\rangle$, 励起準位 $|e\rangle$ で構成される二準位系において，ある量子状態 $|\phi\rangle$ を準備して，$\hat{\sigma}_z=|e\rangle\langle e|-|g\rangle\langle g|$ についての測定を行うことを考える．イオンは前項で述べたように，図5.7に示すような V 字型の準位構造を持ち，$|g\rangle$ は励起準位 $|r\rangle$ と電気双極子遷移で結びついている．イオントラップ中の1個のイオンは，非常に長い時間にわたり捕獲できるため，同一のイオンを使って繰り返し実験を行うことが可能である．また，レーザーパルスなどを使って，繰り返し

5.5 量子状態の測定

同じ量子状態 $|\psi\rangle$ を準備することができる. 以下の量子状態

$$|\psi\rangle = c_e|e\rangle + c_g|g\rangle$$

を準備し, この状態における $\hat{\sigma}_z$ の期待値を求める. c_e, c_g は未知である. $\hat{\sigma}_z$ の固有値は, 1 および -1 であり, 対応する固有ベクトルはそれぞれ $|e\rangle$, $|g\rangle$, 射影演算子はそれぞれ $\hat{P}_e = |e\rangle\langle e|$, $\hat{P}_g = |g\rangle\langle g|$ である. $|\psi\rangle$ に準備したイオンに, $|g\rangle \leftrightarrow |r\rangle$ 遷移を起こすドップラー冷却用レーザーを照射する. 結果は, 蛍光が観測されるか, されないかの 2 通りである. 蛍光が観測された場合は, イオンは冷却サイクル $|g\rangle \leftrightarrow |r\rangle$ に入ったことを意味しており, 測定によってイオンは $p_g = \langle \psi | \hat{P}_g | \psi \rangle = |c_g|^2$ の確率で, 状態 $\hat{P}_g|\psi\rangle / \sqrt{p_g} = |g\rangle$ に射影されたことになる. 蛍光が観測されない場合は, $p_e = \langle \psi | \hat{P}_e | \psi \rangle = |c_e|^2$ の確率で, 状態 $\hat{P}_e|\psi\rangle / \sqrt{p_e} = |e\rangle$ に射影されたことになる. 量子状態 $|\psi\rangle$ を N 回繰り返し準備して, 実験を繰り返す. 蛍光が観測された回数が N_g, されなかった回数が N_e とすると, 確率は以下のように求められる.

$$p_g = |c_g|^2 = \frac{N_g}{N}, \qquad p_e = |c_e|^2 = \frac{N_e}{N}, \qquad N_g + N_e = N \qquad (5.80)$$

また, $\hat{\sigma}_z$ の期待値は, 以下のように求められる.

$$\langle \hat{\sigma}_z \rangle = \langle \psi | \hat{\sigma}_z | \psi \rangle = |c_e|^2 - |c_g|^2 = \frac{N_e - N_g}{N} \qquad (5.81)$$

1 個のイオンの, 基底準位 ($^2S_{1/2}$) $|g\rangle$ と準安定準位 ($^2D_{5/2}$) $|e\rangle$ 間の電気四重極遷移の光吸収スペクトルを測定するには, 射影測定が用いられる. 最初に, 冷却されたイオンを基底準位 $|g\rangle$ に準備する. 次に, ドップラー冷却を止めて, イオンに電気四重極遷移 $|g\rangle \leftrightarrow |e\rangle$ を観測するためのレーザー光をパルス的に照射する. キャリア遷移の場合には, イオンは, $|g\rangle$ から重ね合わせの状態, $|\psi\rangle = c_e|e\rangle + c_g|g\rangle$ へ移る. この状態のイオンに, 電気双極子遷移 $|g\rangle \leftrightarrow |r\rangle$ に一致する冷却レーザー光を再び照射する. イオンからの蛍光が観測された場合には, イオンは測定により基底準位に射影され, 蛍光が観測されない場合には, 準安定準位に射影される. 1 回の測定を行った後, イオンを再び基底状態に準備して, この測定を N 回繰り返す. N 回の測定において, 蛍光が観測されなかった回数を N_2 とすると, 準安定準位 $|e\rangle$ への遷移確率は N_2/N となる. 観測用レーザーの周波数を共鳴周波数付近で少しずつ掃引して, 遷移確率を測定していくと, 光吸収スペクトルが得られる. 第 4 章で示した図 4.4 は, このような手法を使って, 冷却さ

れた 1 個の Ca$^+$イオンの電気四重極遷移の光スペクトルを測定した例である
[20]. ここで述べたイオンの射影測定は, 単一イオン光時計や量子情報処理の実
験において用いられる最も基本的な測定手法である.

5.5.3 量子状態トモグラフィー

前項で述べた射影測定では, 準備された量子状態 $|\psi\rangle = c_e|e\rangle + c_g|g\rangle$ の展開係数の
絶対値の 2 乗 $|c_e|^2$, $|c_g|^2$ しか分からない. 展開係数の位相関係が求められないの
で, どのような量子状態であるか知ることができない. 実験では, ある操作に
よって, どのような量子状態が生成されたかを知ることが必要になる. 第 3 章で
述べたように, 量子状態は状態ベクトルだけでなく, より一般的には密度演算子
（密度行列）$\bar{\rho}$ で記述される. 実験において, 量子状態 $|\psi\rangle$ を発生させるために操
作を行い, 密度演算子で記述される状態 $\bar{\rho}$ を発生させたとする. このとき, こ
の状態が, どの程度目的の状態に近いのかを評価することが必要である. 純粋状
態の場合には, 状態ベクトル $|\phi\rangle$ が目的の状態 $|\psi\rangle$ にどれだけ近いか評価するに
は, 内積の絶対値 $|\langle\psi|\phi\rangle|$ あるいはその 2 乗 $|\langle\psi|\phi\rangle|^2$ が 1 つの尺度になる. 密度演
算子に対しては評価の尺度として, 上記の内積の概念を拡張した, 以下に示す忠
実度（fidelity）がある.

$$F \equiv \langle\psi|\bar{\rho}|\psi\rangle \tag{5.82}$$

あるいは $F \equiv \sqrt{\langle\psi|\bar{\rho}|\psi\rangle}$ で定義されることもある. 忠実度を求めるためには, 生成
された状態の密度演算子（行列）を知らなければならない. ここでは, 生成され
た状態の密度演算子（行列）を, 測定によって知る方法を述べる. その前に, 第
3 章で述べた密度演算子について, いくつかの点を補足する [18,21].

二準位系の密度行列は, 基底 $|e\rangle$, $|g\rangle$ を使うと以下のように表される.

$$\rho = \begin{pmatrix} \rho_{ee} & \rho_{eg} \\ \rho_{ge} & \rho_{gg} \end{pmatrix} \tag{5.83}$$

密度行列はエルミート行列である. 対角成分は非負の実数で, 各準位にイオンが
見出される確率を表し, $\rho_{ee} + \rho_{gg} = 1$ を満たす. 非対角成分はコヒーレンスを表
し, $\rho_{eg} = \rho_{ge}^*$ を満たす. 密度行列は正値行列であるので, 固有値が非負となる条
件から, 以下の関係が成り立つ.

$$|\rho_{eg}| = |\rho_{ge}| \leq \sqrt{\rho_{ee}\rho_{gg}} \tag{5.84}$$

5.5 量子状態の測定

ただし，等号は純粋状態の場合である．これを用いると，$\mathrm{Tr}(\hat{\rho}^2) \leq 1$ を示すことができる．2行2列のエルミート行列は，一般に4個の実数パラメーターで指定できる．密度行列の場合は，対角和が1となる条件があるので，3個の実数パラメーターで指定される．密度演算子（行列）は，3つのパウリ演算子（行列）$\hat{\sigma}_x, \hat{\sigma}_y, \hat{\sigma}_z$ および単位演算子（行列）$\hat{I}$ を使って展開することができる．

$$\hat{\rho} = \frac{1}{2}\left(\hat{I} + \vec{R} \cdot \vec{\hat{\sigma}}\right) = \frac{1}{2}\left(\hat{I} + u\hat{\sigma}_x + v\hat{\sigma}_y + w\hat{\sigma}_z\right) \tag{5.85}$$

ただし，$\vec{R} = (u, v, w)$ である．3つの実数パラメーター u, v, w は，パウリ演算子の性質を用いると以下のように表される．

$$u = \langle \hat{\sigma}_x \rangle = \mathrm{Tr}(\hat{\rho}\hat{\sigma}_x), \qquad v = \langle \hat{\sigma}_y \rangle = \mathrm{Tr}(\hat{\rho}\hat{\sigma}_y), \qquad w = \langle \hat{\sigma}_z \rangle = \mathrm{Tr}(\hat{\rho}\hat{\sigma}_z) \tag{5.86}$$

したがって，これらはブロッホベクトルの各成分である．また，(5.85) 式と $\mathrm{Tr}(\hat{\rho}^2) \leq 1$ を用いると，ブロッホベクトルの長さについては，以下の関係を示すことができる．

$$\left|\vec{R}\right|^2 = 2\mathrm{Tr}(\hat{\rho}^2) - 1 \leq 1 \tag{5.87}$$

等号は純粋状態の場合である．したがって，第3章で純粋状態に対して定義したブロッホベクトルを，密度演算子（行列）で表される混合状態にまで拡張することができる．すなわち，密度演算子（行列）$\hat{\rho}$ で表される状態は，(5.86) 式で定義される成分を持つ，長さが1以下のブロッホベクトルで表すことができる．ブロッホベクトルの先端は，表面を含むブロッホ球内の1点に存在する．純粋状態はブロッホ球面上の点に対応し，混合状態は球の内部の点に対応する．

前項で述べたオブザーバブル $\hat{A}$ の量子力学における射影測定を，密度演算子 $\hat{\rho}$ の場合に書き換えると以下のようになる[18]．量子状態 $\hat{\rho}$ で記述される系において，$\hat{A}$ の測定により固有値 a_i が得られる確率 p_i は，以下のようになる．

$$p_i = \mathrm{Tr}\left(\hat{P}_i \hat{\rho} \hat{P}_i^\dagger\right) \tag{5.88}$$

ただし，$\hat{P}_i$ は射影演算子 $\hat{P}_i = |a_i\rangle\langle a_i|$ であり，$|a_i\rangle$ は $\hat{A}$ の固有ベクトルである．また，測定後の密度演算子は以下のようになる．

$$\frac{\hat{P}_i \hat{\rho} \hat{P}_i^\dagger}{p_i} \tag{5.89}$$

基底準位 $|g\rangle$，励起準位 $|e\rangle$ で構成される，1個の二準位イオンの密度演算子（行列）$\hat{\rho}$ を知るには，その状態におけるブロッホベクトルを測定すればよい．

前に述べたように，イオンはV字型のエネルギー準位構造を持ち，基底準位 $|g\rangle$ はもう1つの励起準位 $|r\rangle$ と電気双極子遷移で結びついているとする．状態 $\bar{\rho}$ におけるブロッホベクトルの z 成分 $w=\langle\hat{\sigma}_z\rangle$ は，容易に測定できる．イオンに，$|g\rangle\leftrightarrow|r\rangle$ の遷移周波数に一致したドップラー冷却用レーザーを照射する．蛍光が観測された場合は，以下の確率で $|g\rangle\langle g|$ に射影される．

$$p_g=\mathrm{Tr}\big(\widehat{P}_g\bar{\rho}\widehat{P}_g^\dagger\big)=\langle g|\bar{\rho}|g\rangle=\rho_{gg} \tag{5.90}$$

蛍光が観測されない場合は，以下の確率で $|e\rangle\langle e|$ に射影される．

$$p_e=\mathrm{Tr}\big(\widehat{P}_e\bar{\rho}\widehat{P}_e^\dagger\big)=\langle e|\bar{\rho}|e\rangle=\rho_{ee} \tag{5.91}$$

したがって，N 回の測定において，蛍光が観測される回数を N_g，観測されない回数を N_e とすると，ブロッホベクトルの z 成分は以下のように求められる．

$$\langle\hat{\sigma}_z\rangle=\mathrm{Tr}[\bar{\rho}(|e\rangle\langle e|-|g\rangle\langle g|)]=p_e-p_g=\frac{N_e-N_g}{N} \tag{5.92}$$

ブロッホベクトルの y 成分を求めるには，図 5.9(a) に示すように，キャリアパルスによってブロッホベクトルを x 軸の周りに $\pi/2$ だけ回転させて，ブロッホベクトルの z 成分を測定すればよい．この操作の回転演算子は，(5.32)，(5.36) 式を使うと以下のように表される．

$$\widehat{U}=R_{\bar{x}}(\pi/2)=R(\pi/2,\pi)=e^{-i\pi\hat{\sigma}_x/4} \tag{5.93}$$

パルスの照射により，状態は $\bar{\rho}'=\widehat{U}\bar{\rho}\widehat{U}^\dagger$ へ変化する[*3]．この状態において $\hat{\sigma}_z$ を測定する．すなわち，蛍光が観測される回数を N_g'，観測されない回数を N_e' とすると，以下の結果が得られる．

$$\mathrm{Tr}(\bar{\rho}'\hat{\sigma}_z)=p_e'-p_g'=\frac{N_e'-N_g'}{N} \tag{5.94}$$

左辺はトレース演算の性質，および $\hat{\sigma}_y=\widehat{U}^\dagger\hat{\sigma}_z\widehat{U}$ を用いると[*4]，以下のようになる．

$$\mathrm{Tr}(\bar{\rho}'\hat{\sigma}_z)=\mathrm{Tr}\big(\bar{\rho}\widehat{U}^\dagger\hat{\sigma}_z\widehat{U}\big)=\langle\hat{\sigma}_y\rangle \tag{5.95}$$

したがって，この測定によって $\langle\hat{\sigma}_y\rangle$ が得られる．全く同様に，ブロッホベクトル

[*3] 密度演算子は $\bar{\rho}=\sum p_i|\psi_i\rangle\langle\psi_i|$ と表されるので，状態ベクトルの変換 $|\psi_i\rangle\to\widehat{U}|\psi_i\rangle$ に対応して，$\bar{\rho}\to\widehat{U}\bar{\rho}\widehat{U}^\dagger$ と変換する．

[*4] $U=e^{-i\theta\hat{\sigma}_x/2}$ に対して，$\widehat{U}^\dagger\hat{\sigma}_z\widehat{U}=(\cos(\theta/2)\hat{I}+i\hat{\sigma}_x\sin(\theta/2))\hat{\sigma}_z(\cos(\theta/2)\hat{I}-i\hat{\sigma}_x\sin(\theta/2))=\hat{\sigma}_z\cos\theta+\hat{\sigma}_y\sin\theta$ となる．したがって，$\theta=\pi/2$ のとき，$\hat{\sigma}_y=\widehat{U}^\dagger\hat{\sigma}_z\widehat{U}$ となる．$\hat{\sigma}_x=\widehat{V}^\dagger\hat{\sigma}_z\widehat{V}$ も同様にして示すことができる．

5.5 量子状態の測定

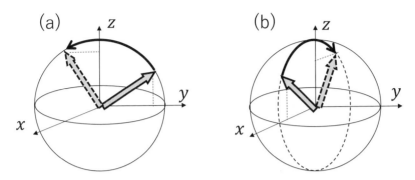

●図 5.9 量子状態測定のためのブロッホベクトルの回転
(a) y 成分測定のための x 軸周りの $\pi/2$ の回転, (b) x 成分測定のための $-y$ 軸周りの $\pi/2$ の回転.

の x 成分を求めるには, 図 5.9(b)に示すように, ブロッホベクトルを $-y$ 軸の周りに $\pi/2$ だけ回転させ, その状態の z 成分を測定すればよい. この操作の回転演算子は, 全く同様に (5.32), (5.36) 式を使うと以下のように表される.

$$\widehat{V}=R_{-\vec{y}}(\pi/2)=R(\pi/2, 3\pi/2)=e^{i\pi\hat{\sigma}_y/4} \tag{5.96}$$

$\hat{\sigma}_x=\widehat{V}^\dagger\hat{\sigma}_z\widehat{V}$ が成り立つので, 回転された状態 $\hat{\rho}''=\widehat{V}\hat{\rho}\widehat{V}^\dagger$ における $\hat{\sigma}_z$ の測定を行うことにより, $\mathrm{Tr}(\hat{\rho}''\hat{\sigma}_z)=\mathrm{Tr}(\hat{\rho}\widehat{V}^\dagger\hat{\sigma}_z\widehat{V})=\langle\hat{\sigma}_x\rangle$ を得ることができる. したがって, 3つの状態 $\hat{\rho}, \hat{\rho}', \hat{\rho}''$ における蛍光測定によって, ブロッホベクトルの3成分 $u=\langle\hat{\sigma}_x\rangle, v=\langle\hat{\sigma}_y\rangle, w=\langle\hat{\sigma}_z\rangle$ が得られる. 密度演算子 (行列) は (5.85) 式より求めることができる.

以上述べた, 密度演算子 (行列) を測定で得る方法は, 量子状態トモグラフィー (quantum state tomography) と呼ばれる[22, 23]. この方法は, N 個の二準位イオンの密度演算子にも拡張できる. N 個のイオンの密度行列は 2^{2N} 個の行列要素で表される. 密度演算子は一般に N 個のパウリ演算子の積, $\hat{\sigma}_{j_1}^{(1)}\hat{\sigma}_{j_2}^{(2)}\cdots\hat{\sigma}_{j_N}^{(N)}$ を 4^N 個使って展開できる.

$$\hat{\rho}=\frac{1}{2^N}\sum \lambda_{j_1j_2\cdots j_N}\hat{\sigma}_{j_1}^{(1)}\hat{\sigma}_{j_2}^{(2)}\cdots\hat{\sigma}_{j_N}^{(N)} \tag{5.97}$$

ただし, $j_1, j_2, \cdots, j_N=0, x, y, z$, また, $\hat{\sigma}_0=\hat{I}$ である. 展開係数 $\lambda_{j_1j_2\cdots j_N}$ は, 同じ粒子のパウリ演算子に対して, $\hat{\sigma}_{j_n}^{(n)2}=\hat{I}$, および $\mathrm{Tr}(\hat{\sigma}_{j_n}^{(n)}\hat{\sigma}_{j'_n}^{(n)})=0 \ (j_n\neq j'_n)$, が成り立つことを使うと, 以下のように表される.

$$\lambda_{j_1 j_2 \cdots j_N} = \mathrm{Tr}(\bar{\rho}\, \bar{\sigma}_{j_1}^{(1)} \bar{\sigma}_{j_2}^{(2)} \cdots \bar{\sigma}_{j_N}^{(N)}) \tag{5.98}$$

ただし，$\mathrm{Tr}(\bar{\rho})=1$ を用いると，$\lambda_{00\cdots0}=1$ が得られる．(4^N-1) 個のパラメーター $\lambda_{j_1 j_2 \cdots j_N}$ は，各イオンへの個別のパルス操作と，蛍光測定によって決めることができる．ある係数 $\mathrm{Tr}(\bar{\rho}\, \bar{\sigma}_{j_1}^{(1)} \bar{\sigma}_{j_2}^{(2)} \cdots \bar{\sigma}_{j_N}^{(N)})$ については，その中の $\bar{\sigma}_{j_k}^{(k)}$ が $\bar{\sigma}_0$, $\bar{\sigma}_z$ でないすべての粒子に対して，回転 $\widehat{U}$ または $\widehat{V}$ のパルスを照射し，その状態における蛍光測定によって求めることができる．各イオンへのパルス操作は，$\bar{\sigma}_0$, $\bar{\sigma}_z$ に対しては何もしない，$\bar{\sigma}_y$ に対しては回転 $\widehat{U}$ のパルスの照射，$\bar{\sigma}_x$ に対しては回転 $\widehat{V}$ のパルスの照射の3通りあるので，全体として 3^N 通りのパルスの設定と蛍光測定が必要になる．2個のイオンの場合の例を付録 E に示す．この方法では個数 N の増加に対して，必要なパルスの設定数が指数関数的に増加する．このため，多くのイオンに対する測定は現実的ではない．また，測定で得られた密度行列は，そのままでは物理的に意味をなす（正値行列を満たす）ことは保証されないので，最尤推定法（maximum likelihood estimation）を用いるなどの工夫がなされている [23, 24]．

5.5.4 振動状態の測定

レーザーパルスを使うと，いろいろな振動状態を発生させることが可能である [25, 26]．個数状態 $|1\rangle$ は，振動基底状態まで冷却された1個のイオンに，ブルーサイドバンドの π パルス，次いでキャリア π パルスを加えることによって，$|0, g\rangle \to |1, e\rangle \to |1, g\rangle$ という手順で発生させることができる．個数状態 $|2\rangle$ は，ブルーサイドバンドの π パルス，次いでレッドサイドバンドの π パルスを用いた $|0, g\rangle \to |1, e\rangle \to |2, g\rangle$ という手順で，個数状態 $|3\rangle$ は，さらにブルーサイドバンド π パルス，キャリア π パルスを加え，$|2, g\rangle \to |3, e\rangle \to |3, g\rangle$ という手順で発生させることができる．このようにして，高い励起を持つ個数状態を発生させることが可能である．コヒーレント状態は，5.4.3項で述べたように，状態依存力によって，あるいはイオンに直接 rf 電場を加える強制振動により発生させることができる．例えば，レッドサイドバンドおよびブルーサイドバンドに共鳴した2色のレーザーパルスを，t 秒間だけイオンに加えた場合を考える．(5.68) 式において $\delta_d = 0$, $\varphi_p = 0$ とおくと，このハミルトニアンによる時間発展演算子は，以下のような変位演算子となる．

5.5 量子状態の測定

$$\widehat{U}_\mathrm{T}=\exp\left(\alpha\widehat{\sigma}_x\widehat{a}^\dagger-\alpha^*\widehat{\sigma}_x\widehat{a}\right), \qquad \alpha=-\frac{i\Omega_0\eta te^{i\varphi_\mathrm{m}}}{2}$$

したがって，振動基底状態に冷却された1個のイオンの内部状態を，$\widehat{\sigma}_x$ の固有状態 $|+\rangle$ に準備して，この操作を行うことによってコヒーレント状態を発生させることができる．また，シュレーディンガーの猫状態や[9,27]，トラップ電極に永年周波数 ω_vz の2倍の周波数を持つ rf 電圧を加えてパラメトリック励振することにより，スクイーズド状態を発生させることもできる[25]．

　このような操作によって，発生したイオンの振動状態を計測することが必要になる．特別な場合として，振動状態が，基底状態 $|0\rangle$ と第一励起状態 $|1\rangle$ のみに限られる場合には，5.3.2項で述べたスワップ操作を用いて振動状態を二準位の内部状態に移すことができる．移された内部状態に対して，量子状態トモグラフィーを使うと振動状態を知ることができる．しかしながら，より高い振動量子数を含む一般の場合は，量子状態を測定で知ることはそれほど容易でない．振動状態の分布については，比較的容易に測定することができる[25]．1つの振動モードの量子状態が，個数状態を用いて $\sum_{n=0}^{\infty}c_n|n\rangle$ と表される場合を考える．1個のイオンの内部状態を $|g\rangle$ に準備すると，初期状態は以下のようになる．

$$|\psi\rangle=|g\rangle\sum_{n=0}^{\infty}c_n|n\rangle \tag{5.99}$$

この状態にブルーサイドバンドパルス $R^+(\theta,\varphi')$ を t 秒間加える．イオンがラム・ディッケの基準を満たしている場合には，（5.37）式を用いると，量子状態は以下のように時間発展する．

$$|\psi(t)\rangle=\sum_{n=0}^{\infty}c_n\left[ie^{i\varphi'}\sin\left(\frac{\Omega_0\eta\sqrt{n+1}\,t}{2}\right)|n+1,e\rangle+\cos\left(\frac{\Omega_0\eta\sqrt{n+1}\,t}{2}\right)|n,g\rangle\right] \tag{5.100}$$

この状態に対して蛍光測定を行い，イオンが $|g\rangle$ に射影される確率を測定する．この確率は以下のようになる．

$$p_\mathrm{g}(t)=\sum_{n=0}^{\infty}|\langle n,g|\psi(t)\rangle|^2=\frac{1}{2}\left[1+\sum_{n=0}^{\infty}|c_n|^2\cos\left(\Omega_0\eta\sqrt{n+1}\,t\right)\right] \tag{5.101}$$

確率 $p_\mathrm{g}(t)$ は，量子数 n に依存する角周波数，$\Omega_0\eta\sqrt{n+1}$ を持つ振動成分の重ね合わせで表される．したがって，測定によって得られる $p_\mathrm{g}(t)$ をフーリエ変換すると，$|c_n|^2$ を求めることができる．ただし，この方法で得られるのは振動状態の

124   5. 量子状態の操作と測定

分布であり，密度行列でいうと対角成分のみである．振動状態の完全な測定に
は，より多くの手順が必要である．これに関しては，量子状態トモグラフィーと
して，位相空間上のウィグナー関数（Wigner function）の測定が行われている
[28]．

参考文献

[1] D. J. Wineland, C. Monroe, W. M. Itano, D. Leibfried, B. E. King and D. M. Meekhof, *J. Res. Nat. Inst. Stand. Technol.* **103**, 259 (1998).

[2] C. Ospelkaus, C. E. Langer, J. M. Amini, K. R. Brown, D. Leibfried and D. J. Wineland, *Phys. Rev. Lett.* **101**, 090502 (2008).

[3] C. Ospelkaus, U. Warring, Y. Colombe, K. R. Brown, M. Amini, D. Leibfried and D. J. Wineland, *Nature* **476**, 181 (2011).

[4] D. Leibfried, R. Blatt, C. Monroe and D. J. Wineland, *Rev. Mod. Phys.* **75**, 281 (2003).

[5] J. J. Sakurai, *Modern Quantum Mechanics* (revised edition), Addison Wesley (1993). (桜井明夫訳，『現代の量子力学（上)』，吉岡書店 (1989))

[6] H. Häffner, C. F. Roos and R. Blatt, *Phys. Report* **469**, 155 (2008).

[7] E. Merzbacher, *Quantum Mechanics*, 3rd edition, Wiley (1998).

[8] P. J. Lee, K.-A. Brickman, L. Deslauriers, P. C. Haljan, L.-M. Duan and C. Monroe, *J. Opt. B* **7**, s371 (2005).

[9] P. C. Haljan, K.-A. Brickman, L. Deslauriers, P. J. Lee and C. Monroe, *Phys. Rev. Lett.* **94**, 153602 (2005).

[10] G. J. Milburn, S. Schneider and D. F. V. James, *Fortschr. Phys.* **48**, 801 (2000).

[11] D. Leibfried et al., *Nature* **422**, 412 (2003).

[12] K. Mølmer and A. Sørensen, *Phys. Rev. Lett.* **82**, 1835 (1999).

[13] A. Sørensen and K. Mølmer, *Phys. Rev. Lett.* **82**, 1971 (1999).

[14] A. Sørensen and K. Mølmer, *Phys. Rev. A* **62**, 022311 (2000).

[15] W. Nagourney, J. Sandberg and H. Dehmelt, *Phys. Rev. Lett.* **56**, 2797 (1986).

[16] Th. Sauter, W. Neuhauser, R. Blatt and P. E. Toschek, *Phys. Rev. Lett.* **57**, 1696 (1986).

[17] J. C. Bergquist, R. G. Hulet, W. M. Itano and D. J. Wineland, *Phys. Rev. Lett.* **57**, 1699 (1986).

[18] M. A. Nielson and I. L. Chuang, *Quantum Computation and Quantum Information,* Cambridge University Press (2000).

[19] 清水 明，『新版 量子論の基礎』，サイエンス社 (2003).

[20] K. Toyoda, H. Naka, H. Kitamura, H. Sawamura and S. Urabe, *Opt. Lett.* **29**, 1270 (2004).

[21] G. Benenti, G. Casati and G. Strini, *Principles of Quantum Computation and Information,* Volume II, World Scientific (2004).

[22] L. M. K. Vandersypen and I. L. Chuang, *Rev. Mod. Phys.* **76**, 1037 (2004).

[23] C. F. Roos et al., *Phys. Rev. Lett.* **92**, 220402 (2004).

5.5 量子状態の測定 125

[24] P. C. Haljan, P. J. Lee, K.-A. Brickman, M. Acton, L. Deslauriers and C. Monroe, *Phys. Rev. A* **72**, 062316 (2005).

[25] D. M. Meekhof, C. Monroe, B. E. King, W. M. Itano and D. J. Wineland, *Phys. Rev. Lett.* **76**, 1796 (1996).

[26] Ch. Roos, Th. Zeiger, H. Rohde, H. C. Nägerl, J. Eschner, D. Leibfried, F. Schmidt-Karler and R. Blatt, *Phys. Rev. Lett.* **83**, 4713 (1999).

[27] C. Monroe, D. M. Meekhof, B. E. King and D. J. Wineland, *Science* **272**, 1131 (1996).

[28] D. Leibfried, D. M. Meekhof, B. E. King, C. Monroe, W. M. Itano and D. J. Wineland, *Phys. Rev. Lett.* **77**, 4281 (1996).

6. 量子情報処理への応用

■ 6.1 イオンを使った量子情報処理 ■

現在の計算機は，0と1の2つの状態をとるビットを情報の基本単位として構成されている．これに対して量子計算は，重ね合わせの状態 $\alpha|0\rangle_q + \beta|1\rangle_q$ をとることが可能な量子ビット（qubit）$|0\rangle_q, |1\rangle_q$ を情報の基本単位として用いる．量子計算では，量子力学の基本原理である状態の重ね合わせと，複数個の粒子の重ね合わせ状態に現れる量子もつれを利用する．重ね合わせ状態が利用できる最大の利点は，量子並列性にある．古典的な n ビットのレジスターの場合には，2進数 $0000\cdots\cdots0$ から $1111\cdots\cdots1$ までの 2^n 個の数のうち1つしか一時的に情報を保持することができない．一方，量子ビットの場合は，最初に準備した状態 $|0000\cdots0\rangle_q$ の各量子ビットに1量子ビットの回転 $|0\rangle_q \rightarrow (|0\rangle_q + |1\rangle_q)/\sqrt{2}$ を同時に施すと，一挙に 2^n 個の状態の重ね合わせ，$\sum_{\varepsilon_1,\varepsilon_2,\cdots,\varepsilon_n=0,1} |\varepsilon_1, \varepsilon_2, \cdots, \varepsilon_n\rangle / \sqrt{2^n}$ が発生し，この状態を量子レジスターに保持することができる．また，このような重ね合わせ状態の各量子ビットに対して，並列にゲート操作を行うことが可能である．古典的な量子ビットの場合，重ね合わせにある各状態をすべて発生させるには 2^n 回の操作が必要である．このように，量子計算においては超並列に処理が可能となるため，現在の計算機では膨大な時間のかかる問題，例えば，素因数分解などを高速に処理できることが期待されている．このため，核スピンや電子スピン，光子，レーザー冷却されたイオンや原子，超伝導，量子ドットなどを用いた実験研究が活発に進められている．

量子計算を実現できる物理系には，以下のような基準が要請されている[1]．
①明確に定義された量子ビットが存在し，かつそれらが拡張可能なこと

②量子ビットの初期化が可能なこと

③量子ビットはゲート操作時間に比べて，十分に長いコヒーレンス時間を持つこと

④量子ゲートのユニバーサルなセットが実現可能なこと

⑤量子状態の検出が可能なこと

さらに，量子ネットワークを実現するために，次の2つが加えられる．

⑥固定量子ビットと飛行量子ビット（flying qubit）間での量子情報の変換が可能なこと

⑦特定された2つのノード間で飛行量子ビットの忠実な伝送が可能なこと

冷却イオンを用いる方式は，以上の要請をすべて満たしている．①については，イオンの超微細構造準位や準安定準位を量子ビットとして使うこと，また，イオン鎖や集積トラップを用いると操作できる量子ビットの数を増やすことが可能である．②については，振動基底状態までの冷却と光ポンピングによって，量子状態の初期化が可能である．③については，50秒という十分に長いコヒーレンス時間が報告されている[2]．これはゲート時間の約数十 μ 秒に比べ 10^6 倍も長い．④については，レーザーパルスなどを用いることにより，1量子ビットの回転と2量子ビットゲートを用いたユニバーサルなゲートを実現できる．⑤については，シェルビング法を用いると，量子状態の検出が100％に近い効率で可能である．さらに，⑥，⑦に関する量子ネットワーク実現のための要請については，光量子ビット（飛行量子ビット）とのインターフェースが可能である．このような理由から，量子情報処理のための物理系として有力な候補の1つとなっている．

イオンを用いた量子情報処理の実験には，Be^+, Mg^+, Ca^+, Sr^+, Cd^+, Yb^+ などの，最外殻に1個の電子を持つアルカリ型イオンが用いられる．量子ビットには，イオンの基底状態の2つの超微細構造準位，あるいは基底準位と準安定準位などが用いられる．量子ビットは，通常 $|0\rangle$ と $|1\rangle$ で表される．しかしながら，振動状態と紛らわしいので，本書では，これまで使ってきたように，量子ビットを主に $|g\rangle$, $|e\rangle$ で表す．$|0\rangle$ と $|1\rangle$ を用いるときは，$|0\rangle_q$ と $|1\rangle_q$ で区別する．量子ビットの状態に対応させるには，$|e\rangle \rightarrow |0\rangle_q$, $|g\rangle \rightarrow |1\rangle_q$ のようにすればよい．場合によっては，逆に対応させることもある．イオンの量子ビットを操作するためには，前章で述べたように，キャリアパルス，レッドおよびブルーサイドバンドパルスなどのレーザーパルスが主に用いられる．量子ビットとして超微細構造準位を用い

る場合には2本のレーザー光を用いる誘導ラマン遷移を，Ca^+イオンのように基底準位と準安定準位を用いる場合には光領域の電気四重極遷移を用いて量子ビットを操作する．

リニアトラップ中に1列に並んだイオンを量子ビットとして用いる量子計算は，1995年にシラク（J. I. Cirac）とゾラー（P. Zoller）により提案された[3]．それ以来，NIST（National Institute of Standards and Technology；米国標準技術研究所），インスブルック大学などを中心に，実験的な研究が精力的に進められた．1個のイオンを用いた制御ノットゲート[4]，次いで2個のイオンを用いた制御ノットゲートの実験が報告された[5]．これらの基本的なゲート操作が可能になったことにより，少数個のイオンを用いた小規模の量子計算が実現している．例えば，ドイチュ・ジョサのアルゴリズム[6]，超高密度符号化[7]，量子テレポーテーション[8,9]，量子誤り訂正[10]，量子フーリエ変換[11]などの，基本的なアルゴリズムの実験的な実証が2005年ごろまでに行われた．

現在は，大規模化に向けた研究開発が進められている．古典計算機を凌ぐ計算を実際に行うためには，数十個から数百個といった量子ビットを用いることが必要となる．あるいは，量子誤り訂正を含めると，これより2桁，3桁多い数の量子ビットが必要ともいわれている．イオントラップについての最初の提案は，リニアトラップに1列に並んだイオンを念頭においたものであった．しかしながら，イオン数が増加するにつれて，振動モード数の増加や，デコヒーレンスの影響が大きくなるため，この方式では大規模化は不可能であることが明らかになっている．現在では，微小なイオントラップを数多く並べ，演算部やメモリー部などに分けたQCCD方式[12]（2.6節参照）の研究が進められている．それぞれのトラップには，少数個のイオンのみを捕獲し，各領域の間でイオンを移動させて演算や記憶を行う．このために，第2章で述べたように，集積化に有利な表面電極トラップの開発が進められている．これを用いて，微小化に伴うイオンの加熱の問題，輸送と並び替え，加熱の小さい移動方式，光検出系などの集積化といった研究が行われている．また，さらに大規模化を念頭に置いて，QCCDをモジュール化し光を使った量子ネットワークで結ぶ研究も進められている．

■ 6.2 ユニバーサル量子ゲート ■

6.2.1 1量子ビットの回転

N個の量子ビットを用いた量子計算は，2^N次元ヒルベルト空間のユニタリ変換で表される．しかしながら，すべて1量子ビットの回転と，2量子ビットの制御ノットゲートの組み合わせで構成できることが知られている[13]．したがって，冷却イオンを使ってこの2つのゲート操作を実現できれば，原理的には量子計算が行えることになる．1量子ビットの回転は，第5章で述べたように1個のイオンにキャリア遷移のパルスを照射することで実現できる．例えば，パウリ行列$\sigma_x, \sigma_y, \sigma_z$の操作を行うゲートをそれぞれ$X, Y, Z$ゲートと名付けると，それらは（5.36）式より，以下のキャリアパルスの操作で示される．

$$X : R(\pi, 0) = i \begin{pmatrix} 0 & 1 \\ 1 & 0 \end{pmatrix} \tag{6.1}$$

$$Y : R(\pi, -\pi/2) = i \begin{pmatrix} 0 & -i \\ i & 0 \end{pmatrix} \tag{6.2}$$

$$Z : R(\pi, 0)R(\pi, -\pi/2) = -i \begin{pmatrix} 1 & 0 \\ 0 & -1 \end{pmatrix} \tag{6.3}$$

ただし，グローバル位相は無視する．また，量子ビット間の位相をφだけ変化させる位相シフトゲートは，以下のような操作で実現できる．

$$e^{-i\varphi\bar{\sigma}_z/2} : R(\pi, 0)R(\pi, \varphi/2) = -\begin{pmatrix} e^{-i\varphi/2} & 0 \\ 0 & e^{i\varphi/2} \end{pmatrix} = -e^{-i\varphi/2}\begin{pmatrix} 1 & 0 \\ 0 & e^{i\varphi} \end{pmatrix} \tag{6.4}$$

6.2.2 制御ノットゲート

2量子ビットを用いた制御ノットゲート（controlled-NOT gate）は，以下の状態変換を行うゲートである．

$$|\varepsilon_1\rangle_q |\varepsilon_2\rangle_q \rightarrow |\varepsilon_1\rangle_q |\varepsilon_1 \oplus \varepsilon_2\rangle_q \tag{6.5}$$

ここに$\varepsilon_1, \varepsilon_2$は0または1の値である．右辺の$\oplus$は2進法での加算を表す．$|\varepsilon_1\rangle_q$を制御ビット，$|\varepsilon_2\rangle_q$を標的ビットと呼ぶ．$\varepsilon_1 = 0$ならば，標的ビットは変化しないが，$\varepsilon_1 = 1$ならば標的ビットは反転する．制御ノットゲートを用いると，量子もつれ状態を発生させることができる．例えば，制御ビットを$\alpha|0\rangle_q + \beta|1\rangle_q$，標的

ビットを $|0\rangle_q$ に準備してこのゲートを働かせた場合には，結果は $\alpha|0,0\rangle_q + \beta|1,1\rangle_q$ となる．これはもつれた状態である．

制御ノットゲートの動作を，（6.6）式の計算基底を用いて行列表示すると，（6.7）式のようになる．

$$|0\rangle_q|0\rangle_q \rightarrow \begin{pmatrix} 1 \\ 0 \\ 0 \\ 0 \end{pmatrix}, \quad |0\rangle_q|1\rangle_q \rightarrow \begin{pmatrix} 0 \\ 1 \\ 0 \\ 0 \end{pmatrix}, \quad |1\rangle_q|0\rangle_q \rightarrow \begin{pmatrix} 0 \\ 0 \\ 1 \\ 0 \end{pmatrix}, \quad |1\rangle_q|1\rangle_q \rightarrow \begin{pmatrix} 0 \\ 0 \\ 0 \\ 1 \end{pmatrix} \quad (6.6)$$

$$\begin{pmatrix} 1 & 0 & 0 & 0 \\ 0 & 1 & 0 & 0 \\ 0 & 0 & 0 & 1 \\ 0 & 0 & 1 & 0 \end{pmatrix} = \begin{pmatrix} I & \bar{0} \\ \bar{0} & X \end{pmatrix} \quad (6.7)$$

ただし，$I = \begin{pmatrix} 1 & 0 \\ 0 & 1 \end{pmatrix}$, $\bar{0} = \begin{pmatrix} 0 & 0 \\ 0 & 0 \end{pmatrix}$ はそれぞれ1量子ビットの単位行列と零行列，$X = \begin{pmatrix} 0 & 1 \\ 1 & 0 \end{pmatrix}$ は X ゲートの行列である．X ゲートはさらに次のように分解できる．

$$X = HZH = \frac{1}{\sqrt{2}}\begin{pmatrix} 1 & 1 \\ 1 & -1 \end{pmatrix}\begin{pmatrix} 1 & 0 \\ 0 & -1 \end{pmatrix}\frac{1}{\sqrt{2}}\begin{pmatrix} 1 & 1 \\ 1 & -1 \end{pmatrix} \quad (6.8)$$

ただし，$H = \frac{1}{\sqrt{2}}\begin{pmatrix} 1 & 1 \\ 1 & -1 \end{pmatrix}$ はアダマールゲート，$Z = \begin{pmatrix} 1 & 0 \\ 0 & -1 \end{pmatrix}$ は Z ゲートの行列である．したがって，制御ノットゲートは以下のように3つに分解される．

$$\begin{pmatrix} I & \bar{0} \\ \bar{0} & X \end{pmatrix} = \begin{pmatrix} H & \bar{0} \\ \bar{0} & H \end{pmatrix}\begin{pmatrix} I & \bar{0} \\ \bar{0} & Z \end{pmatrix}\begin{pmatrix} H & \bar{0} \\ \bar{0} & H \end{pmatrix} \quad (6.9)$$

$\begin{pmatrix} I & \bar{0} \\ \bar{0} & Z \end{pmatrix}$ は制御 Z ゲートと呼ばれる．

これを図示したものが図6.1である．すなわち，制御ノットゲートは，以下の手順で実現できる．まず初めに，標的ビットにアダマールゲートを作用させる．次に，制御ビットを用いて制御 Z ゲート操作を行う．最後に，再び標的ビットにアダマールゲートを作用させる．アダマールゲートは，二度続けて作用すると恒等変換になる．アダマールゲートを単一量子ビットの回転で表すと，グローバル位相を除いて（5.33）式より $R_{\vec{n}}(\pi)$, $\vec{n} = (1/\sqrt{2}, 0, 1/\sqrt{2})$ となる．これは，ブ

6.2 ユニバーサル量子ゲート　　　　　　　　　　　*131*

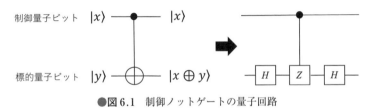

●図 6.1　制御ノットゲートの量子回路

ロッホ空間の x-z 面内の直線 $x=z$ を軸とした 180°の回転である．キャリアパルスの回転軸は赤道面にあるため，この操作をこのパルスで行うのは面倒である．このため，2つのアダマールゲートを，位相が π だけ異なる2つのキャリア $\pi/2$ パルス，$R(\pi/2, -\pi/2) = \frac{1}{\sqrt{2}}\begin{pmatrix} 1 & 1 \\ -1 & 1 \end{pmatrix}$, $R(\pi/2, \pi/2) = \frac{1}{\sqrt{2}}\begin{pmatrix} 1 & -1 \\ 1 & 1 \end{pmatrix}$ で代用する．これをそれぞれ，最初と最後のアダマールゲートに代用する．このようにしても $R(\pi/2, \pi/2) \cdot R(\pi/2, -\pi/2) = I$，および $R(\pi/2, \pi/2) \cdot Z \cdot R(\pi/2, -\pi/2) = X$ が成り立つため，アダマールゲートの場合と等価になる．制御 Z ゲートを，実験的にどのように実現するかについては，次項以降に述べる．

6.2.3　シラク・ゾラーゲート

　制御ノットゲートの代表的なものは，シラク・ゾラーゲート（Cirac-Zoller gate）である[3]．このゲートは，1列に並んだイオンのうちの任意の2個を使って構成される．2個のイオンに絞ったレーザービームを個別に照射して，量子ゲートを構成する．前章で述べたように，イオン列中の1個のイオンの操作は，孤立した1個のイオンの場合と同様に扱うことができる．イオン列の中の任意の2個のイオンを選び，1つを制御ビット（イオン1），もう1つを標的ビット（イオン2）とする．制御 Z ゲートを実現するためには，イオン間の相互作用が必要である．しかしながら，隣り合うイオンでも通常数 μm 程度離れているので，イオン列中の2個のイオンの量子ビットは，直接には相互作用しない．このため，シラク・ゾラーゲートでは，各イオンが共通に所有する1つの基準振動モードの基底状態 $|0\rangle$ と，第一励起状態 $|1\rangle$ を情報伝達のバスビットとして用いる．振動モードとしては，軸方向の重心運動モードが主に用いられる．制御ビットの量子状態をバスビットに移し，そのバスビットを用いて標的ビットを制御する．

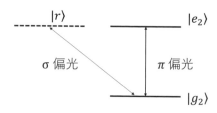

●図 6.2 シラク・ゾラーゲートにおける補助準位 $|r\rangle$ を用いた操作

イオンの制御ビットの状態 $\alpha|e_1\rangle+\beta|g_1\rangle$ を振動状態に移すには,5.3.2 項で述べたスワップ操作を行う.すなわち,振動状態を $|0\rangle$ に準備して (5.37) 式に示すレッドサイドバンドの π パルス $R_1^-(\pi,\pi)$ をイオン 1 に加える.

$$R_1^-(\pi,\pi)=\begin{pmatrix} 0 & -i \\ -i & 0 \end{pmatrix}$$

このパルスで,状態は $|1,g_1\rangle \to -i|0,e_1\rangle$, $|0,e_1\rangle \to -i|1,g_1\rangle$ と変化し,$|0,g_1\rangle$ は変化しないので,バスビットと制御ビットの状態は次のように変わる.

$$|0\rangle(\alpha|e_1\rangle+\beta|g_1\rangle) \to (-i\alpha|1\rangle+\beta|0\rangle)|g_1\rangle \tag{6.10}$$

これは完全なスワップ操作ではないが,本質的には変わらない.この操作により,バスビットと標的ビットの状態は $(-i\alpha|1\rangle+\beta|0\rangle)|\varepsilon_2\rangle$ ($\varepsilon_2=g_2,e_2$) となる.2 つの量子ビットの状態は,$|0,e_2\rangle,|1,e_2\rangle,|0,g_2\rangle,|1,g_2\rangle$ の 4 つの基底から構成される.次に $|1,g_2\rangle$ のみ符号が変化する操作を行う.そのため,図 6.2 に示すように,標的イオンにおいて量子ビット以外の補助準位 $|r\rangle$ を選び,それと $|g_2\rangle$ との間にレッドサイドバンド遷移の 2π パルス $R_{2r}^-(2\pi,\pi)$ を加える.この操作は,$|0,g_2\rangle$ に対しては不活性であり,また $|0,e_2\rangle$, $|1,e_2\rangle$ に対しては偏光(または周波数)が異なるので作用しない.したがって,$|1,g_2\rangle$ のみが $-|1,g_2\rangle$ へと符号が変化する.この操作の後,イオン 1 にレッドサイドバンド遷移の π パルス $R_1^-(\pi,\pi)$ を加えてバスビットの状態を制御ビットに戻す.

この一連の操作による状態の変化を示すと以下のようになる.

	$R_1^-(\pi,\pi)$		$R_{2r}^-(2\pi,\pi)$		$R_1^-(\pi,\pi)$	
$\|0,g_1,g_2\rangle$	$\to$	$\|0,g_1,g_2\rangle$	$\to$	$\|0,g_1,g_2\rangle$	$\to$	$\|0,g_1,g_2\rangle$
$\|0,g_1,e_2\rangle$	$\to$	$\|0,g_1,e_2\rangle$	$\to$	$\|0,g_1,e_2\rangle$	$\to$	$\|0,g_1,e_2\rangle$
$\|0,e_1,g_2\rangle$	$\to$	$-i\|1,g_1,g_2\rangle$	$\to$	$i\|1,g_1,g_2\rangle$	$\to$	$\|0,e_1,g_2\rangle$
$\|0,e_1,e_2\rangle$	$\to$	$-i\|1,g_1,e_2\rangle$	$\to$	$-i\|1,g_1,e_2\rangle$	$\to$	$-\|0,e_1,e_2\rangle$

すなわち，制御ビットが $|e_1\rangle$，標的ビットが $|e_2\rangle$ のときのみ符号が $-$ となっている．これは，$|e\rangle$ を $|1\rangle_q$，$|g\rangle$ を $|0\rangle_q$ に対応させたとき制御 Z ゲートになっている．したがって，シラク・ゾラーゲートでは，上記の操作の前後を標的ビットに対する $\pi/2$ パルスで挟むことにより，以下の 5 つのパルスを使って制御ノットの動作を実現する．

$$R_2(\pi/2, -\pi/2) \cdot R_1^-(\pi, \pi) \cdot R_{2r}^-(2\pi, \pi) \cdot R_1^-(\pi, \pi) \cdot R_2(\pi/2, +\pi/2) \quad (6.11)$$

6.2.4 状態依存力を用いた制御 Z ゲート

前項では，シラクとゾラーによって提案された方法を述べた．提案の後，1 個のイオンの振動状態と内部状態を用いてこの方法の検証実験が行われた[4]．2 個のイオンを用いた実験では，制御 Z ゲートの部分には別の方法が用いられている．1 つの方法は，ブルーサイドバンドの合成パルスを使って実現されている[5]．ここでは，前章に述べた，状態依存力を用いる方法を示す[14]．

この方法では，5.4.3 項 a に述べたように，2 本のレーザーによる移動定在波を使って，超微細構造準位の量子ビット $|e\rangle$, $|g\rangle$ のイオンに $\hat{\sigma}_z$ 依存力を作用させる．2 つのレーザーの角周波数差 $\Delta\omega_L = \omega_{2z} - \delta_d$ をストレッチモード近傍に設定し，強制振動により振動状態を位相空間で一周させる．COM モードでなく，ストレッチモードが使われるのは，ストレッチモードの方が外部の電場による加熱が小さいからである．この操作の時間発展演算子は，前章の（5.65）式をストレッチモードに適用し，（5.73）式を導いた方法を同様に用いると，以下のように示される．

$$U_T(2\pi/\delta_d, 0) = \exp\left[i\frac{\pi}{8}(-\hat{\sigma}_{1z} + \hat{\sigma}_{2z})^2\right] = \exp\left[i\frac{\pi}{4}(1 - \hat{\sigma}_{1z}\hat{\sigma}_{2z})\right] \quad (6.12)$$

ただし，$(\Omega_d\eta_2 b^{(2)}/\delta_d)^2 = 1/4$ が成り立つように，レーザーのパワーと離調を調整する．$\hat{\sigma}_{1z}$ の符号が負になっているのは，ストレッチモードが逆位相の振動のためである[*1]．$\hat{\sigma}_{jz}$ の固有状態は，固有値 1 に対して $|e_j\rangle$，および -1 に対して $|g_j\rangle$ である．2 つのイオンの状態 $|e_1, e_2\rangle$, $|e_1, g_2\rangle$, $|g_1, e_2\rangle$, $|g_1, g_2\rangle$ に（6.12）式の時間発展演算子を作用させると，状態 $|e_1, g_2\rangle$, $|g_1, e_2\rangle$ のみに位相 $e^{i\pi/2}$ が加わることが分かる．したがって，状態は以下のように変わる．

[*1] ストレッチモードに対する変換行列要素は付録 D により以下のように与えられる：$b_1^{(2)} = -b^{(2)} = -1/\sqrt{2}$, $b_2^{(2)} = b^{(2)} = 1/\sqrt{2}$.

$$\{|e_1, e_2\rangle, \ |e_1, g_2\rangle, \ |g_1, e_2\rangle, \ |g_1, g_2\rangle\} \rightarrow \{|e_1, e_2\rangle, \ i|e_1, g_2\rangle, \ i|g_1, e_2\rangle, \ |g_1, g_2\rangle\}$$

$$(6.13)$$

変化後の状態は，$\{-(i|e_1\rangle)(i|e_2\rangle), \ (i|e_1\rangle)|g_2\rangle, \ |g_1\rangle(i|e_2\rangle), \ |g_1\rangle|g_2\rangle\}$，あるいは $\{|e_1\rangle|e_2\rangle,$ $|e_1\rangle(i|g_2\rangle), \ (i|g_1\rangle)|e_2\rangle, \ -(i|g_1\rangle)(i|g_2\rangle)\}$ と書き換えることができる．すなわち，この操作は，制御 Z ゲート（前者は $|e\rangle\rightarrow|1\rangle_q, \ |g\rangle\rightarrow|0\rangle_q$，後者は $|g\rangle\rightarrow|1\rangle_q, \ |e\rangle\rightarrow|0\rangle_q$ に対応）と（6.4）式に示す各ビットの位相シフトゲート，前者は $e^{i\pi\bar{\sigma}_z/4} : \{|e_j\rangle, |g_j\rangle\}$ $\rightarrow\{i|e_j\rangle, |g_j\rangle\}$，後者は $e^{-i\pi\bar{\sigma}_z/4} : \{|e_j\rangle, |g_j\rangle\}\rightarrow\{|e_j\rangle, i|g_j\rangle\}$ を同時に行ったものとみなすことができる．したがって，この操作の後に位相シフトゲートを逆に戻す操作，それぞれ $e^{-i\pi\bar{\sigma}_z/4}$, $e^{i\pi\bar{\sigma}_z/4}$ を加えると，$\bar{\sigma}_z$ 基底における制御 Z ゲートを実現することができる．

■ 6.3 ベル状態の発生と量子テレポーテーション ■

6.3.1 量子もつれ状態

　量子もつれ状態の発生例を，5.3 節や 5.4 節で示した．また，制御ノットゲートによって発生させられることを示した．量子もつれ状態は，量子情報処理において中核となるものである．この状態を使って，量子テレポーテーションなどの古典的には不可能な処理が可能になる．ここでは，量子もつれ状態について必要な点をまとめておく．

　量子もつれ状態は，いくつかの複合した系において現れる．複合系は，それぞれの系の基底の直積を使って表すことができる．例えば，2 つの二準位系の状態を記述するには，それぞれの粒子の基底の直積，$|e_1, e_2\rangle, |e_1, g_2\rangle, |g_1, e_2\rangle, |g_1, g_2\rangle$ が基底として用いられる．これはしばしば，計算基底といわれる．したがって，2 つの二準位系の一般的な状態は以下のような重ね合わせで表される．

$$|\psi\rangle = c_{ee}|e_1, e_2\rangle + c_{eg}|e_1, g_2\rangle + c_{ge}|g_1, e_2\rangle + c_{gg}|g_1, g_2\rangle \tag{6.14}$$

一方，二粒子系の 1 つの状態として，積状態がある．この状態は，それぞれの粒子の状態ベクトルが，$|\psi_1\rangle = c_{e1}|e_1\rangle + c_{g1}|g_1\rangle$, $|\psi_2\rangle = c_{e2}|e_2\rangle + c_{g2}|g_2\rangle$ のようにはっきりと決まっており，2 つの状態の直積で表される．

$$|\psi_1\rangle \otimes |\psi_2\rangle = (c_{e1}|e_1\rangle + c_{g1}|g_1\rangle) \otimes (c_{e2}|e_2\rangle + c_{g2}|g_2\rangle)$$

$$= c_{e1}c_{e2}|e_1, e_2\rangle + c_{e1}c_{g2}|e_1, g_2\rangle + c_{g1}c_{e2}|g_1, e_2\rangle + c_{g1}c_{g2}|g_1, g_2\rangle \tag{6.15}$$

（6.15）式で表される積状態は，2 粒子の状態では特殊な状態であり，（6.14）式

6.3 ベル状態の発生と量子テレポーテーション   135

の一般的な状態の重ね合わせの係数間に特別な関係がない限り，(6.15) 式の形
に書くことができない．量子もつれ状態とは，(6.15) 式のような積状態の形に
書くことのできない状態のことである．量子もつれ状態には，積状態にはない粒
子間の相関がある．以下，代表的な量子もつれ状態であるベル状態（Bell
states）を使ってこれを説明する．

　ベル状態は，以下のように示される．

$$|\Psi_{12}^{\pm}\rangle = \frac{1}{\sqrt{2}}(|e_1, g_2\rangle \pm |g_1, e_2\rangle), \qquad |\Phi_{12}^{\pm}\rangle = \frac{1}{\sqrt{2}}(|e_1, e_2\rangle \pm |g_1, g_2\rangle) \qquad (6.16)$$

この 4 つの状態は，正規直交完全系をなすので基底としても用いられる．ベル状
態は最ももつれた状態で，この状態にある 2 粒子には，強い相関がある．例え
ば，$|\Psi_{12}^-\rangle$ 状態にある 2 個のイオン 1 およびイオン 2 を考える．イオン 1 に対し
て，計算基底 (z 基底) を用いて $\bar{\sigma}_z = |e\rangle\langle e| - |g\rangle\langle g|$ の測定を行い，イオンが $|e\rangle$ ($|g\rangle$)
に射影されて $+1$ (-1) が得られたとする．このときイオン 2 はもう 1 つの固有
状態 $|g\rangle$ ($|e\rangle$) に射影される．したがって，イオン 2 に対して $\bar{\sigma}_z$ の測定を行うと反
対の結果 -1 $(+1)$ が得られる．一方，$\bar{\sigma}_x$ の固有状態である x 基底 (6.17) を用
いると，$|\Psi_{12}^-\rangle$ を (6.18) 式のように書き換えることができる．

$$|+\rangle = \frac{1}{\sqrt{2}}(|e\rangle + |g\rangle), \qquad |-\rangle = \frac{1}{\sqrt{2}}(|e\rangle - |g\rangle) \qquad (6.17)$$

$$|\Psi_{12}^-\rangle = \frac{1}{\sqrt{2}}(|-_1, +_2\rangle - |+_1, -_2\rangle) \qquad (6.18)$$

ただし，$|+\rangle$, $|-\rangle$ は，それぞれブロッホ空間の $+x$ 方向，$-x$ 方向を向いたブ
ロッホベクトルに対応している．したがってイオン 1 に対して $\bar{\sigma}_x = |+\rangle\langle+| - |-\rangle$
$\langle-|$ の測定を行い $|+\rangle$ ($|-\rangle$) に射影された場合にも，計算基底を用いた場合と同様
にイオン 2 は必ずもう 1 つの固有状態 $|-\rangle$ ($|+\rangle$) に射影される．さらに $|\Psi_{12}^-\rangle$ の場
合には，任意の方向を向いた 2 つの直交基底を用いて測定を行っても，同様な結
果が得られる[*2]．このような任意の方向に成り立つ 2 つの粒子間の強い相関は，
古典的な粒子では存在しない．またこのことは，イオン 2 に対する測定を直接
行っていないにもかかわらず，イオン 1 の測定によりイオン 2 の状態が決まるこ

[*2] $|\Psi_{12}^{\pm}\rangle$ に対しては，$|e\rangle, |g\rangle$ をそれぞれ z 軸の周りに θ だけ回転させた 2 つの基底，$|\Phi_{12}^{\pm}\rangle$ に対しては，
$|e\rangle, |g\rangle$ を y 軸の周りに回転させた基底，$|\Phi_{12}^-\rangle$ に対しては，$|e\rangle, |g\rangle$ を x 軸の周りに回転させた基底，を
用いた場合に同じ相関が得られる．

とも意味している．さらに，2つの粒子がどのように離れていても，片方の粒子が測定され $\bar{\sigma}_z$ の値が確定した瞬間，もう一方の粒子の $\bar{\sigma}_z$ の値が確定する．これを非局所相関，あるいは EPR 相関（Einstein-Podolsky-Rosen correlations）という．古典的な系では考えられない奇妙な性質であるが，量子もつれ状態の特徴である．

　量子もつれ状態 $|\Psi_{12}^-\rangle$ は，2つのイオンからなる合成系のオブザーバブル $\bar{\sigma}_{1z}+\bar{\sigma}_{2z}$ の固有状態であるので，$\bar{\sigma}_{1z}+\bar{\sigma}_{2z}$ を測定すると必ず 0 が得られる．したがって全体の系の物理量 $\bar{\sigma}_{1z}+\bar{\sigma}_{2z}$ はこの状態において確定値を持つ．一方，この部分系であるイオン 1 の物理量 $\bar{\sigma}_{1z}$，あるいはイオン 2 の物理量 $\bar{\sigma}_{2z}$ は，測定するまでは確定した値を持たず，測定して初めてその値が確定する．測定を行うことによって，± 1 の値がランダムに得られ，状態はそれぞれ $|e\rangle, |g\rangle$ へ射影される．このように全体の系が確定値を持つのに対し，その構成要素である部分系は全く確定していない．これも，古典的な系ではありえない量子もつれ状態の特徴である．このため，2つの粒子のうちの1つの粒子の情報が全くない場合には，もう1つの粒子は混合状態になる．粒子1を持っている人が粒子2の情報を全く知らないで，自分の粒子1の $\bar{\sigma}_{1z}$ を測定する場合を考える．このとき，期待値は $\mathrm{Tr}[\bar{\rho}(\bar{\sigma}_{1z}\otimes\hat{I}_2)]$ で計算される．$\hat{I}_2$ は粒子2の恒等演算子である．この期待値は以下のように変形される．

$$\mathrm{Tr}[\bar{\rho}(\bar{\sigma}_{1z}\otimes\hat{I}_2)]=\mathrm{Tr}_1[\bar{\sigma}_{1z}\mathrm{Tr}_2(\bar{\rho})]=\mathrm{Tr}_1[\bar{\rho}_1\bar{\sigma}_{1z}], \qquad \bar{\rho}_1\equiv\mathrm{Tr}_2(\bar{\rho}) \quad (6.19)$$

$\mathrm{Tr}_2(\bar{\rho})$ の意味は，密度演算子のうち，粒子2の部分の対角和のみを先にとることである．このような操作は部分対角和（partial trace）をとるといわれ，得られる密度演算子は縮約密度演算子（reduced density operator）とも呼ばれる．したがって，粒子1の状態は，粒子2が未知の場合は，$\bar{\rho}_1=\mathrm{Tr}_2(\bar{\rho})$ の縮約密度演算子で表されることになる．(6.16) 式の $|\Psi_{12}^-\rangle$ を例にとり，この2粒子に対する密度演算子を計算すると以下のようになる．

$$\bar{\rho}=|\Psi_{12}^-\rangle\langle\Psi_{12}^-|=\frac{|g_1,e_2\rangle\langle g_1,e_2|+|e_1,g_2\rangle\langle e_1,g_2|-|g_1,e_2\rangle\langle e_1,g_2|-|e_1,g_2\rangle\langle g_1,e_2|}{2}$$

この状態を，粒子2について対角和をとると以下のようになる．

$$\bar{\rho}_1=\mathrm{Tr}_2(\bar{\rho})=\frac{|g_1\rangle\langle g_1|+|e_1\rangle\langle e_1|}{2} \qquad (6.20)$$

これは，粒子1の混合状態の密度演算子である．したがって上に述べたように，2つの粒子が量子もつれ状態にあるとき，もう1つの状態を全く知らない場合に

は，全体の系が純粋状態にあったとしても，部分系の状態は混合状態になる．(6.15) 式で表される積状態の場合には，このようなことは起こらない．この状態の密度演算子に対して，粒子 2 の部分対角和をとっても，粒子 1 の密度演算子は $\tilde{\rho}_1 = |\phi_1\rangle\langle\phi_1|$ の純粋状態のままである．

6.3.2　ベル状態の発生

前項で述べたように，ベル状態は 2 つの粒子の量子もつれ状態の代表的なものであり，イオントラップを用いた量子情報処理の多くの実験において用いられている．例えば，ベル状態を発生させることにより，局所的な隠れた変数理論を否定するベルの不等式の破れの実証実験が行われている[15]．ベル状態を発生させるには，いくつかの方法がある．前章で示した状態依存力を使う方法はその 1 つである．(5.76) 式に示した状態は，$\tilde{\Omega}t = \pi/2$ のとき，位相を状態に含めるとベル状態の一種と考えられる．ここでは，この方法とは別に，個別にイオンを操作して発生させる方法を示す．この実験は，2 個の Ca^+ イオンを用いて行われた[16]．量子ビット $|e\rangle, |g\rangle$ としては，準安定準位 $^2D_{5/2}$, $m_j = -1/2$ および基底準位 $^2S_{1/2}$, $m_j = -1/2$ がそれぞれ使われている．また，バスビットとしてストレッチモードの $|0\rangle, |1\rangle$ が使われている．ベル状態の発生は次の手順で行われる．以下の回転演算子は (5.36)，(5.37) 式を用いている．

①初期状態：$|0, g_1, g_2\rangle$

②イオン 1 にブルーサイドバンドの $\pi/2$ パルス $R_1^+(\pi/2, -\pi/2)$ を加える．状態は次のようになる．

$$\frac{|0, g_1, (g_2)\rangle + |1, e_1, (g_2)\rangle}{\sqrt{2}}$$

ただし，(g_2) のように括弧で囲んだイオンは，この操作では変わらないことを意味している．

③イオン 2 にキャリア π パルス $R_2(\pi, \pi/2)$ を加える．状態は次のようになる．

$$-\frac{|0, (g_1), e_2\rangle + |1, (e_1), e_2\rangle}{\sqrt{2}}$$

④イオン 2 にブルーサイドバンドの π パルス $R_2^+(\pi, \pm\pi/2)$ を加える．状態は次のようになり，ベル状態 $|\Psi_{12}^\pm\rangle$ が得られる（以下の式は複合同順である）．

$$-\frac{|0, (g_1), e_2\rangle \pm |0, (e_1), g_2\rangle}{\sqrt{2}} = \mp|0\rangle|\Psi_{12}^\pm\rangle$$

$|\Phi_{12}^{\pm}\rangle = (|e_1, e_2\rangle \pm |g_1, g_2\rangle)/\sqrt{2}$ を作るにはさらに次の操作を加える.

⑤イオン 2 にキャリア π パルス $R_2(\pi, 0)$ を加える.

$$-i\frac{|0, (g_1), g_2\rangle \pm |0, (e_1), e_2\rangle}{\sqrt{2}} = \mp i|0\rangle|\Phi_{12}^{\pm}\rangle$$

このように，個別のレーザーパルスを組み合わせることによって，ベル状態を発生させることができる．発生した状態に対して，量子状態トモグラフィーによって密度行列を求め，この操作の忠実度が評価されている．

6.3.3　量子テレポーテーション

ベル状態を利用すると，3 粒子を使った量子テレポーテーション（quantum teleportation）の実験が可能になる．今，アリスとボブが通信をしているとする．アリスはボブのところへ自分の持つ粒子 u の未知の量子状態 $|\psi_u\rangle$ を送りたい．

$$|\psi_u\rangle = \alpha|e_u\rangle + \beta|g_u\rangle \tag{6.21}$$

古典的な情報の場合は，その状態のコピーをとって送ることができる．しかしながら量子情報については，未知の量子状態のコピーをとることは，クローン禁止定理により不可能であることが知られている．この場合，アリスはコピーをとって送る代わりに，量子もつれを利用して，離れた地点に未知の量子状態を移すことが可能である．これを量子テレポーテーションという．これが可能になる前提条件として，アリスとボブは，ベル状態 $|\Psi_{ab}^{-}\rangle$ にある a, b の 2 つの粒子を，それぞれ分け合って持っていることが必要である．

$$|\Psi_{ab}^{-}\rangle = \frac{1}{\sqrt{2}}(|e_a, g_b\rangle - |g_a, e_b\rangle) \tag{6.22}$$

ただし，ケットの最初の記号はアリス，2 番目の記号はボブの量子ビットの状態を表す．ここではベル状態として $|\Psi_{ab}^{-}\rangle$ を用いるが，他のベル状態でもよい．

未知の量子ビットと，量子もつれ状態の 2 粒子を含めた初期状態は，以下のように書くことができる．

$$|\psi_u\rangle|\Psi_{ab}^{-}\rangle = \frac{(\alpha|e_u\rangle + \beta|g_u\rangle)(|e_a, g_b\rangle - |g_a, e_b\rangle)}{\sqrt{2}} \tag{6.23}$$

アリスには，未知の量子ビットともつれた量子ビットのうちの 1 つが手元にある．アリスの持っている 2 つの量子ビットを，(6.16) 式のベル基底を使って書

6.3 ベル状態の発生と量子テレポーテーション

き替えると以下のようになる.

$$|\phi_u\rangle|\Psi_{ab}^-\rangle = \frac{1}{2}|\Psi_{au}^-\rangle(\alpha|e_b\rangle + \beta|g_b\rangle) - \frac{1}{2}|\Psi_{au}^+\rangle(\alpha|e_b\rangle - \beta|g_b\rangle)$$

$$+ \frac{1}{2}|\Phi_{au}^-\rangle(\beta|e_b\rangle + \alpha|g_b\rangle) + \frac{1}{2}|\Phi_{au}^+\rangle(-\beta|e_b\rangle + \alpha|g_b\rangle) \qquad (6.24)$$

この式より次のことが分かる. アリスが自分の2つの量子ビットを測定して, どのベル状態にあるかということを知ると, ボブの量子ビットは, ある重ね合わせ状態に移る. この状態はアリスの測定結果に応じて未知の量子ビットに特定のゲート操作を施した状態に対応している. したがって, アリスは, ベル状態を判別する測定を自分の量子ビットに対して行うと, ボブが未知の量子ビットの状態を得るためにどのようなゲート操作をしたらよいか分かることになる. この情報をボブに送ると, それをもとにボブは手元の量子ビットにゲート操作を行い未知の状態を再現できる.

アリスの行う測定はベル測定といわれる. ベル測定の量子回路は図6.3に示される. まず, アリスの持っているaを制御ビット, 未知の量子ビットuを標的ビットとして制御ノット操作を行う (逆の役割でもよい). 制御ノット操作において $|e\rangle \rightarrow |0\rangle_q$, $|g\rangle \rightarrow |1\rangle_q$ と対応させると, ベル状態はそれぞれ以下のように変わる.

$$|\Psi_{au}^-\rangle = \frac{|e_a, g_u\rangle - |g_a, e_u\rangle}{\sqrt{2}} \quad \rightarrow \quad \frac{(|e_a\rangle - |g_a\rangle)|g_u\rangle}{\sqrt{2}}$$

$$|\Psi_{au}^+\rangle = \frac{|e_a, g_u\rangle + |g_a, e_u\rangle}{\sqrt{2}} \quad \rightarrow \quad \frac{(|e_a\rangle + |g_a\rangle)|g_u\rangle}{\sqrt{2}}$$

$$|\Phi_{au}^-\rangle = \frac{|e_a, e_u\rangle - |g_a, g_u\rangle}{\sqrt{2}} \quad \rightarrow \quad \frac{(|e_a\rangle - |g_a\rangle)|e_u\rangle}{\sqrt{2}}$$

$$|\Phi_{au}^+\rangle = \frac{|e_a, e_u\rangle + |g_a, g_u\rangle}{\sqrt{2}} \quad \rightarrow \quad \frac{(|e_a\rangle + |g_a\rangle)|e_u\rangle}{\sqrt{2}}$$

さらに量子ビットaに対して, 図6.3の左の図にあるアダマールゲートHの代わりに (5.36) 式の $R(\pi/2, \pi/2)$ を作用させると, $(|e_a\rangle + |g_a\rangle)/\sqrt{2} \rightarrow |g_a\rangle$, $(|e_a\rangle - |g_a\rangle)/\sqrt{2} \rightarrow |e_a\rangle$ となるので, ベル状態は最終的に以下のようになる.

$$|\Psi_{au}^-\rangle \rightarrow |e_a, g_u\rangle, \qquad |\Psi_{au}^+\rangle \rightarrow |g_a, g_u\rangle, \qquad |\Phi_{au}^-\rangle \rightarrow |e_a, e_u\rangle, \qquad |\Phi_{au}^+\rangle \rightarrow |g_a, e_u\rangle$$

この状態に対して, 計算基底 $|e_a, e_u\rangle$, $|g_a, e_u\rangle$, $|e_a, g_u\rangle$, $|g_a, g_u\rangle$ を用いて測定を行うと, 最初にどのベル状態であったかを知ることができる. 例えば測定の結果, 状

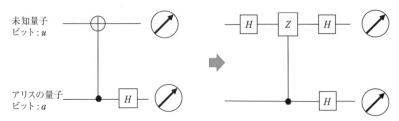

●図6.3　ベル測定の量子回路（左）と等価回路（右）

態が $|g_a, g_u\rangle$ になったとすると，アリスの量子ビットは $|\Psi_{au}^+\rangle$ であったことが分かる．

アリスのベル測定の結果が $|e_a, g_u\rangle$ のとき，ボブの量子ビットは $(\alpha|e_b\rangle + \beta|g_b\rangle)$, $|g_a, g_u\rangle$ のとき $(\alpha|e_b\rangle - \beta|g_b\rangle)$, $|e_a, e_u\rangle$ のとき $(\beta|e_b\rangle + \alpha|g_b\rangle)$, $|g_a, e_u\rangle$ のとき $(-\beta|e_b\rangle + \alpha|g_b\rangle)$ となる．アリスは，古典的な通信路を用いて，どのベル状態が測定で得られたかという2ビットの情報をボブに伝える．ボブはその情報を用いて，自分の量子ビットに次の操作を行う．$|e_a, g_u\rangle$ のとき，何もしない．$|g_a, g_u\rangle$ のとき，$\hat{\sigma}_z$ を操作する．$|e_a, e_u\rangle$ のとき，$\hat{\sigma}_x$ を操作する．$|g_a, e_u\rangle$ のとき，$\hat{\sigma}_z\hat{\sigma}_x = i\hat{\sigma}_y$ を操作する．この操作により，ボブの量子ビットは $|\phi_b\rangle = \alpha|e_b\rangle + \beta|g_b\rangle$ となり，未知の量子ビットの状態が再現される．すなわち，アリスからボブへ未知の量子ビットの状態が送られたことになる．一方，アリスの側にある未知の量子ビットは，最終的には測定によって変化しており，初期の状態は残らない．量子テレポーテーションの語源はここにある．

3個のイオンを使った量子テレポーテーションの実験は2004年に2つの研究グループによってなされた[8,9]．図6.4にNISTの行った実験のフローチャートを示す[9]．この実験では，図に示す8つのセクションに分割されたDC電極からなるイオントラップが用いられた．DC電圧を変えることで，イオンを異なったトラップ間で移動させることができる．量子ビットとしては，Be^+ イオンの基底状態の超微細構造準位 $|F=1, m=-1\rangle \equiv |e\rangle, |F=2, m=-2\rangle \equiv |g\rangle$ が，また状態操作には誘導ラマン遷移が用いられた．励起準位 $^2P_{3/2}$ との間のサイクリング遷移により，$|g\rangle$ のみが蛍光を発することで状態を検出する．イオン1がアリス，イオン3がボブ，イオン2が未知の量子ビットに対応する．

手順1は，ベル状態とテレポートする未知の状態の準備である．まず，トラッ

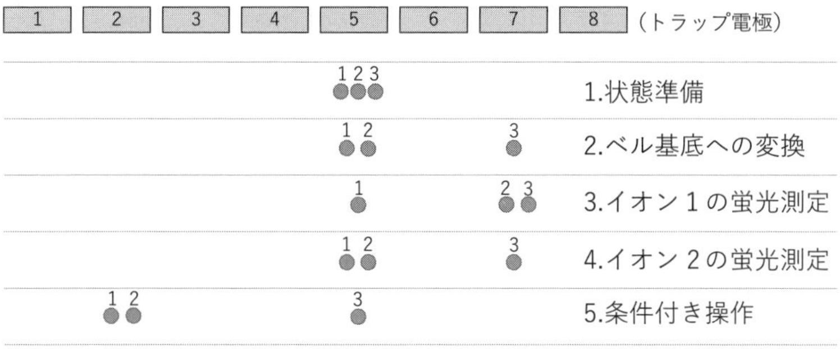

6.3 ベル状態の発生と量子テレポーテーション   141

1	2	3	4	5	6	7	8	（トラップ電極）

				●●● (1 2 3)				1.状態準備
				●● (1 2)		● (3)		2.ベル基底への変換
				● (1)		●● (2 3)		3.イオン1の蛍光測定
				●● (1 2)		● (3)		4.イオン2の蛍光測定
	●● (1 2)			● (3)				5.条件付き操作

●図 6.4　3 個のイオンを使った量子テレポーテーションの実験フローチャート

プ領域 5 にある 3 個のイオンを振動基底状態まで冷却し，さらに光ポンピングによって内部状態を $|g_1, g_2, g_3\rangle$ に準備する．次に 3 個のイオンに等しく，一連の操作 $R(\pi/2, -\pi/2)$，位相ゲート G，$R(3\pi/2, -\pi/2)$ を順次行う．最後のキャリア $3\pi/2$ パルスは，π パルス，$\pi/2$ パルスの 2 つに分割してあり，最初の $\pi/2$ パルスを含めた 3 つのキャリアパルスはスピンエコー型の配置になっている．位相ゲート G は，$\tilde{\sigma}_z$ 依存力を用いた（6.13）式の変換を持つイオン 1，3 に対する操作である．振動モードとして 3 個のイオンのストレッチモードを用いるため，すべてのイオンにレーザーパルスを照射しても，このモードで動かない中央のイオン 2 には，位相ゲート G は働かない．この一連の操作により，イオンの内部状態は $-(e^{i\pi/4}/\sqrt{2})(|g_1, g_3\rangle - i|e_1, e_3\rangle)|g_2\rangle$ へ変化する．次にスピンエコー型に配置した一連のキャリアパルス，$R(\pi/2, -\pi/4)$，$R(\pi, \varphi_j)$，$R(\pi/2, -\pi/4)$ をすべてのイオンに順次加える．2 番目の π パルスの位相は，それぞれのイオンに対して，$\varphi_1 = -\pi/2$，$\varphi_2 = -\pi/4$，$\varphi_3 = 0$ である．中央のイオンに対して左右のイオンの位相は，それぞれ $\pm\pi/4$ だけ異なっている．これはトラップのポテンシャルを変えて，各イオンの位置をずらすことで実行されている．中央のイオン 2 には，位相の一定な $\pi/2$，π，$\pi/2$ パルスが続けて加わるので，状態は変化しない．イオン 1 および 3 の状態はこの操作により，$(|e_1, g_3\rangle - |g_1, e_3\rangle)/\sqrt{2}$ に変化する．したがって，最終的に 3 個のイオンの状態は，$(1/\sqrt{2})(|e_1, g_3\rangle - |g_1, e_3\rangle)|g_2\rangle = |\Psi_{13}^-\rangle|g_2\rangle$ になる．この状態に，任意の状態を発生するためのキャリアパルス $R(\theta, \varphi)$ を 3 個のイオンに同時に加えると，未知の量子ビットをイオン 2 に発生させることができる．この操作では，イオン 1 と 3 の状態は一重項状態の $|\Psi_{13}^-\rangle$ にあるので $R_1(\theta, \varphi)R_3(\theta, \varphi)|\Psi_{13}^-\rangle$

$=|\Psi_{13}^-\rangle$ が成り立ち，状態は変化しない.

手順2では，イオン1，2（アリスの手元の量子ビット）のみをトラップ領域5に残して，図6.3に示したベル測定の量子回路の測定以外の部分を実施する．図の右側の等価回路において，未知の量子ビット（イオン2）に作用する最初のアダマールゲート H は，$R_2(\pi/2, -\pi/2)$ で置き換えることができる．また，制御 Z ゲートは位相ゲート G で置き換えることができる．位相ゲート G の後に，2つの量子ビットに作用するアダマールゲートは，等しい重ね合わせ状態を計算基底に移す操作である．位相ゲート G は $|e\rangle$, $i|g\rangle$ を基底とみなした制御 Z ゲートであるので，$(|e\rangle+i|g\rangle)/\sqrt{2}$, $(|e\rangle-i|g\rangle)/\sqrt{2}$ をそれぞれ計算基底に戻す操作をすればよい．これは，$R(\pi/2, 0)$ で代用できる．この量子回路により，例えばベル基底 $|\Phi_{12}^+\rangle$ は以下のように計算基底へ変換する．

$$R_2(\pi/2, 0)\cdot R_1(\pi/2, 0)\cdot G\cdot R_2(\pi/2, -\pi/2)|\Phi_{12}^+\rangle = i|g_1\rangle|e_2\rangle$$

他のベル状態も同様に計算基底へ移る．最初に未知の量子ビット（イオン2）に作用する $R_2(\pi/2, -\pi/2)$ は，省くことができる．省いた場合は，図6.3の右の回路の左側にある H を省いた位置に $R_2(\pi/2, -\pi/2)$ を加えると同時に，入力する未知の量子ビットを $R_2^{-1}(\pi/2, -\pi/2)|\psi_u\rangle$ に置き換えることと等価である．このため，テレポートされる状態は $R_2^{-1}(\pi/2, -\pi/2)|\psi_u\rangle$ となる．したがって，手順5の条件付き操作において，イオン3に最初に $R_3(\pi/2, -\pi/2)$ を作用させると，$|\psi_u\rangle$ がテレポートされたことになる．

手順3では，イオン1のみをトラップ領域5に残して，状態検出レーザーを照射して蛍光の有無を測定する．その後イオン1を蛍光の発しない $|e\rangle$ に移す．手順4ではイオン1および2をともにトラップ領域5に移して，再びレーザーを照射する．イオン1は蛍光を発しない状態にあるので，この照射により，イオン2の蛍光の有無を測定することができる．手順5では，イオン3（ボブの量子ビット）のみをトラップ領域5に移して，まず，テレポートされる状態を $|\psi_u\rangle$ に戻すため $R_3(\pi/2, -\pi/2)$ をイオン3に加える．その後，手順3,4で得られた蛍光測定の結果に従って，イオン3にユニタリ変換を行う．

実験では，$R(\pi/2, \varphi)$ を作用させて作った，イオン2の等しい重ね合わせ状態をイオン3にテレポートした．その後，イオン3に $R(\pi/2, \varphi_{fix})$ を加えラムゼイ干渉を観測した．位相 φ を変えて干渉縞のコントラストを測定することにより，この操作の忠実度の評価を行い，量子もつれのない場合の $2/3$ を上回る 0.78 を

得ている.

■ 6.4 多粒子量子もつれ状態の発生 ■

6.4.1 GHZ 状態の発生

6.3.2 項で述べたベル状態の発生方法をさらに発展させると，多粒子量子もつれ状態を発生させることができる．多粒子量子もつれ状態は，測定ベースの量子計算，分散型量子ネットワーク，量子通信における量子鍵配送，量子計測などにおいて重要な資源となる．多粒子量子もつれ状態には，GHZ 状態（Greenberger-Horne-Zeilinger state），ディッケ状態（Dicke state），グラフあるいはクラスター状態（graph state, cluster state）などいくつかのファミリーがあることが知られている．また，生成された多粒子の量子状態が量子もつれ状態になっているかどうか，あるいはどのファミリーに属しているかなどの検出方法や評価方法について多く研究がなされている[17]．ここでは，イオンを用いた発生方法を中心に述べる．

N 個の量子ビットの GHZ 状態は以下のように定義される．

$$|\Psi_{\mathrm{GHZ}}\rangle = \frac{|e, e, \cdots, e\rangle + |g, g, \cdots, g\rangle}{\sqrt{2}} \tag{6.25}$$

この状態は，最も異なった 2 つの状態の重ね合わせであり，最大にもつれた状態といわれる．また，1 番目の量子ビットをミクロな系，他の残りの量子ビットを単一の"マクロな"系（cat system）と考えると，ミクロな系が"マクロな"系ともつれた状態にあるとみなすことができる．したがって，しばしばシュレーディンガーの猫状態といわれることもある．5.4.3 項で述べた状態依存力による量子操作を用いると，GHZ 状態を容易に発生させることができる．この方法では，N 個のイオンに等しい強度で，2 色のレーザーを重心運動モードのレッド，ブルーサイドバンド近傍の周波数にそれぞれ設定して照射する．振動状態を位相空間で一周させた場合には，（5.73）式に示す時間発展演算子が得られる．

$$\widehat{U}_{\mathrm{T}}\left(\frac{2\pi}{\delta_{\mathrm{d}}}, 0\right) = \exp\left(i\frac{\pi}{2}\widehat{J}_y^2\right), \qquad \widehat{J}_y = \sum_{j=1}^{N} \frac{\widehat{\sigma}_{jy}}{2} \tag{6.26}$$

この時間発展演算子を用いると，GHZ 状態を発生させることができる．以後，この節では N 個のイオンの内部状態を，角運動量演算子の固有状態で表す．こ

144　　　　　　　　　　　6. 量子情報処理への応用

れまで述べたように，二準位原子は，スピン 1/2 を持つ粒子と等価に扱うことが
できる．したがって，N 個の二準位原子の状態を，スピン 1/2 を持つ N 個の粒
子の角運動量を合成した状態を使って記述することができる．この状態は，全角
運動量演算子を $\vec{J}=\sum_{i=1}^{N}\vec{\sigma}_i/2$ で定義すると，角運動量の固有状態 $|J,M,\eta\rangle$ で表
すことができる[*3]．J は角運動量量子数で，$\vec{J}^2=\hat{J}_x^2+\hat{J}_y^2+\hat{J}_z^2$ の固有値が
$J(J+1)$ であることを示す．M は z 成分 $\hat{J}_z=\sum_{i=1}^{N}\sigma_{iz}/2$ の固有値を表す．η は縮退
を区別する指数である．ここで扱う，最大の角運動量 $J=N/2$ を持つ状態には
縮退はないので，η を省略する．この表記を用いると，すべて励起準位にある状
態は $|e,e,\cdots,e\rangle=|N/2,N/2\rangle$，すべて基底準位にある状態は $|g,g,\cdots,g\rangle=|N/2,$
$-N/2\rangle$ と表される．

　まず，イオンの個数 N が偶数個の場合に，演算子 $\hat{U}_N^{\text{even}}=\exp\left(i(\pi/2)\hat{J}_y^2\right)$ の
$|N/2,-N/2\rangle$ への作用を考える[18,19]．以下の関係が成り立つことに注意す
る．
$$e^{-i\pi\hat{J}_y}|N/2,N/2\rangle=e^{-i(\pi/2)(\sigma_{1y}+\sigma_{2y}+\cdots+\sigma_{Ny})}|e,e,\cdots,e\rangle=|N/2,-N/2\rangle$$
なぜなら，(5.32) 式を用いて，$e^{-i(\pi/2)\sigma_y}|e\rangle=-i\sigma_y|e\rangle=(-|e\rangle\langle g|+|g\rangle\langle e|)|e\rangle=|g\rangle$ とな
るためである．したがって，$|N/2,N/2\rangle$ と $|N/2,-N/2\rangle$ の重ね合わせ状態に対
して以下の式が成り立つ．
$$|N/2,N/2\rangle\pm|N/2,-N/2\rangle=\left(1\pm e^{-i\pi\hat{J}_y}\right)|N/2,N/2\rangle \qquad (6.27)$$
ここで，右辺の $|N/2,N/2\rangle$ を $\hat{J}_y$ の基底を用いて $|N/2,N/2\rangle=\sum c_M|N/2,M\rangle_y$ の
形に展開すると，以下の式が得られる．
$$|N/2,N/2\rangle\pm|N/2,-N/2\rangle=\sum\left[1\pm(-1)^M\right]c_M|N/2,M\rangle_y \qquad (6.28)$$
N が偶数のときは M は整数なので，$|N/2,N/2\rangle+|N/2,-N/2\rangle$ は偶数の $M=$
$2p$ を持つ $|N/2,M\rangle_y$ のみの和からなることが分かる．一方，$|N/2,N/2\rangle-$
$|N/2,-N/2\rangle$ は，奇数の $M=2p+1$ を持つ $|N/2,M\rangle_y$ の和のみからなることが
分かる．ただし p は整数である．演算子 $\hat{U}_N^{\text{even}}=\exp\left(i(\pi/2)\hat{J}_y^2\right)$ を $|N/2,N/2\rangle+$
$|N/2,-N/2\rangle$ に作用させると，各展開項の M は偶数なので，各項に $\exp\left(i2\pi p^2\right)$
$=1$ が掛かることになって変化しない．一方，$|N/2,N/2\rangle-|N/2,-N/2\rangle$ に作用
させると，各展開項の M は奇数なので，各項に $\exp\left[i2\pi(p^2+p)+i\pi/2\right]=i$ が掛
かることになる．したがって，以下の式が成り立つ．

───────────────
[*3] ここで用いる角運動量は通常の角運動量を $\hbar$ で割ったものである．

6.4 多粒子量子もつれ状態の発生

$$\widehat{U}_N^{\text{even}}(|N/2, N/2\rangle + |N/2, -N/2\rangle) = |N/2, N/2\rangle + |N/2, -N/2\rangle$$

$$\widehat{U}_N^{\text{even}}(|N/2, N/2\rangle - |N/2, -N/2\rangle) = i(|N/2, N/2\rangle - |N/2, -N/2\rangle)$$

この式を $\widehat{U}_N^{\text{even}}|N/2, -N/2\rangle$, $\widehat{U}_N^{\text{even}}|N/2, N/2\rangle$ について解くと以下の式が得られる.

$$\widehat{U}_N^{\text{even}}|N/2, -N/2\rangle = \frac{e^{-i\pi/4}}{\sqrt{2}}|N/2, N/2\rangle + \frac{e^{i\pi/4}}{\sqrt{2}}|N/2, -N/2\rangle \quad (6.29)$$

$$\widehat{U}_N^{\text{even}}|N/2, N/2\rangle = \frac{e^{i\pi/4}}{\sqrt{2}}|N/2, N/2\rangle + \frac{e^{-i\pi/4}}{\sqrt{2}}|N/2, -N/2\rangle \quad (6.30)$$

N が奇数の場合は, 各イオンにグローバルに $\pi/2$ パルスを加えた $\widehat{U}_N^{\text{odd}} = \exp(i(\pi/2)\widehat{J}_y) \exp(i(\pi/2)\widehat{J}_y^2)$ を作用させる. この場合は, (6.27) 式に対応して以下の (6.31) 式を考える.

$$|N/2, N/2\rangle \pm i|N/2, -N/2\rangle = (1 \pm e^{-i\pi(J_y - 1/2)}) |N/2, N/2\rangle \quad (6.31)$$

また, 前と同様に右辺を $\widehat{J}_y$ の基底で展開することにより, 以下の (6.32) 式が得られる.

$$|N/2, N/2\rangle \pm i|N/2, -N/2\rangle = \sum \left[1 \pm (-1)^{M-1/2}\right] c_M |N/2, M\rangle_y \quad (6.32)$$

M は半整数である. これより, $|N/2, N/2\rangle + i|N/2, -N/2\rangle$ は, $M = 2p + 1/2$ を持つ $|N/2, M\rangle_y$ の和からなることが分かる. また, $|N/2, N/2\rangle - i|N/2, -N/2\rangle$ は, $M = 2p - 1/2$ を持つ $|N/2, M\rangle_y$ の和からなることが分かる. 演算子 $\widehat{U}_N^{\text{odd}} = \exp\left[i(\pi/2)\widehat{J}_y(\widehat{J}_y + 1)\right]$ を $|N/2, N/2\rangle + i|N/2, -N/2\rangle$ に作用させると, 各項に $e^{i3\pi/8}$ が掛かることになる. $|N/2, N/2\rangle - i|N/2, -N/2\rangle$ に作用させると, 各項に $e^{-i\pi/8}$ が掛かることになる. したがって, 以下の式が成り立つ.

$$\widehat{U}_N^{\text{odd}}(|N/2, N/2\rangle + i|N/2, -N/2\rangle) = e^{i3\pi/8}(|N/2, N/2\rangle + i|N/2, -N/2\rangle)$$

$$\widehat{U}_N^{\text{odd}}(|N/2, N/2\rangle - i|N/2, -N/2\rangle) = e^{-i\pi/8}(|N/2, N/2\rangle - i|N/2, -N/2\rangle)$$

これを, $\widehat{U}_N^{\text{odd}}|N/2, -N/2\rangle$, $\widehat{U}_N^{\text{odd}}|N/2, N/2\rangle$ について解くと以下の式が得られる.

$$\widehat{U}_N^{\text{odd}}|N/2, -N/2\rangle = \frac{e^{i\pi/8}}{\sqrt{2}}(|N/2, N/2\rangle + |N/2, -N/2\rangle) \quad (6.33)$$

$$\widehat{U}_N^{\text{odd}}|N/2, N/2\rangle = \frac{e^{i\pi/8}}{\sqrt{2}}(|N/2, N/2\rangle - |N/2, -N/2\rangle) \quad (6.34)$$

したがって, 演算子 $\widehat{U}_N^{\text{even}}$ あるいは $\widehat{U}_N^{\text{odd}}$ のいずれの場合でも, 状態 $|N/2, -N/2\rangle$ (あるいは $|N/2, N/2\rangle$) に作用させると, $|N/2, N/2\rangle$ と $|N/2, -N/2\rangle$ を

重ね合わせた GHZ 状態を発生させることができる.

GHZ 状態は，実験で生成した状態の忠実度の評価が容易である．(6.25) 式を使うとこの状態の忠実度は以下のように，密度行列の 3 つの成分のみで表される．

$$F=\langle \Psi_{\mathrm{GHZ}}|\hat{\rho}|\Psi_{\mathrm{GHZ}}\rangle = \frac{1}{2}(\rho_{\mathrm{ee\cdots e, ee\cdots e}} + \rho_{\mathrm{gg\cdots g, gg\cdots g}}) + \mathrm{Re}(\rho_{\mathrm{ee\cdots e, gg\cdots g}})$$

密度行列の対角成分は，GHZ 状態を生成後，N 個のイオンの蛍光測定を行い，すべてのイオンが $|e\rangle$ にある確率 $P_{\mathrm{ee\cdots e}}$，およびすべてのイオンが $|g\rangle$ にある確率 $P_{\mathrm{gg\cdots g}}$ を測定すれば求められる．非対角成分はパリティ測定で得られる．パリティは以下で定義される．

$$\Pi = \langle \hat{\sigma}_{1z} \hat{\sigma}_{2z} \hat{\sigma}_{3z} \cdots \hat{\sigma}_{Nz} \rangle = \sum_{j=0}^{N}(-1)^{j} P_{j}$$

ただし，P_j は N 個のイオンの蛍光測定を行ったとき，j 個のイオンが $|g\rangle$ にある（発光する）確率である．生成された状態にある N 個のイオンすべてにキャリアパルス $R(\pi/2, \pi/2+\varphi)$ を作用させて，パリティを測定する．生成された状態が大きな非対角成分 $\rho_{\mathrm{ee\cdots e, gg\cdots g}}$ を持っていると，位相を変えて測定したパリティ信号の中に，位相 φ に対して $\cos N\varphi$ で振動する成分が観測される．図 6.5 は，2 個および 4 個のイオンを用いて GHZ 状態を発生させたときのパリティ信号を測

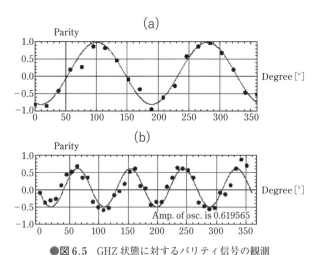

●図 6.5　GHZ 状態に対するパリティ信号の観測
(a) は 2 個，(b) は 4 個のイオンに対する信号．それぞれ $\cos 2\varphi, \cos 4\varphi$ で振動する成分が観測される．

定したものである[*4]. それぞれ, $\cos 2\varphi, \cos 4\varphi$ で変動する成分が観測されている. 実際に, 状態 $\hat{\rho}$ にキャリアパルス $R(\pi/2, \pi/2+\varphi)$ を作用させた場合のパリティの期待値を計算すると, $\cos N\varphi$ で振動する成分は $(-1)^N 2|\rho_{ee\cdots e,\,gg\cdots g}|\cos(N\varphi+\theta)$ と求めることができる. ただし, $\rho_{ee\cdots e,\,gg\cdots g}=|\rho_{ee\cdots e,\,gg\cdots g}|\exp(i\theta)$ である. したがって, この振動成分の振幅の測定から非対角成分が得られ, 忠実度を評価することができる[20].

状態依存力を用いた GHZ 状態の発生方法は, 前にも述べたように実験条件に対してロバストであり, また一挙に多数個のイオンを操作できる. したがって, 実験にも多く用いられている. 2 個のイオンを用いた実験では忠実度として 0.993 が得られている[21]. また, 最大 14 個のイオンを用いた生成も確認されている[22].

6.4.2 GHZ 状態を用いたラムゼイ干渉の精度向上

GHZ 状態を用いると, 分光学や原子時計において, スペクトルの中心を求める精度を向上させることができる. 第 3 章で述べたラムゼイ干渉法を使って, N 個のイオンの量子ビット遷移の中心周波数を精度よく測定する問題を考える. ラムゼイ干渉は, 量子情報的な観点から記述すると, イオンに $\pi/2$ パルスを加えたのち, ドリフト時間 T の間に位相シフトゲート $\exp(i\phi\hat{J}_z)$ を働かせ, T 秒後にもう一度 $\pi/2$ パルスを加えるという操作である.

まず, N 個のイオンが全く独立に, 基底準位 $|g\rangle$ に準備された場合のラムゼイ干渉信号を考える. この場合, 各原子は独立にレーザーと相互作用するので, (3.48) 式を使うと, ラムゼイ干渉の操作を行った後の状態は以下の積状態になる.

$$\prod_{j=1}^{N}(c_g|g_j\rangle+c_e|e_j\rangle) \tag{6.35}$$

ただし, $c_g=(1-e^{i\phi})/2$, $c_e=(1+e^{i\phi})/2$ である. ϕ は, ドリフト時間 T の間に 2 つの状態間に生じた位相差である. この状態のイオンに, 状態検出用レーザーを照射して, 励起状態にあるイオンの数 N_e を検出する. N_e 個のイオンが検出される確率は, 二項分布を用いて

$$P(N_e, N, p_e)=\frac{N!}{N_e!(N-N_e)!}(p_e)^{N_e}(1-p_e)^{(N-N_e)} \tag{6.36}$$

[*4] 野口篤史, 断熱過程を用いた $^{40}\mathrm{Ca}^+$ の量子状態制御とデコヒーレンスの抑制, 大阪大学博士学位論文 (2013).

となる.ただし,p_e は 1 個のイオンが励起状態に検出される確率 $p_e=|c_e|^2=[1+\cos\phi]/2$ である.これを用いると,測定で得られる N_e の平均値と分散を,次のように求めることができる.

$$\langle N_e \rangle = \sum_{N_e=0}^{N} N_e P(N_e, N, p_e) = Np_e = \frac{N}{2}(1+\cos\phi) \tag{6.37}$$

$$(\Delta N_e)^2 = \langle N_e^2 \rangle - \langle N_e \rangle^2 = \sum_{N_e=0}^{N} N_e^2 P(N_e, N, p_e) - \langle N_e \rangle^2 = Np_e(1-p_e) = \frac{N}{4}\sin^2\phi \tag{6.38}$$

測定における N_e の揺らぎは,量子力学における射影測定に起因するもので,射影雑音(projection noise)といわれる[23].この雑音により,ラムゼイ干渉法を用いて測定されるイオンの共鳴周波数の精度は制限される.

第 3 章で述べたように,レーザー周波数と原子の共鳴周波数の差を用いて位相差 ϕ を生じさせた場合には,位相差は $\phi=(\omega_0-\omega_L)T$ で表される.このとき干渉信号 $\langle N_e \rangle$ のスペクトルは,図 6.6 に示すように共鳴角周波数 ω_0 を中心とした対称な形となる.中心周波数は,干渉信号の中心から対称の位置にある 2 点の周波数を測定して,その平均から求める.測定点における周波数の測定誤差は,雑音の大きさと,信号の周波数に対する傾きの比で求められる.したがって,角周波数 $\omega_L=\omega_0-\Delta/2$ における角周波数の測定誤差 $\Delta\omega$ は,以下のようになる.

$$\sqrt{(\Delta N_e)^2} = \frac{1}{2}\sqrt{N}|\sin[(\omega_0-\omega_L)T]| = \frac{1}{2}\sqrt{N}|\sin(\Delta\cdot T/2)| \tag{6.39}$$

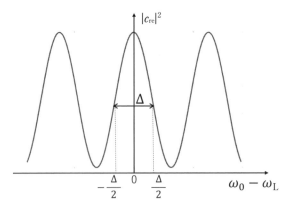

●図 6.6　ラムゼイ干渉を使った中心周波数の測定

6.4 多粒子量子もつれ状態の発生

$$\frac{\partial \langle N_{\mathrm{e}} \rangle}{\partial \omega_{\mathrm{L}}} = \frac{1}{2} NT \sin \left[(\omega_0 - \omega_{\mathrm{L}})T \right] = \frac{1}{2} NT \sin \left(\Delta \cdot T/2 \right) \tag{6.40}$$

$$\Delta \omega = \left| \frac{\sqrt{(\Delta N_{\mathrm{e}})^2}}{\partial \langle N_{\mathrm{e}} \rangle / \partial \omega_{\mathrm{L}}} \right| = \frac{1}{T\sqrt{N}} \tag{6.41}$$

すなわち，独立した N 個のイオンを用いた場合の周波数の測定誤差は，イオン数を増やすにつれて $1/\sqrt{N}$ に比例して減少する．独立したイオンを用いている限り，この誤差をこれ以上小さくすることができない．これを標準量子限界（standard quantum limit）という．

強い相関を持つもつれた状態にあるイオンを用いると，標準量子限界を破ることができる[24]．最初に GHZ 状態にあるイオンを準備する．ここでは，(6.33)式の N が奇数の場合を考える．グローバル位相を無視すると，以下の状態が得られる．

$$\widehat{U}_N^{\mathrm{odd}} |N/2, -N/2\rangle = \frac{1}{\sqrt{2}} (|N/2, N/2\rangle + |N/2, -N/2\rangle)$$

$$= \frac{1}{\sqrt{2}} (|e, e, \cdots, e\rangle + |g, g, \cdots, g\rangle) \tag{6.42}$$

この状態に，すべてのイオンに対して，位相ゲート $\exp(i\phi \hat{J}_z)$ を働かせる．$\hat{J}_z = \sum \hat{\sigma}_{jz}/2$ であるので，これにより状態は以下のように変わる．

$$\exp\left(i\phi \hat{J}_z \right) \widehat{U}_N^{\mathrm{odd}} |N/2, -N/2\rangle = \frac{e^{iN\phi/2}}{\sqrt{2}} |N/2, N/2\rangle + \frac{e^{-iN\phi/2}}{\sqrt{2}} |N/2, -N/2\rangle \tag{6.43}$$

さらに，もう一度 $\widehat{U}_N^{\mathrm{odd}}$ を働かせると，以下の状態が得られる．

$$|\Psi_{\mathrm{final}}\rangle = \widehat{U}_N^{\mathrm{odd}} \exp(i\phi \hat{J}_z) \, \widehat{U}_N^{\mathrm{odd}} |N/2, -N/2\rangle$$

$$= \frac{e^{iN\phi/2}}{2} (|N/2, N/2\rangle - |N/2, -N/2\rangle) + \frac{e^{-iN\phi/2}}{2} (|N/2, N/2\rangle + |N/2, -N/2\rangle)$$

$$= \cos(N\phi/2) |N/2, N/2\rangle - i \sin(N\phi/2) |N/2, -N/2\rangle \tag{6.44}$$

この状態に対して，イオンが $|e\rangle$ にある個数を測定する．この測定は演算子 $\widehat{N}_{\mathrm{e}} = \sum_{j=1}^{N} |e_j\rangle \langle e_j| = \hat{J}_z + N/2$ の測定であるので，期待値および分散は以下のように求められる．

$$\langle \widehat{N}_{\mathrm{e}} \rangle = \langle \Psi_{\mathrm{final}} | \widehat{N}_{\mathrm{e}} | \Psi_{\mathrm{final}} \rangle = \frac{N}{2} (1 + \cos N\phi) \tag{6.45}$$

$$(\Delta N_{\mathrm{e}})^2 = \langle \widehat{N}_{\mathrm{e}}^2 \rangle - \langle \widehat{N}_{\mathrm{e}} \rangle^2 = \left(\frac{N}{2} \sin N\phi \right)^2 \tag{6.46}$$

位相ゲートにおける位相差 ϕ を，レーザーと共鳴周波数の差で生じさせた場合には $\phi=(\omega_0-\omega_L)T$ となるので，角周波数 $\omega_L=\omega_0-\Delta/2$ における測定誤差 $\Delta\omega$ は以下のように求められる．

$$\Delta\omega=\left|\frac{\sqrt{(\Delta N_e)^2}}{\partial\langle N_e\rangle/\partial\omega_L}\right|=\frac{1}{TN} \tag{6.47}$$

GHZ 状態を用いた場合の周波数の測定誤差は，イオン数を増やすにつれて，$1/N$ に比例して減少する．独立なイオンの場合に比べて，$\sqrt{N}$ 倍精度が上がっている．これは，干渉測定における位相の感度が N 倍に増加したためである．ここで得られた位相の揺らぎ（$\Delta\omega T$）は，量子力学における個数と位相の間の不確定性，$\Delta\phi\Delta N\sim1$ において，個数の揺らぎを最大の N とした場合に相当する．したがってこの誤差は，原理的にこれ以上小さくすることができない．これをハイゼンベルグ限界（Heisenberg limit）という．GHZ 状態を用いると，ハイゼンベルグ限界の精度の測定が可能になる．実際に，この状態を用いたラムゼイ干渉の実験が行われている．3 個のイオンを用いた実験では独立な粒子の場合に比べ，1.45 倍（理想的には $\sqrt{3}$ 倍）精度が上がったことが報告されている[25]．また，6 個までの GHZ 状態を用いた実験も行われている[26]．

6.4.3 対称ディッケ状態の発生

前項では，多粒子量子もつれ状態として GHZ 状態を扱った．多粒子量子もつれ状態のもう 1 つの典型的な型に，ディッケ状態がある．ディッケ状態は，同一原子の集団的な状態を記述する基底の 1 つとして知られている．この状態は，超放射（superradiance）の説明の際に導入された．超放射とは，多数個の原子が，集団的に電磁波とコヒーレントに相互作用するときに起きる現象である．この現象では，個数の 2 乗に比例する放射強度や個数に反比例する放射寿命が観測される．

6.4.1 項では N 個の二準位原子の状態を，スピン 1/2 の粒子の角運動量を合成した状態を用いて記述した．角運動量の固有状態は一般に $|J,M,\eta\rangle$ で表される．この状態がディッケ状態といわれる．このうち最大の角運動量 $J=N/2$ を持つ $(N+1)$ 個の状態，$|N/2,M,0\rangle$ $(M=-N/2,-N/2+1,\cdots,N/2)$ は対称ディッケ状態といわれる．以後，縮退を区別する指数 η は省略する．この状態は，す

6.4 多粒子量子もつれ状態の発生

べての粒子のスピンが上（下）を向いた対称な状態 $|N/2, N/2\rangle$（$|N/2, -N/2\rangle$）に，粒子の交換に対して対称な降（昇）演算子 $\hat{J}_- = \sum_{i=1}^{N} \hat{\sigma}_{i-}/2$（$\hat{J}_+ = \sum_{i=1}^{N} \hat{\sigma}_{i+}/2$）を次々に作用させて生成されるので，粒子の交換に対して対称である．この状態は，$|e\rangle$ を上向きスピン，$|g\rangle$ を下向きスピンに対応させた場合に，上向きスピンの数 $(M+N/2)$ を m で表すと，以下のように書くことができる．

$$|N/2, -N/2+m\rangle \equiv |\mathrm{D}_N^m\rangle = \frac{1}{\sqrt{\mathrm{C}_m^N}} \sum_k P_k |e_1, e_2, \cdots, e_m, g_{m+1}, \cdots, g_N\rangle \quad (6.48)$$

ただし，P_k は置換演算子である．N 個の粒子のうち，$|e\rangle$ 状態にある m 個の粒子の選び方は $\mathrm{C}_m^N = N!/[m!(N-m)!]$ 通りある．P_k は k という選び方への並び替えを行う演算子である．対称ディッケ状態のうち，$m=1$ の状態を特に W 状態（W state）といい，$|\mathrm{W}_N\rangle$ で表す．例えば 3 個の W 状態は以下のように表される．

$$|\mathrm{W}_3\rangle = \frac{|e, g, g\rangle + |g, e, g\rangle + |g, g, e\rangle}{\sqrt{3}} \quad (6.49)$$

6.4.1 項で述べた GHZ 状態は，最大の量子もつれ状態である．しかしながら，1 個の粒子の消失あるいは情報の消失が起こった場合には，量子もつれが完全に失われる．一方，対称ディッケ状態あるいは W 状態は，1 個の粒子の消失あるいは情報の消失が起こった場合にも，残りの状態には量子もつれが存在する．このため，GHZ 状態に比べて，外乱などに対してロバストな状態である．イオントラップの実験では，6.3.2 項で述べたベル状態の生成と同様な手法で個別にイオンを操作することにより，3 個の W 状態[27]，さらに 8 個までの W 状態の生成が行われている[28]．しかしながら，個別操作法では個数が増えるに従って，手順が膨大になってくる．残念ながら，状態依存力を使った GHZ 状態の生成のように，対称ディッケ状態を一挙に生成する標準的な手法は確立されていない．ここではその一例を紹介する [29,30]．

イオントラップ中の N 個のイオンに，等しい強度 $\Omega_{0j}=\Omega_0$ で，COM モード（重心モード：$s=1$）のレッドサイドバンド近傍にスペクトルを持つレーザーを照射する．レーザーのレッドサイドバンドからの離調を $-\delta_\mathrm{d}=(\omega_0-\omega_{1\mathrm{v}})-\omega_\mathrm{L}$，位相を φ_r とする．ただし，$|\delta_\mathrm{d}| \ll \omega_{1\mathrm{v}}$，$\Omega_0 < \omega_{1\mathrm{v}}$ を満たしている．相互作用ハミルトニアンは，前章の 1 個のイオンに対する (5.24) 式において，ラム・ディッケパラメーターを $\eta_1 b_j^{(1)}$ に，各イオンの位置における位相の値を $\varphi_{\mathrm{r}j}=\varphi_\mathrm{r}+kz_{j0}$ に書き換えて，各イオンに対する項を加え合わせることにより，以下のように書くこ

とができる.

$$\widehat{H}_\mathrm{I}=\frac{\hbar\Omega_0\eta_1 b^{(1)}}{2}\sum_{j=1}^{N}[\hat{a}_1\hat{\sigma}_{j+}e^{-i(\delta_\mathrm{d}t-\varphi_{\mathrm{r}j})}+\hat{a}_1^\dagger\hat{\sigma}_{j-}e^{i(\delta_\mathrm{d}t-\varphi_{\mathrm{r}j})}] \tag{6.50}$$

ただし，$b^{(1)}=b_j^{(1)}=1/\sqrt{N}$，$\eta_1=k\sqrt{\hbar/2m\omega_{\mathrm{vz}}}$，$\hat{a}_1$ は COM モードの消滅演算子である．ここで，変換演算子 $\widehat{U}_\mathrm{r}=\exp(-i\sum_{j=1}^{N}(\delta_\mathrm{d}t-\varphi_{\mathrm{r}j})\hat{\sigma}_{jz}/2)$ を導入して，状態ベクトルを $|\psi_\mathrm{r}\rangle=\widehat{U}_\mathrm{r}^\dagger|\psi_\mathrm{I}\rangle$ に変換する*5)．このとき，付録 A の（A.15），（A.16）式と同様にして得られる $\widehat{U}_\mathrm{r}^\dagger\hat{\sigma}_{j+}\widehat{U}_\mathrm{r}=\hat{\sigma}_{j+}e^{i(\delta_\mathrm{d}-\varphi_{\mathrm{r}j})}$，$\widehat{U}_\mathrm{r}^\dagger\hat{\sigma}_{j-}\widehat{U}_\mathrm{r}=\hat{\sigma}_{j-}e^{-i(\delta_\mathrm{d}t-\varphi_{\mathrm{r}j})}$ の関係を用いると，ハミルトニアンは以下のように変換される．

$$\widehat{H}_\mathrm{r}=-\hbar\delta_\mathrm{d}\hat{J}_z+\hbar g\bigl(\hat{a}_1\hat{J}_++\hat{a}_1^\dagger\hat{J}_-\bigr) \tag{6.51}$$

ただし，$g=\hbar\Omega_0\eta_1 b^{(1)}$，$\hat{J}_z=\sum_{j=1}^{N}\hat{\sigma}_{jz}/2$，$\hat{J}_+=\sum_{j=1}^{N}\hat{\sigma}_{j+}/2$，$\hat{J}_-=\sum_{j=1}^{N}\hat{\sigma}_{j-}/2$ である．このハミルトニアンは，N 個の二準位原子と電磁場の 1 つのモードとの相互作用を表すタービス・カミングスモデル（Tavis-Cummings model）の形になる．この相互作用の特徴は，系の全励起数，すなわち振動モードのフォノン数と励起状態の原子数の和が相互作用によって変化しないことである．また，イオンの交換に対して対称である．これらの性質を用いるとこの系の扱いが容易になる．

例えば系に $m\,(\leq N)$ 個の励起がある場合を考える．このとき，フォノンの励起数の取り方は 0 から m までの $m+1$ 通りある．励起数が一定であるので，フォノンの励起数 k に対する内部状態の基底の取り方は C_{m-k}^{N} 通りある．したがって，系を記述する基底をフォノンの個数状態 $|k\rangle$ を用いて $|k\rangle|e\cdots,g\cdots\rangle$ で表すと，総計 $\sum_{k=0}^{m}\mathrm{C}_{m-k}^{N}$ 個の基底からなる状態空間を扱うことが必要になる．このため，イオンの個数や励起数が増えるに従って，扱う基底の数は急激に大きくなる．しかしながら，基底をうまく選択することによって，この状態空間を相互作用に対して閉じたいくつかの部分空間に分けることができる．特に，この相互作用はイオンの交換に対して対称である．したがって，イオンの交換に対して対称な基底を持つ部分空間は，この相互作用では閉じたものとなる．ハミルトニアン（6.51）を見ると，初期状態において，J_z の固有状態として対称なものを選んでおくと，その後の時間発展には対称な演算子 J_z, J_+, J_- が作用するので対称性は

---

*5) $\widehat{U}_\mathrm{r}$ の中に位相 $\varphi_{\mathrm{r}j}$ を含めたことは，各イオンの基底を $|e\rangle, |g\rangle$ から $e^{i\varphi_{\mathrm{r}j}/2}|e\rangle, e^{-i\varphi_{\mathrm{r}j}/2}|g\rangle$ へ変えることを意味する．したがって以下の扱いで発生する状態は，例えば（6.49）式の場合，$(|e,g,g\rangle+e^{i\varphi_1}|g,e,g\rangle+e^{i\varphi_2}|g,g,e\rangle)/\sqrt{3}$ のような形になる．各項の位相をそろえたい場合は，イオンの位置を調整し $\varphi_{\mathrm{r}j}=\varphi_\mathrm{r}+2n_j\pi$ とする必要がある．

6.4 多粒子量子もつれ状態の発生　　153

変化しないことが分かる. J_z の固有状態で粒子の交換に対して対称なものは対称ディッケ状態である. したがって, 励起が $m\,(\leq N)$ 個の系において対称な状態だけを扱う場合には, $|k\rangle|D_N^{m-k}\rangle\,(k=0,\cdots,m)$ の $(m+1)$ 個の基底からなる部分空間のみを考えればよいことになる.

　励起数が $m=1$ のときは, $|0\rangle|D_N^1\rangle=|0\rangle|N/2,-N/2+1\rangle$, $|1\rangle|D_N^0\rangle=|1\rangle|N/2,$ $-N/2\rangle$ の 2 つの状態からなる部分空間を扱えばよい. $|\phi_1\rangle=|0\rangle|D_N^1\rangle$, $|\phi_2\rangle=|1\rangle|D_N^0\rangle$ とおいて, ハミルトニアン (6.51) を行列で表すと以下のようになる.

$$\begin{pmatrix}\langle\phi_2|\widehat{H}_r|\phi_2\rangle & \langle\phi_2|\widehat{H}_r|\phi_1\rangle\\\langle\phi_1|\widehat{H}_r|\phi_2\rangle & \langle\phi_1|\widehat{H}_r|\phi_1\rangle\end{pmatrix}=\begin{pmatrix}\hbar\delta_d N/2 & \hbar g\sqrt{N}\\\hbar g\sqrt{N} & \hbar\delta_d(N/2-1)\end{pmatrix}\tag{6.52}$$

ただし, 昇降演算子の関係 $\langle J',M'|\hat{J}_\pm|J,M\rangle=\sqrt{(J\mp M)(J\pm M+1)}\delta_{J'J}\delta_{M',M\pm1}$ を使った. このハミルトニアンを対角化すると, 固有値と固有状態は以下のように求められる.

$$\lambda_\pm=\frac{\hbar[\delta_d(N-1)\pm W]}{2}\tag{6.53}$$

$$|\psi_\pm\rangle=\frac{1}{\sqrt{(\delta_d\mp W)^2+4g^2N}}[2g\sqrt{N}|\phi_2\rangle-(\delta_d\mp W)|\phi_1\rangle]\tag{6.54}$$

ただし, $W=\sqrt{\delta_d^2+4g^2N}$ である. 共鳴 $(\delta_d=0)$ のときは以下のようになる.

$$\lambda_\pm=\pm\hbar g\sqrt{N},\qquad|\psi_\pm\rangle=\frac{|\phi_2\rangle\pm|\phi_1\rangle}{\sqrt{2}}\tag{6.55}$$

　系の励起数が 1 のとき, W 状態は以下のようにして生成することができる. 初期状態として $|\phi_2\rangle=|1\rangle|D_N^0\rangle=|1\rangle|g,g,\cdots,g\rangle$ を準備する. 初期状態は固有状態を使って以下のように表される.

$$|\phi_2\rangle=\frac{|\psi_+\rangle+|\psi_-\rangle}{\sqrt{2}}\tag{6.56}$$

レッドサイドバンドに共鳴したパルスを照射すると, この状態は以下のように発展する.

$$|\psi(t)\rangle=e^{-i\widehat{H}_1 t/\hbar}|\phi_2\rangle=\frac{e^{-ig\sqrt{N}t}|\psi_+\rangle+e^{ig\sqrt{N}t}|\psi_-\rangle}{\sqrt{2}}$$
$$=-i\sin(g\sqrt{N}t)|\phi_1\rangle+\cos(g\sqrt{N}t)|\phi_2\rangle\tag{6.57}$$

すなわち, $|\phi_2\rangle=|1\rangle|g,g,\cdots,g\rangle$ と $|\phi_1\rangle=|0\rangle|D_N^1\rangle=|0\rangle|W_N\rangle$ の 2 つの状態の間でラビ振動を行う. π パルスの条件が成り立つとき, すなわち $g\sqrt{N}t=\pi/2$ のときイオン

の状態は $|\phi_1\rangle$ となり，内部状態は W 状態 $|W_N\rangle$ になる．このようにして，N 個のイオンの W 状態を一挙に生成することができる．

この方法を実験的に実現する場合には，初期状態 $|\phi_2\rangle=|1\rangle|g, g, \cdots, g\rangle$ を準備するために個別操作が必要になる．$|0\rangle|g, g, \cdots, g\rangle$ 状態のイオンの中の 1 個のイオンのみを選び，個別にブルーサイドバンド π パルスを照射して，振動状態を励起することが必要である．このために，イオン鎖の中に 1 個だけ異なるイオンを入れておくか，1 個のイオンのみに AC シュタルクシフトを生じさせて，他のイオンと区別するなどの方法がとられている．実験では，これらの方法により，2 個，3 個のイオンを用いた W 状態の生成が報告されている [31]．

励起数が $m \geq 2$ の場合は，$m=1$ の W 状態の場合のように，簡単に対称ディッケ状態 $|0\rangle|D_N^m\rangle$ を発生させることはできない．この場合 $(m+1)$ 状態の系となるため，初期状態に $|m\rangle|g, g, \cdots, g\rangle$ を準備しても，レッドサイドバンドのレーザーパルスを照射するだけでは $|0\rangle|D_N^m\rangle$ の状態は出現しない．この問題に対しては，高速断熱通過法を使って，$|m\rangle|g, g, \cdots, g\rangle$ の状態から $|0\rangle|D_N^m\rangle$ の状態まで，系を断熱的に変化させて発生させる方法が提案されている [30]．また，この方法を使った 2 個のイオンによる実証実験がなされている [32]．このほか，前章の状態依存力による操作で用いられる 2 色のレーザーパルスと，誘導ラマン断熱通過法を組み合わせて，4 個のイオンを使って半数励起の対称ディッケ状態 $|D_4^2\rangle$ の生成実験が行われている [33]．3 個以上の対称ディッケ状態や W 状態の場合は，GHZ 状態の場合に比べて，実験で生成した状態の評価は容易でない．量子状態トモグラフィーを使って密度行列を求め，忠実度を直接求めることや，ウィットネス演算子（witness operator）を使った評価などがなされている [27, 28, 33]．

■ 6.5 デコヒーレンス ■

これまで量子状態の操作については，すべて状態ベクトル，すなわち純粋状態を対象に述べてきた．実際には，純粋状態を実験的に準備しても，その状態は周囲の環境と相互作用することにより，混合状態に移っていく．これは，扱っている系が周囲の環境との量子もつれ状態に移っていくためである．最初に，取り扱っている系の状態を純粋状態 $|\psi(0)\rangle$ に準備したとする．この系を取り巻く環境の状態が $\rho_E(0)$ の場合には，初期状態の密度行列は積状態 $|\psi(0)\rangle\langle\psi(0)| \otimes \rho_E(0)$ で表

6.5 デコヒーレンス

される. 環境との制御できない相互作用によって, この状態は積状態から, 着目している系と環境との量子もつれ状態に移っていく. 周囲の環境は膨大な自由度を持つために, この状態を知ることは不可能である. したがって6.3.1項で述べたように, 時間経過後の着目している系の状態は, 全系の密度演算子に対して, 環境部分の部分対角和をとったものとなる. この縮約密度演算子は, 2つの系が量子もつれ状態にあるときには, 混合状態の密度演算子となる. このように周囲の環境との相互作用により, 純粋状態が混合状態に移っていく過程をデコヒーレンス (decoherence) という. デコヒーレンスは量子状態の操作を行う場合には, 大きな障害になる. したがって, デコヒーレンスが顕著になる前, すなわちコヒーレンス時間内に操作を行わなければならない. デコヒーレンスによって, 系のコヒーレンスを表す密度行列の非対角成分は減衰する. 非対角成分の減衰を, 狭い意味でデコヒーレンスという場合もある. 自然放出などによって非対角成分が減衰することについては, 3.2節で簡単に触れた. デコヒーレンスを含めた密度演算子の時間発展は, 一般的にマスター方程式あるいはクラウス表現 (Kraus representation) で記述される [13,19]. ここでは, 一般的な扱いについては触れずにイオントラップに関係する重要な点に限って述べる.

イオントラップで扱う二準位イオンに対しては, まず, 最初に考えられるデコヒーレンスは自然放出である. これは, 周囲の膨大な数の真空場のモードと, 二準位イオンとの相互作用の結果生じる. 3.2節で述べたように, (3.66), (3.67)式を用いると, 自然放出によって, 密度行列の対角成分は $\bar{\rho}_{ee} = \bar{\rho}_{ee}(0)e^{-\gamma t}$, 非対角成分は $\bar{\rho}_{eg} = \bar{\rho}_{eg}(0)e^{-\gamma t/2}$ の形で減衰していく. イオントラップの場合には二準位系として, 超微細構造準位や準安定準位が用いられる. それぞれの準位の放射減衰定数の値は, 前者は $10^{-10}\,\mathrm{s}^{-1}$, 後者は $1\,\mathrm{s}^{-1}$ 程度である. 通常, 量子状態の操作時間は数十 μs 程度であるため, 自然放出によるデコヒーレンスは, ほとんどの場合問題にならない.

最も大きな問題は磁場の変動である. 実験では, 基底準位や励起準位のゼーマン副準位を分離するため, 弱い磁場をかける. この磁場の変動, あるいは外部からの雑音磁場により, エネルギー準位が影響を受けてデコヒーレンスが起こる. ここでは典型的な例として, 磁場によって分離したスピン1/2の粒子の2つの準位を, 量子ビットとして用いる場合を考える. Ca^+イオンの基底状態の2つのゼーマン副準位 (ゼーマン量子ビット) を用いた場合がこれに相当する. この場

合，2つの準位 $|e\rangle$, $|g\rangle$ は，4s ^{2}S$_{1/2}$ $(m=\pm1)$ である．この量子ビットは磁場に対する感度が大きい．磁場の方向を z 方向として，その大きさを B_z とする．この系のハミルトニアンは以下のように表される．

$$\widehat{H}_0=-\widehat{\mu}_zB_z=g_s\mu_{\mathrm{B}}\frac{\widehat{\sigma}_z}{2}B_z=\frac{\hbar\omega_{\mathrm{B}}}{2}\widehat{\sigma}_z,\qquad \omega_{\mathrm{B}}=\frac{2\mu_{\mathrm{B}}B_z}{\hbar} \qquad (6.58)$$

ただし，$g_s\approx2$ である．また μ_{B} はボーア磁子である．

ここで，磁場が一定値 B_z に変動成分 $\varDelta B_z$ を加えた $B_z+\varDelta B_z$ で表される場合を考える．変動成分に対する相互作用表示で表すと，ハミルトニアンは $\widehat{H}_{\mathrm{I}}=(\hbar\zeta/2)\widehat{\sigma}_z$ となる．ただし，$\zeta=2\mu_{\mathrm{B}}\varDelta B_z/\hbar$ である．時間発展演算子は，$\widehat{U}_{\mathrm{T}}(t)=\exp[-i(\zeta t/2)\widehat{\sigma}_z]$ となる．磁場変動の特性時間を τ とする．磁場変動によって，状態はブロッホ空間の z 軸の周りの $\zeta\tau$ の回転を受ける．

$$\widehat{U}_{\mathrm{T}}(\tau)=R_{\bar{z}}(\zeta\tau)=\begin{pmatrix} e^{-i\zeta\tau/2} & 0 \\ 0 & e^{i\zeta\tau/2} \end{pmatrix} \qquad (6.59)$$

ここで，ζ が平均値 0，分散 2ε の，以下で与えられるガウス分布を持つ場合を考える．

$$p(\zeta)d\zeta=\frac{1}{\sqrt{4\pi\varepsilon}}e^{-(\zeta^2/4\varepsilon)} \qquad (6.60)$$

このとき，磁場変動による密度行列の時間発展は，統計的平均をとることによって以下のように計算される．

$$\rho(\tau)=\int_{-\infty}^{\infty}d\zeta p(\zeta)\widehat{U}_{\mathrm{T}}(\tau)\rho(0)\widehat{U}_{\mathrm{T}}^{\dagger}(\tau)=\begin{pmatrix} \rho_{\mathrm{ee}}(0) & \rho_{\mathrm{eg}}(0)e^{-\varepsilon\tau^2} \\ \rho_{\mathrm{ge}}(0)e^{-\varepsilon\tau^2} & \rho_{\mathrm{gg}}(0) \end{pmatrix} \qquad (6.61)$$

ただし，$\rho(0)$ は初期状態の密度行列である．系の状態は最初は純粋状態にあっても，統計的平均をとることによって混合状態になる．(6.61) 式より，磁場変動によって密度行列の非対角成分が減衰することが分かる．観測する時間 t が τ に比べて小さい $t\ll\tau$ の場合，すなわちゆっくりとした磁場変動の場合は，時間 t における密度演算子は，(6.61) 式の中の τ を t に置き換えることで得られる．この場合には，非対角成分は，時間に対して $e^{-\varepsilon t^2}$ で減衰する．全く反対に，磁場変動が非常に速く，$t\gg\tau$ が成り立つ場合には，t を τ の間隔で $n\,(=t/\tau)$ 個に分割し，それぞれの区間 $[(k-1)\tau, k\tau]\,(k=1,\cdots,n)$ ごとに積分する．この場合の密度演算子は，$\widehat{U}_{\mathrm{T}k}(\tau)=R_{\bar{z}}(\zeta_k\tau)$ を用いて以下のように求められる．

$$\rho(t) = \int_{-\infty}^{\infty} \cdots \int_{-\infty}^{\infty} d\zeta_1 \cdots d\zeta_n p_1(\zeta_1) \cdots p_n(\zeta_n) \widehat{U}_{\mathrm{T}n}(\tau) \cdots \widehat{U}_{\mathrm{T}1}(\tau) \rho(0) \widehat{U}_{\mathrm{T}1}^{\dagger}(\tau) \cdots \widehat{U}_{\mathrm{T}n}^{\dagger}(\tau)$$

$$= \begin{pmatrix} \rho_{\mathrm{ee}}(0) & \rho_{\mathrm{eg}}(0)e^{-\varepsilon\tau^2 n} \\ \rho_{\mathrm{ge}}(0)e^{-\varepsilon\tau^2 n} & \rho_{\mathrm{gg}}(0) \end{pmatrix} = \begin{pmatrix} \rho_{\mathrm{ee}}(0) & \rho_{\mathrm{eg}}(0)e^{-\Gamma t} \\ \rho_{\mathrm{ge}}(0)e^{-\Gamma t} & \rho_{\mathrm{gg}}(0) \end{pmatrix} \tag{6.62}$$

ただし，$\Gamma = \varepsilon\tau$ である．この場合，非対角成分は時間に対して $e^{-\Gamma t}$ で減衰する．いずれの場合にしても，非対角成分が時間とともに減少していく．このようなデコヒーレンスは，量子情報処理の分野では，位相減衰（phase damping）と呼ばれる[13, 34]．

　磁場変動によるデコヒーレンスは，ラムゼイ干渉を使って測定することができる．この方法では，密度行列の非対角成分を測定する．まず，状態を $|g\rangle$ に準備した後に，(5.36) 式のキャリア $\pi/2$ パルス $R(\pi/2, \pi/2)$ を加える．この密度行列を $\rho(0)$ とすると，$\rho(0) = \left(\dfrac{1}{2}\right)\begin{pmatrix} 1 & -1 \\ -1 & 1 \end{pmatrix}$ となる．この操作で，密度行列の非対角成分が発生する．この後 T 秒間，磁場変動の環境のもとで系を自由に発展させると，この間に密度行列は変化して，$\rho(T) = \begin{pmatrix} \rho_{\mathrm{ee}}(T) & \rho_{\mathrm{eg}}(T) \\ \rho_{\mathrm{ge}}(T) & \rho_{\mathrm{gg}}(T) \end{pmatrix}$ となる．$\rho(T)$ は磁場変動の特性時間 τ と T との大きさの関係によって (6.61) 式あるいは (6.62) 式の形となる．この状態に対して再び，位相を変えてキャリア $\pi/2$ パルス $R(\pi/2, \pi/2+\varphi)$ を加える．このとき，密度行列は以下で求められる．

$$\rho_{\mathrm{f}} = R(\pi/2, \pi/2+\varphi)\rho(T)R^{\dagger}(\pi/2, \pi/2+\varphi) \tag{6.63}$$

この密度行列の対角成分，例えば励起準位 $|e\rangle$ にある確率は，$\rho_{\mathrm{f, ee}} = [1 - 2|\rho_{\mathrm{eg}}(T)| \cos(\varphi - \theta_m)]/2$ と計算される．ただし，$\rho_{\mathrm{eg}}(T) = |\rho_{\mathrm{eg}}(T)|e^{i\theta_m}$ である．2 番目のパルスの位相 φ を変えて，$|e\rangle$ の存在確率を測定すると，干渉パターンが得られる．この干渉パターンの可視度（visibility）V は以下のように表される．

$$V = \frac{\rho_{\mathrm{f, ee, max}} - \rho_{\mathrm{f, ee, min}}}{\rho_{\mathrm{f, ee, max}} + \rho_{\mathrm{f, ee, min}}} = 2|\rho_{\mathrm{eg}}(T)| \tag{6.64}$$

ラムゼイ干渉のドリフト時間 T を変えて可視度の変化を観測すると，密度行列の非対角成分の時間変化の様子を測定することができる．図 6.7 右は，Ca^+ イオンのゼーマン量子ビットのラムゼイ干渉信号を測定したものである．T が長くなると，干渉信号の可視度が低下することが分かる．

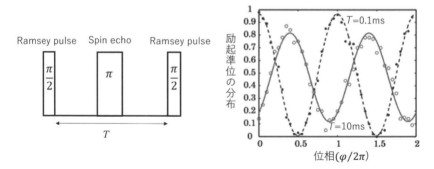

●図6.7 Ca$^+$イオンのゼーマン量子ビットのラムゼイ干渉信号
黒丸はドリフト時間 $T=0.1$ ms，白丸は $T=10$ ms の測定結果．スピンエコー型のパルス配置（左）を用いることにより，5 ms から約 30 ms へのコヒーレンス時間の増加が観測されている（参考文献[36]による）．

非対角成分が e^{-1} に減衰する時間から，コヒーレンス時間が得られる．ゆっくりとした磁場変動 $T\ll\tau$ の場合は，(6.61) 式より $V=e^{-\varepsilon T^2}$ となり，また，速い磁場変動 $T\gg\tau$ の場合は (6.62) 式より $V=e^{-\Gamma T}$ となる．イオントラップの実験では，ゆっくりとした磁場変動の特性が得られることが多い．磁気シールドなどの特別の対策をしなければ，通常，コヒーレンス時間は 0.5 ms から 1 ms 程度である[35]．ゆっくりとした磁場変動の場合には，図 6.7 左に示すように，操作の途中に π パルスを挟んだスピンエコー型のパルス配置を用いることにより，デコヒーレンスを大幅に除くことができる[36]．また，時計遷移などの磁場感度の小さい量子ビットを用いると，デコヒーレンスを小さくすることができ，10 秒以上のコヒーレンス時間が得られている[2,37]．

上に述べた磁場変動によるデコヒーレンスのほか，イオントラップの場合には，状態の操作を行う上で生じる，技術的な要因によるコヒーレンス時間の減少がある．これらは，レーザーの線幅，レーザービームの揺らぎ，操作レーザーによる AC シュタルクシフトなどである．振動状態に対するデコヒーレンスは，ここでは触れなかったが，これは主に，電極からの電気的なノイズに起因する．この問題は表面電極トラップを小型化する場合に大きな影響を与える．詳しくは文献[38,39]などを参照されたい．

■ 6.6 量子シミュレーション ■

6.6.1 量子シミュレーションとは

　量子シミュレーション（quantum simulation）とは，量子力学で記述される複雑な物理系，例えば，固体物理における多体問題や，宇宙物理などの実験室では大規模すぎて扱えない物理系などを，制御可能な物理系に置き換えて，系の性質を調べることである．制御可能な系を時間発展させ，状態の変化を観測することにより，モデルになった系に関する新たな知見を得ることができる．制御可能な物理系とは，初期状態の準備，時間発展の制御，最終的な状態の読み取りが可能な系のことである．1980年代の初めにリチャード・ファインマンによって，量子力学の問題のシミュレーションには，量子力学の原理に従って動作する素子で作られたコンピューターを用いることが困難な問題の解決方法であると指摘された[40]．シュレーディンガー方程式を解く場合には，扱う粒子数の増加に伴い必要なヒルベルト空間の次元が指数関数的に増加する．例えば，40個のスピン系を考えると，$2^{40} \approx 10^{12}$ 個の確率振幅を扱うことが必要である．さらに時間発展を記述するには，$2^{40} \times 2^{40} \approx 10^{24}$ 個の行列要素を扱うことが必要になる．このような膨大な量の計算は，現在のスーパーコンピューターでも扱うことが困難になる．これに対し，量子力学の原理に従って動作する量子ビットを用いる場合には，線形的に増加する数の量子ビットによって，指数関数的に増加する情報量を扱うことができる．

　汎用の量子計算では，古典計算機を凌ぐ計算が実現するためには，誤り訂正を含めるとかなりの数の量子ビットで構成されるシステムが必要になると推定されている．したがって実現には当面，時間がかかると予想されている．これに対して量子シミュレーションは，現在の量子情報処理の実験技術でも，古典計算機で不可能な仕事を実現できる可能性が高い．例えば，アナログ量子シミュレーションの場合，特定の問題を扱うことを目的に構成されるため，複雑な操作が必要でなく，比較的単純な素子の構成で実現できる．また，定量的で細かな解析が必要でない場合には，比較的に小規模のシステムを用いて，物理的に意味ある情報が得られると期待される．このため，いろいろな実験系を用いて研究が活発になっている．

量子シミュレーションは大きく分けて，アナログ量子シミュレーションとディジタル量子シミュレーションの2つに分類できる[41]．2つの方式の概念図を図6.8に示す．量子シミュレーションは，3つのプロセスに分解できる．すなわち，初期状態の準備，時間発展の制御，最終結果の測定である．ディジタル量子シミュレーションでは，時間発展の制御の部分を実現可能な量子ゲートに分解し，それを繰り返し初期状態に作用させることによって最終状態を得る．この方式の基礎となるのは，トロッターの公式である[13]．この公式によると，交換しないいくつかの項の和で表されるハミルトニアン $\widehat{H}=\sum_{k=1}^{N}\widehat{H}_k$ に対して，時間を細かく刻むことにより，時間発展演算子を以下のように近似することができる．

$$\widehat{U}_\mathrm{T}=\exp\left(-\frac{it}{\hbar}\sum_{k=1}^{N}\widehat{H}_k\right)\approx(e^{-i\widehat{H}_1 t/\hbar n}\,e^{-i\widehat{H}_2 t/\hbar n}\cdots e^{-i\widehat{H}_N t/\hbar n})^n \tag{6.65}$$

したがって，各項 $e^{-i\widehat{H}_k t/\hbar n}$ を量子ゲートの組み合わせで構成して，一連の量子ゲート操作 $(e^{-i\widehat{H}_1 t/\hbar n}\,e^{-i\widehat{H}_2 t/\hbar n}\cdots e^{-i\widehat{H}_N t/\hbar n})$ を n 回繰り返すことによって，時間発展を制御することができる．一方，アナログ量子シミュレーションは，シミュレートされる系と同じ形のハミルトニアンを持つ，制御可能な系を準備する．この系において初期状態を準備したのち，必要なパラメーターを設定し，時間発展させて最終状態を得る．例えば，系のパラメーターを断熱的に時間変化させた場合に

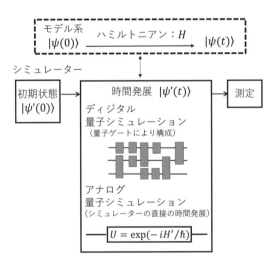

●図6.8　アナログ量子シミュレーションとディジタル量子シミュレーション

は，基底状態の変化によって起こる量子相転移の観測などが可能である．これまでに，いろいろな系を使って量子シミュレーションが行われている．典型的な例は，光格子中の冷却原子を使って行われた，ボース・ハバードモデル（後述）の実証である[42]．イオントラップを用いた実験も2008年頃から活発になり，いくつかのレビュー論文も出されている[43,44,45]．ここでは，イオントラップを使って行われた例をいくつか紹介する．

6.6.2 量子マグネット

強磁性体の相転移を調べるモデルの1つとして，イジングモデル（Ising model）が知られている．強磁性の原因は，結晶格子中の2つのスピン $\vec{S}_i$, $\vec{S}_j$ の間に働く交換相互作用である．

$$\widehat{H} = \hbar J \vec{\sigma}_i \cdot \vec{\sigma}_j \tag{6.66}$$

ただし，ここではスピン演算子でなくパウリ演算子を用いた．イジングモデルは，この相互作用においてスピンが1方向しか向かないとして近似したモデルである．イジング相互作用を持つ成分（例えば x 成分）に対して，直交する方向（y 方向）に磁場 B_y を加えた場合には，ハミルトニアンは以下のように表される．

$$\widehat{H}_{\mathrm{I}} = \widehat{H}_{\mathrm{Ising}} + \widehat{H}_{\mathrm{B}} = \hbar \sum_{i>j} J_{i,j} \hat{\sigma}_{ix} \hat{\sigma}_{jx} + \hbar B'_y \sum_i \hat{\sigma}_{iy} \tag{6.67}$$

ただし，$B'_y = g\mu_{\mathrm{B}} B_y / 2\hbar$ である．$J_{i,j}$ はスピン間の結合の強さを表し，$J_{i,j} > 0$ の場合は反強磁性，$J_{i,j} < 0$ の場合は強磁性の相互作用を表す．

イオントラップに並んだイオンの量子ビットをスピンとみなすと，上記のハミルトニアンを発生させることができる[46]．第1項のスピン間の相互作用は，状態依存力を用いた操作で発生させることができる．例えば5.4.3項cで述べたように，N 個のイオンに等しい強度 $\Omega_{0j} = \Omega_0$ で，2色のレーザーをCOMモード（$s=1$）のレッド，ブルーサイドバンド近傍の周波数にそれぞれ設定して照射した場合には，弱い相互作用の条件では，(5.75) 式で表される実効的なハミルトニアンが得られる．

$$\widehat{H}_{\mathrm{Ising}} = -\hbar \frac{(\Omega_0 \eta_1 b^{(1)})^2}{4\delta_{\mathrm{d}}} \left(\sum_{j=1}^N \hat{\sigma}_{jx}\right)^2 \approx \hbar \sum_{i>j} J \hat{\sigma}_{ix} \hat{\sigma}_{jx} \tag{6.68}$$

$$J = -\frac{(\Omega_0 \eta_1 b^{(1)})^2}{2\delta_{\mathrm{d}}} \tag{6.69}$$

ただし, (6.68) 式の 2 番目の等式で $\hat{\sigma}_{ix}^2 = 1$ からくる定数項は除いた. また, この式では, (5.75) 式の $\hat{\sigma}_{jy}$ の代わりに $\hat{\sigma}_{jx}$ とおいた (本質的に変わりはない). このハミルトニアンは, スピン間の相互作用を表している. この例では, スピン間の結合の強さは, すべてのペアに対して同じである. これは, COM モードの近傍にレーザーの周波数を設定し, 等しい強度で照射したためである. レーザーの離調を, 1 つの振動方向 (α 方向) のすべてのモードと結合するように設定し, また, 各イオンに強度が異なるように照射した場合には, 上式を一般化した以下の式が得られる.

$$\hat{H}_{\text{Ising}} = \sum_{i>j} \hbar J_{i,j} \hat{\sigma}_{ix} \hat{\sigma}_{jx}, \qquad J_{i,j} = \sum_s \frac{\eta_{si}\Omega_i \eta_{sj}\Omega_j \omega_{s\alpha}}{\delta^2 - \omega_{s\alpha}^2} \tag{6.70}$$

ただし, $\eta_{si} = b_i^{(s)}\eta_s$ である. $b_i^{(s)}$ は基準座標への変換行列の成分, η_s は s 番目のモードのラム・ディッケパラメーターである. Ω_i は各イオンのラビ周波数, $\omega_{s\alpha}$ は α 方向の基準モード s の振動角周波数, δ は共鳴からの離調 $\delta = \omega_0 - \omega_{\text{Lr}} = -(\omega_0 - \omega_{\text{Lb}})$ である. この式から, レーザーの離調や振動モードのスペクトルを制御することによって, スピン間の結合 $J_{i,j}$ の符号や大きさを変えることができることが分かる. イオンの振動方向 α については, どの方向を用いても, スピン間の結合の発生が可能である. 実験では, 横 (x または y) モードを用いることが多い[47]. これは, トラップポテンシャルの異方性を変えることによって, 振動モードのスペクトルを制御することが容易なためである. 振動モードの周波数の分布の広がり w_s に対して, $|\delta - \omega_{s\alpha}| \gg w_s$ が成り立つ場合には, $J_{i,j}$ はイオン間の距離に対して, ダイポール型の減衰 $1/|d_i - d_j|^3$ に従うことが知られている.

(6.67) 式のハミルトニアンの第 2 項, "外部磁場" との相互作用項 $\hat{H}_{\text{B}}$ は, すべてのイオンの量子ビットに対して, ブロッホ空間の y 軸 ("磁場" 方向) 周りに, ブロッホベクトルを回転させるキャリアパルスを加えることで発生させることができる. 量子相転移の観測を, スピンがすべて "外部磁場" の方向にそろった状態を初期状態として始める場合を考える. まず, $|g\rangle$ に準備したすべてのイオンに対し, ブロッホ空間の x 軸の周りにブロッホベクトルを回転させるキャリア遷移の $\pi/2$ パルスを加えて, ブロッホベクトルを y 軸方向に向ける. 次に y 軸の周りにベクトルを回転させる (前のパルスと位相が $\pi/2$ だけ異なる) キャリアパルスを加えると, $\hat{H}_{\text{B}}$ が発生する. その後, $\hat{H}_{\text{Ising}}$ を加えて, 2 つの相互作用の大きさの比 $B_y'/|J_{i,j}|$ を断熱的に変えて基底状態の変化を観測する.

図6.9は，3個のイオンについて，(6.70)式を使って計算した$J_{i,j}$のレーザーの離調に対する変化を示したものである．3本の縦線はx方向の振動モードの3つの基準振動の周波数の位置を示している．レーザーの離調δにより，近接相互作用$J_{1,2}=J_{2,3}\equiv J_1$，次の近接相互作用$J_{1,3}\equiv J_2$の大きさや符号が変化していることが分かる．メリーランド大学のグループによる3個のYb$^+$イオンを使った実験では，図6.9に示すⅠ，Ⅱ，Ⅲ，Ⅳの4つの領域において，$B_y''/|J_1|$の値を10から0.2まで変化させて量子相転移の観測を行っている[48,49]．例えば領域Ⅱの強磁性（$J_1, J_2<0$）相互作用の場合には，外部磁場の方向にそろった状態（常磁性）から，強磁性の基底状態，GHZ状態$|\uparrow\uparrow\uparrow\rangle-|\downarrow\downarrow\downarrow\rangle$に変化することが示されている[*6]．一方，領域Ⅰの反強磁性（$J_1\approx J_2>0$）相互作用の場合には，フラストレーションにより，常磁性の初期状態から基底状態が6つの項の和からなる量子もつれ状態，$|\uparrow\uparrow\downarrow\rangle+|\downarrow\uparrow\uparrow\rangle+|\uparrow\downarrow\uparrow\rangle-|\downarrow\downarrow\uparrow\rangle-|\uparrow\downarrow\downarrow\rangle-|\downarrow\uparrow\downarrow\rangle$に変化することが示されている．ただし，$|\uparrow\rangle,|\downarrow\rangle$はそれぞれ$\tilde{\sigma}_x$の±1の固有状態である．この実験をさらに発展させて，16個のイオンを使った，

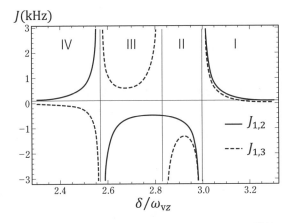

●図6.9 3個のイオンのスピン間結合の強さ$J_{1,2}, J_{1,3}$のレーザーの離調δに対する変化
等強度照射（$\Omega_1=\Omega_2=\Omega_3=2\pi\times 300$ kHz），振動モードはx方向の振動を用い，$\omega_{vx}/\omega_{vz}=3$，$\omega_{vz}=2\pi\times 1$ MHz，$\eta_{1,2,3}=0.056, 0.058, 0.060$の条件で計算した．

[*6] 強磁性体の基底状態は，マクロな系では自発的対称性の破れにより，このような量子もつれ状態にはならない．小さな系ではこのことは起こらないので，実験では外部から対称性を破る小さな摂動を加え，1つの状態（例えば$|\uparrow\uparrow\uparrow\rangle$）が出現することを確認している．

常磁性から強磁性への相転移の実験も報告されている[50].

　量子マグネットの実験では，ディジタル量子シミュレーションも行われている．この場合は，（6.65）式に示したトロッターの公式をもとに，系の $t=0$ から $t=\tau$ までの時間発展に対して，時間発展演算子を n 個の細かい時間間隔 τ/n に分解してシミュレートする．ハミルトニアンが（6.67）式で表されるイジングモデルの場合には，2つのゲート操作 $O_1(\tau)=\exp\left[-i\tau\sum J_{ij}\hat{\sigma}_{ix}\hat{\sigma}_{jx}\right]$, および $O_2(\tau)=\exp\left[-(iB'_y\tau)\sum\hat{\sigma}_{iy}\right]$ を準備する.初期状態を生成した後,初期状態に $[O_1(\tau/n)O_2(\tau/n)]$ を順次 n 回作用させて，状態の変化を測定する．実際に行われた実験[51]では，"磁場"の方向は z 方向にとり，相互作用として $\hbar B'_z\sum\sigma_{iz}$ が用いられた．また，イジング相互作用におけるスピン間の結合 $J_{i,j}$ は，（6.68）式のような均一な結合と特定のスピン間の結合を切る操作を組み合わせて発生している．このような方法により，2個から6個の Ca^+ イオンを用いて，イジング相互作用だけでなく，XY 相互作用，XYZ 相互作用（ハイゼンベルグモデル）などに対する，ディジタル量子シミュレーションが行われている[51].

6.6.3　局在フォノンを用いた量子シミュレーション

a.　局在フォノンとハバードモデル

　これまでに述べたイオンを用いた量子情報処理では，イオンの内部状態の量子ビットが主役を演じ，外部運動である振動状態は，量子ビットを制御するための補助的な役割としての脇役を演じてきた．しかしながら，イオントラップ内のイオン列に発生する振動フォノンは，量子情報処理の観点から見ると大きな資源であり，これを用いることによって，量子シミュレーションを実現することが可能である．ここでは，その例として，局在フォノンを用いた量子シミュレーションを紹介する．

　振動フォノンには，1列に並んだイオン鎖の方向（z 方向）に振動する縦モードと，鎖と直交方向（x, y 方向）に振動する横モードがある．これまでは，イオンの量子状態を制御するために，縦モードを主に扱ってきた．縦方向は，横方向に比べてトラップポテンシャルの曲率が小さく，微小振動に対するイオン間のクーロン相互作用の寄与が大きいため，イオン全体が集団運動を行う．このため，イオンの量子ビット間の相互作用を仲介する役割を演じることができる．一方，横モードはこのような役割だけでなく，条件を整えると，各イオンに局在し

たフォノンを発生させることが可能である．この局在したフォノンは量子シミュレーションなどに利用することができる．

横モードの例として，x 方向の振動を考える．この方向の平衡点の周りの微小振動のラグランジュ関数は，付録 D の（D.10）式を参照すると，N 個のイオン鎖に対して以下のように書くことができる．

$$L = \frac{m}{2} \sum_{i=1}^{N} \dot{q}_{ix}^2 - \frac{m\omega_{vz}^2}{2} \sum_{i,j=1}^{N} B_{ij}^x q_{ix} q_{jx} \tag{6.71}$$

$$B_{ij}^x = \begin{cases} \dfrac{\omega_{vx}^2}{\omega_{vz}^2} - \displaystyle\sum_{\substack{p=1 \\ p \neq i}}^{N} \dfrac{1}{|u_i - u_p|^3} & (i = j) \\[4mm] \dfrac{1}{|u_i - u_j|^3} & (i \neq j) \end{cases} \tag{6.72}$$

ただし，$q_{ix} = x_i - x_{i0} = x_i$ は平衡点からの変位，$\dot{q}_{ix}$ はその時間微分，ω_{vx}, ω_{vz} は 1 個のイオンのトラップ内の x, z 方向の振動角周波数，$u_i = z_{i0}/l$ は，特性的な長さ $l = \sqrt[3]{e^2/4\pi\varepsilon_0 m\omega_{vz}^2}$ で規格化された z 方向の平衡点の座標である．さらに，共役な運動量 $p_{ix} = m\dot{q}_{ix}$ を用いてハミルトニアンに書き換えると，以下のように表される．

$$H = \frac{1}{2m} \sum_{i=1}^{N} p_{ix}^2 + \frac{m}{2} \sum_{i=1}^{N} \left(\omega_{vx}^2 - \sum_{\substack{p=1 \\ p \neq i}}^{N} \frac{\omega_{vz}^2}{|u_i - u_p|^3} \right) q_{ix}^2 + \frac{m}{2} \sum_{\substack{i,j=1 \\ i \neq j}}^{N} \frac{\omega_{vz}^2}{|u_i - u_j|^3} q_{ix} q_{jx} \tag{6.73}$$

第 2 項は，イオントラップのポテンシャルエネルギーにクーロン相互作用による補正を加えたもの，第 3 項は，イオン間のクーロン相互作用のエネルギーを表している．

ここで，イオン間の距離の最小値を $d_0 \equiv \min(l|u_i - u_j|)$ と定義して，振動モードを特徴付けるパラメーター $\beta_{v\alpha}$ を導入する[52,53]．

$$\beta_{v\alpha} \equiv \frac{\omega_{vz}^2 l^3/d_0^3}{\omega_{v\alpha}^2} = \frac{e^2/4\pi\varepsilon_0 d_0}{m\omega_{v\alpha}^2 d_0^2}, \qquad \alpha = x, y, z \tag{6.74}$$

$\beta_{v\alpha}$ はクーロン相互作用のエネルギーと，トラップのポテンシャルエネルギーの大きさの比を表す．$\beta_{v\alpha} \gg 1$ のときには，トラップのポテンシャルエネルギーに比べてクーロン相互作用のポテンシャルエネルギーが優勢である．このとき，イオンは集団運動を行い，イオン間の相互作用を仲介する役割を果たすことができる．逆に，$\beta_{v\alpha} \ll 1$ のときには，クーロン相互作用は微小な摂動と考えることができる．このとき，振動フォノンは各イオンに局在する．このフォノンを局在

フォノンと呼ぶ. 縦モード（z 方向の振動）の場合は, 前者の条件に近い. 一方, 横モードは, イオンを 1 列に並べるという条件から, $\beta_{vx}, \beta_{vy} < 1$ を満たす必要がある. したがって, イオンの間隔 d_0 を増加させることによって, $\beta_{vx}, \beta_{vy} \ll 1$ の条件を容易に実現することができる. このため, 横モードでは局在フォノンの発生が可能である.

$\beta_{vx} \ll 1$ の条件が成り立つ場合には, (6.73) 式のハミルトニアンの第 3 項は, 微小な摂動と考えられる. したがって, 振動の量子化を基準座標ではなく, イオンの局所的な座標について行う. すなわち, q_{ix}, p_{ix} を以下の演算子に置き換える.

$$\hat{q}_{ix} = \sqrt{\frac{\hbar}{2m\omega_{vxi}}}\left(\hat{b}_{ix} + \hat{b}_{ix}^{\dagger}\right), \qquad \hat{p}_{ix} = i\sqrt{\frac{m\hbar\omega_{vxi}}{2}}\left(\hat{b}_{ix}^{\dagger} - \hat{b}_{ix}\right) \qquad (6.75)$$

したがって, ハミルトニアンは以下のように書くことができる.

$$\hat{H} = \sum_{i=1}^{N} \hbar\omega_{vxi}\hat{b}_{ix}^{\dagger}\hat{b}_{ix} + \sum_{\substack{i,j=1 \\ i>j}}^{N} \hbar t_{i,j}\left(\hat{b}_{ix} + \hat{b}_{ix}^{\dagger}\right)\left(\hat{b}_{jx} + \hat{b}_{jx}^{\dagger}\right) \qquad (6.76)$$

ただし, $\omega_{vxi} \approx \omega_{vx} - \frac{1}{2}\sum_{\substack{p=1 \\ p\neq i}}^{N}\frac{e^2/4\pi\varepsilon_0}{|z_{i0} - z_{p0}|^3}\left(\frac{1}{m\omega_{vx}}\right)$, $t_{i,j} \approx \frac{1}{2}\frac{e^2/4\pi\varepsilon_0}{|z_{i0} - z_{j0}|^3}\left(\frac{1}{m\omega_{vx}}\right)$, $z_{i0} = lu_i$ である. 局在フォノンの生成・消滅演算子 $\hat{b}_{ix}^{\dagger}, \hat{b}_{ix}$ は基準振動フォノンの生成・消滅演算子 $\hat{a}_{sx}^{\dagger}, \hat{a}_{sx}$ と以下の関係にある.

$$\hat{b}_{ix}^{\dagger} = \sum_{s=1}^{N} b_i^{(s)}\hat{a}_{sx}^{\dagger}, \qquad \hat{b}_{ix} = \sum_{s=1}^{N} b_i^{(s)}\hat{a}_{sx} \qquad (6.77)$$

$\beta_{vx} \ll 1$ の条件が成り立つ場合には $t_{i,j}/\omega_{vx} \approx \beta_{vx}/2 \ll 1$ が成り立つので, (6.76) 式の第 2 項は小さい. このとき, 第 2 項の中のフォノン数が保存されない項, $\hat{b}_{ix}\hat{b}_{jx}, \hat{b}_{ix}^{\dagger}\hat{b}_{jx}^{\dagger}$ は回転波近似により無視することができる. したがって, ハミルトニアンは最終的に以下のように表される.

$$\hat{H} = \sum_{i=1}^{N} \hbar\omega_{vxi}\hat{b}_{ix}^{\dagger}\hat{b}_{ix} + \sum_{\substack{i,j=1 \\ i>j}}^{N} \hbar t_{i,j}\left(\hat{b}_{ix}\hat{b}_{jx}^{\dagger} + \hat{b}_{ix}^{\dagger}\hat{b}_{jx}\right) \qquad (6.78)$$

このハミルトニアンは, イオンの各サイトに局在するフォノンが, イオン間のクーロン相互作用によって, 別のサイトにホッピングして移っていく物理過程を記述している. すなわち, 第 2 項の中の各項は, i 番目のイオンに局在するフォノンが j 番目のイオンに移る, あるいはその逆の過程を表している.

(6.78) 式のハミルトニアンに, さらに各サイトにおけるフォノン間の相互作用, $U\hat{b}_{ix}^{\dagger 2}\hat{b}_{ix}^2$ を付け加えると, 以下に示すハバードモデル (Hubbard model) の

6.6 量子シミュレーション

ハミルトニアンが得られる.

$$\hat{H} = \sum_{i=1}^{N} \hbar\omega_{vxi}\hat{b}_{ix}^{\dagger}\hat{b}_{ix} + \sum_{\substack{i,j=1 \\ i>j}}^{N} \hbar t_{i,j}\left(\hat{b}_{ix}\hat{b}_{jx}^{\dagger} + \hat{b}_{ix}^{\dagger}\hat{b}_{jx}\right) + U\sum_{i=1}^{N}\hat{b}_{ix}^{\dagger 2}\hat{b}_{ix}^{2} \qquad (6.79)$$

ハバードモデルは固体物理において，結晶格子中の電子相関を取り入れた，強相関電子系を記述するモデルとして知られている．フォノンはボース粒子であるので，上記のハミルトニアンは，ボース・ハバードモデル（Bose-Hubbard model）といわれる．$U>0$ のときは，ホッピングレート $t=\beta_{vx}\omega_{vx}/2 \approx t_{ij}$ と U の大小関係により，系の基底状態は，量子相転移を起こすことが知られている．すなわち，$U \gg t$ のときは，フォノンが各サイトに局在した"絶縁体"状態（モット絶縁体といわれる），$U \ll t$ のときは，フォノンがサイト全体に広がった"超流動"状態となる．ボース・ハバードモデルに対しては，光格子中の冷却原子を用いて量子シミュレーションが行われており，典型的な成功例として知られている[42]．イオントラップでも，フォノンを用いて量子シミュレーションを行うことが可能である[54]．この場合，各サイトにおけるフォノン間の相互作用の発生方法が問題になる．これに対しては，トラップの横方向（x 方向）に，レーザー光を用いて定在波を作る方法が提案されている[53]．この方法では，非共鳴の定在波を用いて双極子力をイオンに働かせる．これにより，トラップのポテンシャルに非調和成分が加わり，フォノン間の相互作用を発生させることができる．

　もう 1 つのモデルは，ジェインズ・カミングス・ハバードモデル（Jaynes-Cummings-Hubbard model）である．このモデルは，振動状態が（6.78）式で表される N 個のイオンに，各イオンのレッドサイドバンド近くに同調した x 方向に進むレーザー光を等しく照射することで実現される．このとき，系のハミルトニアンは，イオンがラム・ディッケ領域にある場合には，回転軸表示を用いると以下のように表すことができる．

$$\hat{H} = \sum_{i=1}^{N} \hbar\omega_{vxi}\hat{b}_{ix}^{\dagger}\hat{b}_{ix} + \hbar\delta\sum_{i=1}^{N}|e_{i}\rangle\langle e_{i}| + \hbar g\sum_{i=1}^{N}\left(\hat{\sigma}_{i+}\hat{b}_{ix} + \hat{\sigma}_{i-}\hat{b}_{ix}\right) + \sum_{\substack{i,j=1 \\ i>j}}^{N} \hbar t_{i,j}\left(\hat{b}_{ix}\hat{b}_{jx}^{\dagger} + \hat{b}_{ix}^{\dagger}\hat{b}_{jx}\right)$$

$$(6.80)$$

ただし，$\delta = \omega_{0} - \omega_{L}$，$\hat{\sigma}_{i+}$，$\hat{\sigma}_{i-}$ は各イオンの量子ビットの昇・降演算子である．g は結合定数と呼ばれ，ラム・ディッケパラメーターとラビ周波数を用いて $g = \eta\Omega_{0}/2$ で表される．第 2 項はイオンの量子ビットのエネルギー，第 3 項は量子ビットとフォノンの相互作用を表す．これはジェインズ・カミングス型の相互

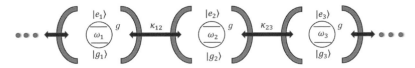

●図6.10 ジェインズ・カミングス・ハバードモデルの概念図
弱く結合した光共振器列の中に，共鳴した二準位原子が1個ずつ入っている．

作用である．このため，このモデルはジェインズ・カミングス・ハバードモデルといわれる．

このモデルは，図6.10に示すように，弱く結合した光共振器列の中に1個ずつ入った二準位原子と，光子との相互作用を記述する[55,56]．この相互作用を実現するためには，6.7.2項に述べるような共振器の強結合条件，$g \gg \kappa, \gamma$ を満足することが必要である．ただし，κ は共振器の減衰定数，γ は原子の放射減衰定数である．この条件が満足される場合には，サイト中の光子と原子との強い結合によって，非調和的なエネルギー準位を持ったドレスト状態が出現する．このため，外部からサイトへ別の光子が侵入するのを妨げる（フォトン・ブロッケード）効果が現れ，光子間には実質的に反発力が働く．このような，原子との相互作用を仲介とした光子どうしの相互作用によって，多体系としての光子の状態に種々の相が出現する．

このモデルは外部パラメーターの制御が容易なため，強い相関を持った多体問題の量子シミュレーターとして提案され，理論的に検討が進められている．物理的に実現するために，フォトニック・バンドギャップ共振器と量子ドットの組み合わせや，超伝導回路などの系を用いることなどが提案されている．イオントラップの場合には，局在フォノンが光子に対応し，イオンの量子ビットが共振器中の原子に対応する[57]．イオントラップの大きな利点は，ラビ周波数を $2g \sim 20\,\mathrm{kHz}$，ホッピングによるフォノンの減衰定数を $\kappa(t_{ij}) \sim 1\,\mathrm{kHz}$，原子の減衰定数を $\gamma \sim 1\,\mathrm{Hz}$ に設定できるので，各サイトにおいて，強結合条件を容易に実現できることである．このため，2個のイオンを使ってこのモデルの実証実験が行われ，量子相転移が観測されている[58,59]．

b. フォノンのホッピングと二フォノン干渉

イオン間のフォノンのホッピングは，2個のイオンを使うと明瞭に観測することができる．2個のイオンの場合には，(6.78)式のハミルトニアンは以下のよ

うになる.

$$\widehat{H} = \sum_{i=1,2} \hbar\left(\omega_{vx} - \frac{\kappa}{2}\right)\widehat{b}_{ix}^\dagger\widehat{b}_{ix} + \frac{\hbar\kappa}{2}\left(\widehat{b}_{1x}\widehat{b}_{2x}^\dagger + \widehat{b}_{1x}^\dagger\widehat{b}_{2x}\right) \tag{6.81}$$

ただし，$\kappa = e^2/(4\pi\varepsilon_0 m d^3 \omega_{vx})$ である．また d はイオン間の距離である．このハミルトニアンは，相互作用表示へ移ると以下のようになる.

$$\widehat{H}_{\mathrm{I}} = \frac{\hbar\kappa}{2}\left(\widehat{b}_{1x}\widehat{b}_{2x}^\dagger + \widehat{b}_{1x}^\dagger\widehat{b}_{2x}\right) \tag{6.82}$$

時間発展演算子を，$\widehat{U}_{\mathrm{T}}(t) = \exp\left(-i\widehat{H}_{\mathrm{I}}t/\hbar\right) = \exp\left[-i(\kappa t/2)\left(\widehat{b}_{1x}\widehat{b}_{2x}^\dagger + \widehat{b}_{1x}^\dagger\widehat{b}_{2x}\right)\right]$ とおいて，ベーカー・ハウスドルフの補助定理（A.14）を用いると，ハイゼンベルグ表示で表した場合の消滅演算子の時間発展を示す以下の式が得られる.

$$\begin{pmatrix}\widehat{b}_{1x}(t)\\ \widehat{b}_{2x}(t)\end{pmatrix} = \begin{pmatrix}\widehat{U}_{\mathrm{T}}^\dagger\widehat{b}_{1x}\widehat{U}_{\mathrm{T}}\\ \widehat{U}_{\mathrm{T}}^\dagger\widehat{b}_{2x}\widehat{U}_{\mathrm{T}}\end{pmatrix} = \begin{pmatrix}\cos\left(\kappa t/2\right) & -i\sin\left(\kappa t/2\right)\\ -i\sin\left(\kappa t/2\right) & \cos\left(\kappa t/2\right)\end{pmatrix}\begin{pmatrix}\widehat{b}_{1x}\\ \widehat{b}_{2x}\end{pmatrix} \tag{6.83}$$

一方，この式の両辺のエルミート共役をとって t を $-t$ とおくと，$\widehat{U}_{\mathrm{T}}(-t) = \widehat{U}_{\mathrm{T}}^\dagger(t)$ の関係を用いて以下の式が得られる.

$$\begin{pmatrix}\widehat{U}_{\mathrm{T}}\widehat{b}_{1x}^\dagger\widehat{U}_{\mathrm{T}}^\dagger\\ \widehat{U}_{\mathrm{T}}\widehat{b}_{2x}^\dagger\widehat{U}_{\mathrm{T}}^\dagger\end{pmatrix} = \begin{pmatrix}\cos\left(\kappa t/2\right) & -i\sin\left(\kappa t/2\right)\\ -i\sin\left(\kappa t/2\right) & \cos\left(\kappa t/2\right)\end{pmatrix}\begin{pmatrix}\widehat{b}_{1x}^\dagger\\ \widehat{b}_{2x}^\dagger\end{pmatrix} \tag{6.84}$$

（6.84）式を用いると，状態ベクトルの時間発展が計算できる．初期状態において，サイト 2 のイオンに 1 個のフォノンを励起した場合を考える．状態ベクトルの時間発展は，以下のようになる.

$$\begin{aligned}|\psi(t)\rangle &= \widehat{U}_{\mathrm{T}}|0_1\rangle|1_2\rangle = \widehat{U}_{\mathrm{T}}\widehat{b}_{2x}^\dagger\widehat{U}_{\mathrm{T}}^\dagger\widehat{U}_{\mathrm{T}}|0_1\rangle|0_2\rangle\\ &= \left[-i\sin\left(\kappa t/2\right)\widehat{b}_{1x}^\dagger + \cos\left(\kappa t/2\right)\widehat{b}_{2x}^\dagger\right]|0_1\rangle|0_2\rangle\\ &= -i\sin\left(\kappa t/2\right)|1_1\rangle|0_2\rangle + \cos\left(\kappa t/2\right)|0_1\rangle|1_2\rangle\end{aligned} \tag{6.85}$$

ただし，3 番目の等号では $\widehat{U}_{\mathrm{T}}|0_1\rangle|0_2\rangle = |0_1\rangle|0_2\rangle$ を用いた[*7]．時間 t が経過した後，1 個のフォノンをサイト 1 に見出す確率は $\sin^2\left(\kappa t/2\right)$，サイト 2 に見出す確率は $\cos^2\left(\kappa t/2\right)$ となる．したがって，フォノンは周期 $T = 2\pi/\kappa$ でホッピングを行い，2 つのイオンの間を π/κ の時間間隔で交互に移り変わる．このような，2 つの調和振動子間の振動の移動は，弱く結合した古典的な 2 つの調和振動子においても知られている．イオンを使った場合には，1 個のフォノンレベルでこのような現象を観測することができる[60, 61, 62].

---

*7) $\widehat{U}_{\mathrm{T}}(t) = \exp\left(-i\widehat{H}_{\mathrm{I}}t/\hbar\right)$ のテーラー展開を用いるとすぐに示すことができる.

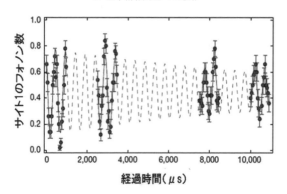

●図 6.11　2 個の Ca$^+$ イオンを使った 1 個のフォノンのホッピングの観測（参考文献 [64] による）

図 6.11 は，2 個の Ca$^+$ イオンを使った実験の例である．$\beta_{vx} \ll 1$ の局在フォノンを発生する条件を満たすため，イオンの間隔は，約 24 μm（通常は 6 μm 程度）まで広げて実験を行っている．実験ではまず，振動基底状態付近まで冷却した 2 個のイオンの 1 つに，ブルーサイドバンドの π パルスを照射してフォノンを励起し，その後イオンをホッピングさせる．ある時間の経過後に，各イオンにレッドサイドバンドの π パルスを照射して，各サイトのフォノンの状態を各イオンの量子ビットに移す．このイオンに状態検出用のレーザーを照射して蛍光を検出することにより，各サイトの平均のフォノン数を測定する．図 6.11 は，この測定によって得られたサイト 1 のフォノン数を示したものである．イオンがホッピングにより，2 つのサイト間で移っている様子が明瞭に示されている．ホッピングレートは $\kappa = 2\pi \times 2.05$ kHz（$T = 489$ μs）である．また，ホッピングによるフォノン数の振動が 10 ms 以上続いていることが分かる [64]．

消滅演算子の時間発展を示す式 (6.83) は，量子光学におけるビームスプリッターの入出力関係と全く同じ形をしている．入力側の光子の消滅演算子が $\hat{b}_{1x}, \hat{b}_{2x}$ に，出力側の消滅演算子が $\hat{b}_{1x}(t), \hat{b}_{2x}(t)$ に対応する．特に，$\kappa t = \pi/2$ のときは

$$\begin{pmatrix} \hat{b}_{1x}(\pi/2\kappa) \\ \hat{b}_{2x}(\pi/2\kappa) \end{pmatrix} = \begin{pmatrix} 1/\sqrt{2} & -i/\sqrt{2} \\ -i/\sqrt{2} & 1/\sqrt{2} \end{pmatrix} \begin{pmatrix} \hat{b}_{1x} \\ \hat{b}_{2x} \end{pmatrix} \quad (6.86)$$

となる．これは，50/50 ビームスプリッターの入出力関係と同じ形である．この

6.6 量子シミュレーション

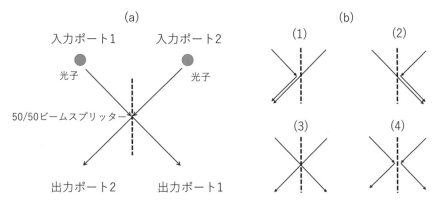

●図6.12　(a)ホン・オウ・マンデルの干渉実験の概念図，(b)光子の4つの可能な経路

性質を用いると，量子光学で知られている二光子干渉実験，あるいはホン・オウ・マンデル干渉（Hong-Ou-Mandel interference）実験[63]を，フォノンを使って行うことができる．

ホン・オウ・マンデル干渉実験では，図6.12(a)に示すように50/50ビームスプリッターの2つの入力ポート1,2から，光子を1個ずつ同時に入力する．出力側で光子が観測される可能性は3通りある．出力ポート1に2個の光子（図6.12(b)の(2)），出力ポート2に2個の光子（図6.12(b)の(1)），各出力ポートに1個ずつの光子（図6.12(b)の(3)(4)），が観測される場合である．このうち，各出力ポートに1個ずつ光子が観測される場合には，各光子がともに透過する場合と，ともに反射される場合の2通りの可能性がある．この2つの可能性は，結果として区別できないので，2つの場合の確率振幅は足し合わされる．50/50ビームスプリッターの場合には2つの確率振幅は，同じ大きさで反対の符号を持つ．このため，足し合わされた確率振幅は0になる．したがって，各出力ポートに1個ずつ光子が観測されることはなく，2つの出力ポートのどちらかに必ず2個の光子が同時に観測される．この結果は，光子が同じ状態を占める性質を持つ，ボース粒子であることの実証にもなっている．

フォノンを使ってこの干渉実験を行うには，図6.13に示すように，まず，2つのイオンの各サイトにそれぞれ1個ずつのフォノンを励起する．その後ホッピングをt秒間行わせた後，サイト間のフォノンの同時計数確率を観測すればよい．各サイトに1個ずつフォノンを励起して，ホッピングをt秒間行わせた後の

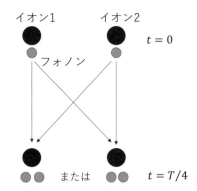

●図 6.13　イオントラップ中のフォノンを用いたホン・オウ・マンデルの干渉実験

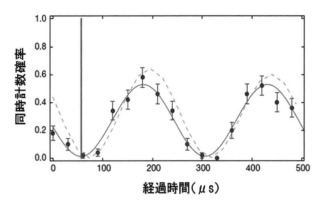

●図 6.14　フォノンを使ったホン・オウ・マンデルの干渉実験における 2 つのサイトのフォノン同時計数確率
57 μs および 300 μs のところで同時計数確率が 0 になっている（参考文献[64]による）.

状態ベクトルは，(6.84) 式を使って計算すると，以下のようになる．

$$|\psi(t)\rangle = \widehat{U}_\mathrm{T}|1_1\rangle|1_2\rangle = \left(\widehat{U}_\mathrm{T}\hat{b}_{1x}^\dagger\widehat{U}_\mathrm{T}^\dagger\right)\left(\widehat{U}_\mathrm{T}\hat{b}_{2x}^\dagger\widehat{U}_\mathrm{T}^\dagger\right)U_\mathrm{T}|0_1\rangle|0_2\rangle$$

$$= \cos(\kappa t)|1_1\rangle|1_2\rangle - i\sin(\kappa t)\frac{|2_1\rangle|0_2\rangle+|0_1\rangle|2_2\rangle}{\sqrt{2}} \quad (6.87)$$

同時計数確率は $\cos^2\kappa t$ で与えられ，50/50 ビームスプリッターが実現する時間 $t=(2n+1)\pi/2\kappa$ ($n=0,1,2\cdots$) では，$|1_1\rangle|1_2\rangle$ の項が消えて状態は以下のようになる．

$$|\phi(t)\rangle = -i\frac{|2_1\rangle|0_2\rangle + |0_1\rangle|2_2\rangle}{\sqrt{2}} \tag{6.88}$$

したがって，イオン1あるいはイオン2に2個のフォノンが局在することになり，ホン・オウ・マンデルの干渉が観測される．図6.14は，2個のCa$^+$イオンにそれぞれ1個ずつフォノンを励起してホッピングを行わせた後，各サイトにおけるフォノンの同時計数確率を測定したものである[64]．実験の手順は，図6.11におけるフォノンのホッピングの観測とほぼ同じである．$\pi/\kappa \approx 245\,\mu s$の周期で同時計数確率が0になっており，この点でホン・オウ・マンデルの干渉が起こっていることが確認できる．

■ 6.7 イオンを使った量子ネットワーク ■

6.7.1 量子ネットワーク

量子ネットワークは，図6.15に示すように量子ノードと量子チャンネルから構成される．量子ノードは，長いコヒーレンス時間を持つ，原子やイオンなどの物質からなる量子ビットによって構成されており，量子情報の処理やメモリー機能を持つ．量子チャンネルは量子ノード間の量子情報を転送する．量子情報を運ぶ媒体には主に光子が用いられる．重ね合わせ状態にある光の量子ビット，あるいはノード中の量子ビットと量子もつれ状態にある光子を，量子チャンネルを用

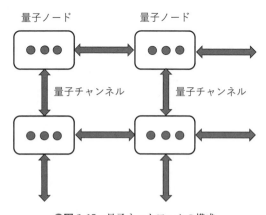

●図6.15 量子ネットワークの構成

いて伝送する．これにより，光子を媒介にしてノード間で量子もつれ状態を形成することができる[65]．量子ネットワークには，主に2つの役割がある．1つは量子通信ネットワークとしての役割である．量子通信において，長距離通信を可能にするため，量子ノードを量子リピーターとして働かせる．もう1つは，分散型の量子情報処理を実現するための役割である．量子ノードにある小規模で信頼性の高いシステムを量子チャンネルでつなげることにより，ノード間の量子ビットの間に量子もつれ状態を生成し，量子情報処理の大規模化を実現することができる．

イオントラップの場合，1つのトラップの中で信頼性高く処理できるイオンの数は，十数個から数十個程度といわれている．さらに処理できるイオン数を増やすため，QCCDが提案されている．この方法では，1つの基板中の特定の機能を持った領域をつないで処理を行い，大規模化を目指す．しかしながら，この方法でも，数百個程度のイオンの数が限界と見積もられている．さらに大規模化を目指すため，QCCDによって集積化したイオントラップを1つのモジュール（量子ノード）として扱い，モジュールの間を量子チャンネルでつないで大規模化を目指す提案がなされており，その基礎技術として，イオンと光子のインターフェースの研究が進められている[66,67]．このためには，イオンの量子情報を光子に移す技術，光子の量子情報をイオンに書き込む技術，光子を介してイオン間の量子もつれを生成する技術などの開発が必要である．

イオンと光子のインターフェースの研究は，現在は原理検証の段階であるが，主に2つの観点から研究が進められている．1つは決定論的方式（deterministic scheme），もう1つは確率的方式（probabilistic scheme）である．決定論的方式とは，オンデマンドで操作できることである．すなわち，実験において手順に従って操作を行い，それに伴って目的とした結果を得る手法である．これまでに述べてきたイオンを用いた量子情報処理の実験は，すべて決定論的方式である．これに対して確率的方式では，繰り返して測定を行い，ある信号が得られたときのみ，目的とした結果が得られる．したがって目的とした結果が得られるのは確率的である．以下では，それぞれの方式による研究を紹介したい．

6.7.2 決定論的方式

この方式では，1回の操作で，原子（イオン）の量子ビットの情報を光の状態

6.7 イオンを使った量子ネットワーク

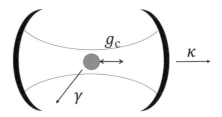

●図 6.16　高フィネス光共振器内の単一モード電磁場と原子の相互作用

に移す，あるいは逆の操作を行う．このためには，無限にある光のモードから1つを選び出し，そのモードの光子とのみ原子を相互作用させる必要がある．したがって，図 6.16 に示されるように，原子は光共振器の1つのモードの腹の部分に置かれる．二準位原子と単一モードの量子化された電磁場との相互作用は，ジェインズ・カミングス相互作用で記述される．

$$\hat{H}_1 = \hbar g_c (\hat{a}_c \hat{\sigma}_+ + \hat{a}_c^\dagger \hat{\sigma}_-) \tag{6.89}$$

ただし，$\hat{a}_c^\dagger, \hat{a}_c$ は光子の生成・消滅演算子である．g_c は結合定数と呼ばれ以下のように表される．

$$g_c = \frac{1}{2} \frac{d \cdot E_1}{\hbar} = d \sqrt{\frac{\omega_c}{2\hbar \varepsilon_0 V_m}} \tag{6.90}$$

ただし，d は原子の遷移の電気双極子モーメント，ω_c は共振器の共鳴角周波数，V_m はモード体積である．ラビ周波数とは $\Omega_0 = 2g_c$ の関係にある．原子と光子を強く相互作用させるためには，1個の光子の電場 E_1 によって生じるラビ周波数 $2g_c$ を，原子の放射減衰定数 γ や共振器の減衰定数 κ に比べて十分大きくする．すなわち，$g_c \gg \gamma, \kappa$ の条件が必要である．この条件は，共振器量子電磁力学（共振器 QED）における強結合条件といわれる．光領域において強結合条件を満足させるためには，寿命の長い原子や非常に高いフィネスを持つ光共振器を用いるだけでなく，結合定数を大きくするため，モード体積を小さくする必要がある．

強結合条件における，原子の量子ビットと光子のインターフェースの概念図を図 6.17 に示す[65, 68]．原子には Λ 型の三準位系を用いる．量子ビットの2つの準位 $|g\rangle, |e\rangle$ の上に励起準位 $|r\rangle$ があり，$|g\rangle, |e\rangle$ と強い電気双極子遷移でつながっている．光の場は2つあり，ラマン型の相互作用を持つ．1つは $|r\rangle$ と $|g\rangle$ の間の遷移周波数に近い角周波数 ω_L を持つ古典的なレーザー場，もう1つは $|r\rangle$

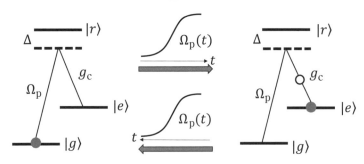

●図 6.17 誘導ラマン断熱通過（STIRAP）のための Λ 型エネルギー準位と STIRAP を用いた共振器内の光子の制御
上のプロセス：$|g,0\rangle \rightarrow |e,1\rangle$，下のプロセス：$|e,1\rangle \rightarrow |g,0\rangle$．

と $|e\rangle$ の間の遷移周波数に近い角周波数 ω_c を持つ共振器の単一モードの場である．この系のハミルトニアンは，強結合条件が成り立つとして原子の減衰や共振器の損失を無視すると，回転波近似を用いて以下のように書くことができる．

$$\hat{H} = \hbar[\omega_c \hat{a}_c^\dagger \hat{a}_c + \omega_r |r\rangle\langle r| + \omega_g |g\rangle\langle g| + \omega_e |e\rangle\langle e| + g_c(|r\rangle\langle e|\hat{a}_c + |e\rangle\langle r|\hat{a}_c^\dagger) \\ + (\Omega_p/2)(|r\rangle\langle g|e^{-i\omega_L t + i\phi_1} + |g\rangle\langle r|e^{i\omega_L t - i\phi_1})] \quad (6.91)$$

ただし，$\hat{a}_c^\dagger, \hat{a}_c$ は共振器モードの光子の生成・消滅演算子，$\hbar\omega_r, \hbar\omega_e, \hbar\omega_g$ はそれぞれ原子の準位 $|r\rangle, |e\rangle, |g\rangle$ の固有エネルギー，Ω_p は $|r\rangle-|g\rangle$ 遷移のラビ周波数である．ϕ_1 は古典的なレーザー場の位相である．ハミルトニアンの第 5 項はジェインズ・カミングス相互作用を表す．付録 C に示すように，相互作用表示などへの表示の変換によって時間依存性を除くと，(6.91) 式は以下のように表される．

$$\hat{H}_I = \hbar[\Delta_p |r\rangle\langle r| + (\Delta_p - \Delta_c)|e\rangle\langle e| + g_c(|r\rangle\langle e|\hat{a}_c + |e\rangle\langle r|\hat{a}_c^\dagger) + (\Omega_p/2)(|r\rangle\langle g|e^{i\phi_1} + |g\rangle\langle r|e^{-i\phi_1})] \quad (6.92)$$

ただし，$\Delta_p = (\omega_r - \omega_g) - \omega_L = \omega_{rg} - \omega_L$，$\Delta_c = (\omega_r - \omega_e) - \omega_c = \omega_{re} - \omega_c$ である．

共振器内の光子の状態を個数状態 $|n\rangle$ で表し，原子の状態を含めて基底ベクトルを，$|g,n\rangle, |e,n\rangle, |r,n\rangle$ と表す．(6.92) 式のハミルトニアン $\hat{H}_I$ は $|g,n\rangle, |e,n+1\rangle$，$|r,n\rangle$ の間でのみ行列要素が 0 にならない．すなわちこの状態間で閉じていることが分かる．ラマン共鳴条件 $\Delta_p = \Delta_c = \Delta$ が満たされている場合に，ハミルトニアン $\hat{H}_I$ を対角化すると，3 つの固有状態が得られる．このうち，励起準位 $|r\rangle$ を含まない，以下の固有状態が存在することが分かる（付録 C 参照）．

6.7　イオンを使った量子ネットワーク　　　　　　　　177

$$|\psi_{\mathrm{dark}}\rangle = \frac{2g_{\mathrm{c}}\sqrt{n+1}\,|g,n\rangle - \Omega_{\mathrm{p}}e^{i\phi_1}|e,n+1\rangle}{\sqrt{\Omega_{\mathrm{p}}^2+4g_{\mathrm{c}}^2(n+1)}} \tag{6.93}$$

この状態は，励起準位 $|r\rangle$ を含まないため，自然放出によって光を放出しない．このため，暗状態（dark state）と呼ばれる．また，量子ビット $|g\rangle$, $|e\rangle$ のみの重ね合わせであるため寿命が長く安定である．

　1個の原子（イオン）の量子ビットの情報を光子の状態に移す，あるいは光子の状態を書き込む操作は，この暗状態を利用する．すなわち，暗状態を断熱的に変化させることによりこの操作が可能になる．$n=0$ の場合には，$\phi_1=\pi$ とおくと暗状態は以下のように表される．

$$|\psi_{\mathrm{dark}}\rangle = \frac{2g_{\mathrm{c}}|g,0\rangle + \Omega_{\mathrm{p}}|e,1\rangle}{\sqrt{\Omega_{\mathrm{p}}^2+4g_{\mathrm{c}}^2}} \tag{6.94}$$

古典的なレーザー場の強度を $\Omega_{\mathrm{p}}=0$ から $\Omega_{\mathrm{p}}\gg g_{\mathrm{c}}$ まで，系が断熱的に変化するように増加させると，暗状態は以下のように変化する．

$$|\psi_{\mathrm{dark}}\rangle = |g,0\rangle \ \rightarrow \ |\psi_{\mathrm{dark}}\rangle = |e,1\rangle$$

すなわち，$|g\rangle$ にあった原子が $|e\rangle$ に移ることによって1個の光子が共振器内に生成される．逆に，$\Omega_{\mathrm{p}}\gg g_{\mathrm{c}}$ から $\Omega_{\mathrm{p}}\to 0$ まで減少させると，反転した操作が可能である．

$$|\psi_{\mathrm{dark}}\rangle = |e,1\rangle \ \rightarrow \ |\psi_{\mathrm{dark}}\rangle = |g,0\rangle$$

すなわち，共振器内の1個の光子が消滅するとともに，$|e\rangle$ にあった原子が $|g\rangle$ に移る．このような，ラマン型の相互作用で生じる暗状態を用いて量子状態を断熱的に操作する手法を，誘導ラマン断熱通過（STIRAP；stimulated Raman adiabatic passage）という [69]．

　STIRAP を用いると，重ね合わせの状態を移すことが可能である．すなわち，共振器内の光子の状態を $|0\rangle$，原子の状態を $\alpha|g\rangle+\beta|e\rangle$ に準備して $\Omega_{\mathrm{p}}=0$ から $\Omega_{\mathrm{p}}\gg g_{\mathrm{c}}$ まで増加させると，$|e,0\rangle$ はこの操作で変化しないので，状態は以下のように変化する．

$$(\alpha|g\rangle+\beta|e\rangle)|0\rangle \ \rightarrow \ |e\rangle(\alpha|1\rangle+\beta|0\rangle)$$

逆に，共振器内の光子の状態を $\alpha|1\rangle+\beta|0\rangle$，原子の状態を $|e\rangle$ に準備して $\Omega_{\mathrm{p}}\gg g_{\mathrm{c}}$ から $\Omega_{\mathrm{p}}\to 0$ まで減少させると，状態は以下のように変化する．

$$|e\rangle(\alpha|1\rangle+\beta|0\rangle) \ \rightarrow \ (\alpha|g\rangle+\beta|e\rangle)|0\rangle$$

前者が原子の量子ビットから光の状態へのスワップ操作，後者が光の状態から原

子の量子ビットへのスワップ操作である．これにより，原子の量子状態を光子に移す，あるいはその逆の操作を行うことができる．

STIRAP を用いた，原子と光子とのインターフェースを実現するには，非常に高度な技術が必要である．高いフィネスと小さなモード体積を持つ光共振器内に原子（イオン）を静止させ，強結合条件において光と相互作用させる必要がある．中性原子を用いた実験では，強結合を満たした条件で，原子と光のコヒーレントな相互作用が実現している．したがって，上で述べた方式による，原子と光子の間の量子情報のスワップ操作の実証実験が実施されている[70,71]．イオントラップは，長い捕獲時間，信頼性の高いイオンの制御と量子状態操作など，この方式に対して多くの利点を持っている．この方式の実現のためには，モード体積の小さな光共振器とトラップ電極をコンパクトに組み立てる必要がある．しかしながら，共振器を小型化するにつれて鏡の誘電体がトラップのポテンシャルを乱すという問題があるため，共振器の小型化が難しく，現在のところ強結合条件を満足させるまでには至っていない．したがって現時点では，この目的に適したイオントラップの開発と並行して，強結合を満足していない条件下での実験が行われている．例えば，STIRAP による単一光子の決定論的な放出[72]，イオンと光子の量子もつれ状態の生成やイオンから光子への量子状態のスワップ操作の実験などが行われている[73,74]．後者の実験ではイオンの Λ 型の準位を 2 つ用いて，直交する 2 つの偏光状態 $|H\rangle, |V\rangle$ からなる光の量子ビットへの，スワップ操作の実験が行われている．これは，光の伝送において，偏光を用いる方が損失に対してロバストなためである．強結合条件を満たしていないため，イオンから光子への量子状態の変換効率はそれほど高くない[74]．

6.7.3 確率的方式

この方式ではまず，2 つの量子ノードにあるイオンに対して，同時にレーザーパルスを照射する．その結果，それぞれのイオンと量子もつれ状態にある光子が各イオンから 1 個ずつ，自然放出により発生する．これらの光子を二光子干渉させて光子の検出を行う．測定により目的の結果が得られたときに，2 つのイオン間に量子もつれ状態を発生させることができる．したがって，目的とする結果が得られるまで測定を繰り返すことが必要な，確率的な手法となる．

励起状態にあるイオンが自然放出によって特定の準位へ遷移する場合には，放

出される光子はある決まった偏光あるいは周波数を持つ．イオンともつれた状態にある光子を発生させるには，この性質を用いる．発生方法として，図6.18に代表的な2つの例を示す[75]．この例では，原子はYb$^+$イオンの基底状態の超微細構造準位と第一励起準位が示されている．

図6.18(a)に示すのは，光の偏光量子ビットとイオンの量子もつれ状態を発生させる方法である．基底状態^{2}S$_{1/2}$の$(F=0, m=0)$準位に準備されたイオンに，369.5 nmのπ偏光のレーザーパルスを照射して，イオンを励起状態^{2}P$_{1/2}$の$(F=1, m=0)$準位に励起する．励起状態は自然放出により基底状態の$(F=1, m=\pm1)$および$(F=0, m=0)$へ戻る．電気双極子遷移では$(F=0, m=0)$へ戻る際に放出されるπ偏光の光は，量子化軸（磁場）方向には放出されない．したがって，量子化軸方向へ放出された光子は，イオンと以下のような量子もつれ状態になる．

$$|\psi\rangle = \frac{|e\rangle|\sigma^-\rangle - |g\rangle|\sigma^+\rangle}{\sqrt{2}} \tag{6.95}$$

ただし，$|e\rangle, |g\rangle$はそれぞれ基底状態の^{2}S$_{1/2}$$(F=1, m=1)$, $(F=1, m=-1)$準位にあるイオンの状態を表す．また，$|\sigma^-\rangle, |\sigma^+\rangle$はそれぞれ$\sigma^-$, σ^+偏光の一光子状態を表す．

図6.18(b)に示すのは，光の周波数量子ビットとイオンとの量子もつれを発生

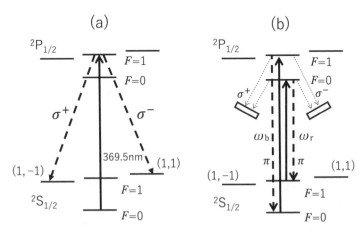

●図6.18　イオンともつれた状態の光子の発生法
(a)偏光の異なる光子を用いる方法，(b)周波数の異なる光子を用いる方法．

させる方法である．369.5 nm の π 偏光のレーザーパルスに対しては，選択則により，$^2S_{1/2}(F=0, m=0)$ から $^2P_{1/2}(F=1, m=0)$ への遷移，および $^2S_{1/2}(F=1, m=0)$ から $^2P_{1/2}(F=0, m=0)$ への遷移が許される．最初にイオンを 2 つの基底状態の重ね合わせ状態 $\alpha|e\rangle+\beta|g\rangle$ に準備する．ただし，$|e\rangle, |g\rangle$ はそれぞれ $^2S_{1/2}$ $(F=1, m=0), (F=0, m=0)$ 準位にあるイオンの状態を表す．この状態のイオンに，2 つの遷移周波数をカバーする広いスペクトル幅を持ったレーザーパルスを照射して，重ね合わせ状態を保ったまま励起状態に移す．励起状態から基底状態に戻るときに放出される光に対しては，$\sigma^{\pm}$ 偏光成分を偏光子で除いて観測する．このとき観測される光子は，元の基底状態に戻る異なる角周波数 ω_r, ω_b を持つ 2 つの π 偏光の光子となる．したがって，イオンと光子は以下の量子もつれ状態になる．

$$|\psi\rangle = \alpha|e\rangle|1\rangle_r + \beta|g\rangle|1\rangle_b \tag{6.96}$$

ただし，$|1\rangle_r, |1\rangle_b$ はそれぞれ角周波数成分 ω_r, ω_b を持つ一光子状態を表す．

　イオンともつれた光子を用いると，ノード間のイオンの量子もつれ状態を発生させることができる[76]．例として，図6.18(b)の周波数量子ビットの場合を考える．図 6.19 に示すように，2 つのノードにあるイオントラップにそれぞれ 1 個の Yb^+ を捕獲し，ラム・ディッケ領域まで冷却する．さらに，イオンをそれぞれ重ね合わせ状態 $\alpha_i|e_i\rangle+\beta_i|g_i\rangle$ $(i=1, 2)$ に準備する．次に，2 つのイオンに同時に，369.5 nm の π 偏光を持つ 1 ピコ秒のレーザーパルスを照射する．励起状態

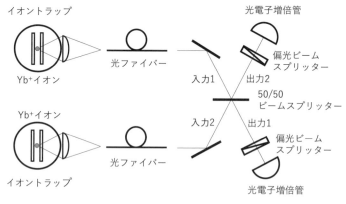

●図 6.19　光子を仲介とした離れたイオントラップにある 2 つのイオンの量子もつれ状態の発生

に上がった後，自然放出され，偏光子を通った π 偏光の光子は，それぞれのイオンと量子もつれ状態にある．それぞれのイオンからの光子をレンズとファイバーを通して，ホン・オウ・マンデル干渉計の2つの入力ポートに入射させる．このとき，イオンと光子の状態は以下のように表される．

$$|\psi_{\rm tot}\rangle = (\alpha_1|e_1\rangle|1,0\rangle_{\rm r} + \beta_1|g_1\rangle|1,0\rangle_{\rm b}) \otimes (\alpha_2|e_2\rangle|0,1\rangle_{\rm r} + \beta_2|g_2\rangle|0,1\rangle_{\rm b}) \qquad (6.97)$$

ただし，$|1,0\rangle_{\rm r}$ などのケットの中の2つの数は，それぞれビームスプリッターの入力モード1および2の光子数である．

(6.97) 式の状態は4つの項からなる．このうち，ビームスプリッターの各入力ポートに同じ周波数の光子が入射した場合に対応するのは，以下の2つの項である．

$$\alpha_1\alpha_2|e_1\rangle|e_2\rangle|1,1\rangle_{\rm r} + \beta_1\beta_2|g_1\rangle|g_2\rangle|1,1\rangle_{\rm b}$$

ただし，$|1,0\rangle_{\rm r}|0,1\rangle_{\rm r}$ などを $|1,1\rangle_{\rm r}$ のように表した．ホン・オウ・マンデル干渉では，同じ周波数の光子が入射したときは，前節の (6.88) 式に示したように，必ずどちらかの出力ポートに2個の光子が同時に検出される．すなわち，この状態はビームスプリッターの出力では (6.88) 式と同様に以下のように変換される．

$$-i\alpha_1\alpha_2|e_1\rangle|e_2\rangle\frac{|2,0\rangle_{\rm r}+|0,2\rangle_{\rm r}}{\sqrt{2}} - i\beta_1\beta_2|g_1\rangle|g_2\rangle\frac{|2,0\rangle_{\rm b}+|0,2\rangle_{\rm b}}{\sqrt{2}}$$

一方，それぞれの出力ポートで同時に光子が1個ずつ計数される可能性があるのは，異なった周波数の光子が入力したときである．この状態は (6.97) 式の中の以下の2つの項に対応する．

$$\alpha_1\beta_2|e_1\rangle|g_2\rangle|1,0\rangle_{\rm r}|0,1\rangle_{\rm b} + \beta_1\alpha_2|g_1\rangle|e_2\rangle|1,0\rangle_{\rm b}|0,1\rangle_{\rm r}$$
$$= \alpha_1\beta_2|e_1\rangle|g_2\rangle\hat{a}_{\rm r1}^{\dagger}\hat{a}_{\rm b2}^{\dagger}|0,0\rangle_{\rm r}|0,0\rangle_{\rm b} + \beta_1\alpha_2|g_1\rangle|e_2\rangle\hat{a}_{\rm b1}^{\dagger}\hat{a}_{\rm r2}^{\dagger}|0,0\rangle_{\rm b}|0,0\rangle_{\rm r} \qquad (6.98)$$

ただし，$\hat{a}_{\rm r1}^{\dagger}, \hat{a}_{\rm r2}^{\dagger}$ は角周波数 $\omega_{\rm r}$ を持つ光子の，$\hat{a}_{\rm b1}^{\dagger}, \hat{a}_{\rm b2}^{\dagger}$ は角周波数 $\omega_{\rm b}$ を持つ光子の入力モード1, 2の生成演算子である．2つの種類の光子は周波数が異なるので，それぞれの演算子は50/50ビームスプリッターによって独立に変換される．この変換は (6.84) 式を用いると以下のように表される．

$$\begin{pmatrix} \hat{U}_{\alpha\rm T}\hat{a}_{\alpha1}^{\dagger}\hat{U}_{\alpha\rm T}^{\dagger} \\ \hat{U}_{\alpha\rm T}\hat{a}_{\alpha2}^{\dagger}\hat{U}_{\alpha\rm T}^{\dagger} \end{pmatrix} = \begin{pmatrix} 1/\sqrt{2} & -i/\sqrt{2} \\ -i/\sqrt{2} & 1/\sqrt{2} \end{pmatrix} \begin{pmatrix} \hat{a}_{\alpha1}^{\dagger} \\ \hat{a}_{\alpha2}^{\dagger} \end{pmatrix}, \qquad \alpha = {\rm r, b}$$

したがって，(6.98) 式の2つの項は，上式を使って (6.85) 式の導出と同じように計算すると，ビームスプリッターの演算子 $\hat{U}_{\rm rT}\hat{U}_{\rm bT}$ の作用によって以下のよ

うに変換されることが分かる.

$$-\frac{i(|1,0\rangle_r|1,0\rangle_b+|0,1\rangle_r|0,1\rangle_b)(\alpha_1\beta_2|e_1\rangle|g_2\rangle+\beta_1\alpha_2|g_1\rangle|e_2\rangle)}{2}$$

$$+\frac{(|1,0\rangle_r|0,1\rangle_b-|0,1\rangle_r|1,0\rangle_b)(\alpha_1\beta_2|e_1\rangle|g_2\rangle-\beta_1\alpha_2|g_1\rangle|e_2\rangle)}{2}$$

第1項は,出力ポート1あるいは2に周波数の異なる2個の光子が同時に検出される状態,第2項は出力ポート1および2にそれぞれ周波数の異なる光子が1個ずつ同時に検出される状態である.したがって,測定により光子がそれぞれのポートに1個ずつ同時に検出された場合には,イオンは以下の状態に射影され,2つのイオンの量子もつれ状態が得られる.

$$|\psi_{\rm ion}\rangle=\frac{\alpha_1\beta_2|e_1\rangle|g_2\rangle-\beta_1\alpha_2|g_1\rangle|e_2\rangle}{\sqrt{2P}}, \qquad 2P=|\alpha_1\beta_2|^2+|\beta_1\alpha_2|^2 \qquad (6.99)$$

この状態が得られるためには,それぞれの出力ポートに1個の光子が同時に検出されることが条件で,得られる確率は P である.したがって,しばしば伝令付き方法とも呼ばれ,目的の結果が得られるのは確率的になる.

　量子もつれ状態の発生方法をさらに発展させると,量子テレポーテーションが可能になる[77].イオン1の量子状態を $\alpha|e_1\rangle+\beta|g_1\rangle$ に準備して,それをイオン2にテレポートすることを考える.イオン2の初期状態は,重ね合わせ状態 $(|e_2\rangle+|g_2\rangle)/\sqrt{2}$ に準備する.上に述べた手順で,2つのイオン間の量子もつれ状態を生成すると,以下の量子状態が得られる.

$$|\psi_{\rm ion}\rangle=\alpha|e_1\rangle|g_2\rangle-\beta|g_1\rangle|e_2\rangle \qquad (6.100)$$

ここで,イオン1にキャリア遷移の $\pi/2$ パルス $R(\pi/2,\pi/2)$ を加えて,$|e_1\rangle\to(|e_1\rangle+|g_1\rangle)/\sqrt{2},\ |g_1\rangle\to(-|e_1\rangle+|g_1\rangle)/\sqrt{2}$ と変化させると以下の状態が得られる.

$$|\psi_{\rm ion}\rangle=\frac{|e_1\rangle(\alpha|g_2\rangle+\beta|e_2\rangle)}{\sqrt{2}}+\frac{|g_1\rangle(\alpha|g_2\rangle-\beta|e_2\rangle)}{\sqrt{2}} \qquad (6.101)$$

この状態において,イオン1の蛍光測定を行う.測定により $|e_1\rangle$ が得られるとイオン2は $(\alpha|g_2\rangle+\beta|e_2\rangle)$ に射影され,$|g_1\rangle$ が得られると $(\alpha|g_2\rangle-\beta|e_2\rangle)$ に射影される.結果に応じて,イオン2に操作を行う.前者の場合はイオン2に σ_x,後者の場合は σ_y を作用させる.これにより,イオン2に未知の状態 $\alpha|e_2\rangle+\beta|g_2\rangle$ がテレポートされる.

　この方法を用いて実証実験が行われ,約1m離れたイオントラップ間におい

て90%の忠実度でテレポーテーションが実現されている．ここで示した方法の成功確率は $p = p_{Bell}[p_{\pi}\eta T_{fiber}T_{opt}\xi\eta_c]^2$ で表される[66]．ただし，p_{Bell} は干渉測定における1つのベル状態の検出確率（この場合1/4），p_{π} は蛍光中の π 偏光光子の割合（この場合1/2），η は光子計数における光電子増倍管の量子効率，T_{fiber} は光ファイバーへの結合および透過率，T_{opt} は他の光学素子の透過率，ξ は蛍光の分岐比，η_c は光子の集光効率である．最初の実証実験では低い集光効率などのため，成功確率は $p \approx 2.2 \times 10^{-8}$ であった．したがって，繰り返しのレートの75 kHz に対して，1秒間の成功率が $0.002\,\mathrm{s}^{-1}$ であった．最近では大きく改善され，$4.5\,\mathrm{s}^{-1}$ まで向上している．これは，量子もつれ状態のデコヒーレンスレート $0.9\,\mathrm{s}^{-1}$ の5倍に相当し，この手法を使った量子ネットワークの実現へ大きく前進している[78]．

■ 6.8　原子時計への応用 ■

6.8.1　原子時計の性能

冷却イオンの応用の1つは，原子時計（周波数標準）である．1秒は，セシウム原子の超微細構造準位間のマイクロ波遷移を用いて定義されている．すなわち，セシウム原子の基底状態の，超微細構造準位間の遷移に対応するマイクロ波の周期を，9192631770回積算したものが1秒として決められている．この定義を物理的に実現するために，セシウム原子時計が用いられる．セシウム原子時計は，ここ数十年の間に着実に改良が進められてきた．レーザー冷却された原子を垂直に打ち上げてラムゼイ干渉を観測する原子泉型の時計では，周波数の不確かさは 10^{-15} 以下にまで達している．一方，光周波数コムの発明によって，光の周波数計測が容易になった．このため，光領域における原子時計の開発も活発に進められ，大きな進歩を遂げている．1980年代初めに，1個の冷却イオンを用いた光領域の単一イオン時計が提案されたのを皮切りに研究が始められた[79]．その後，スペクトルの計測技術やレーザー技術の発展により，セシウム原子時計の不確かさを超える性能が得られている．また，光格子中に中性原子を閉じ込め，その吸収スペクトルを用いる光格子時計が，2000年代に入って提案された[80]．この時計の開発も急速に進み，単一イオン時計とともに，10^{-17} 以下の不確かさが報告されている[81,82,83,84]．現在では，単一イオン時計と光格子時計は，

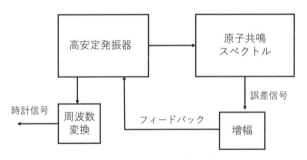

●図 6.20　原子時計の基本構成

光領域の原子時計として代表的なものである[85].

原子時計は，図 6.20 に示すように，原子の吸収スペクトルの中心に高安定発振器の周波数を安定化し，この発振器の信号の周期を積算することによって実現される．6.4.2 項で述べたように，スペクトル信号 $S(f)$ の中心から対称の位置にある 2 点の周波数を測定して，その平均で中心周波数を求める場合には，周波数 f の揺らぎ δf は，$\delta f = \delta S/(dS/df)$ で与えられる．ただし，δS は観測信号の揺らぎ，dS/df は観測点における信号の周波数に対する傾きである．1 回の測定時間を T_m として，M 回の測定の平均で周波数を求めるとすると，信号の揺らぎが白色雑音に起因する場合には，相対的な周波数揺らぎ $\sigma_y(\tau)$ は以下のように表される[85].

$$\sigma_y(\tau) = \left(\frac{\delta f}{f_0}\right)\frac{1}{\sqrt{M}} = \frac{\delta S}{f_0(dS/df)}\sqrt{\frac{T_m}{\tau}} = \frac{1}{\kappa_s Q(S_0/\delta S)}\sqrt{\frac{T_m}{\tau}} \quad (6.102)$$

ただし，$\tau = MT_m$ は測定時間，Q はスペクトルの Q 値（$Q = f_0/\Delta f$，f_0：共鳴周波数，Δf：共鳴の半値全幅），S_0 は信号のピーク値，$\kappa_s = (dS/df)\Delta f/S_0$ はスペクトルの形状で決まる因子で 1 のオーダーである．$\sigma_y(\tau)$ は周波数安定度といわれ，原子時計の性能の 1 つの尺度である．ラムゼイ共鳴を検出信号として用い，揺らぎが射影雑音で決まる場合には，6.4.2 項の (6.41) 式において，ドリフト時間 T を測定時間 T_m とおき，$\Delta\omega = 2\pi\delta f$ の関係を用いると以下の式が得られる．

$$\sigma_y(\tau) = \left(\frac{\delta f}{f_0}\right)\sqrt{\frac{T_m}{\tau}} = \frac{1}{2\pi f_0 \sqrt{NT_m\tau}} \quad (6.103)$$

ただし，N は原子の個数である．(6.102) 式によると，原子時計に用いられる原子の吸収スペクトルには，吸収スペクトルの Q 値が大きく，信号検出におけ

る信号対雑音比 $(S_0/\delta S)$ が大きいことが要求される.

マイクロ波領域のセシウム原子時計では,現在最も鋭い共鳴スペクトルの幅は 1 Hz 程度であり,スペクトルの Q 値は 10^{10} 程度である.一方,光領域においては,非常に高い Q 値が得られる.イオンの場合,基底準位と準安定準位との電気四重極遷移(Ca$^+$, Sr$^+$, Hg$^+$: ^{2}S$_{1/2}$-^{2}D$_{5/2}$, Yb$^+$: ^{2}S$_{1/2}$-^{2}D$_{3/2}$),電気八重極遷移(Yb$^+$: ^{2}S$_{1/2}$-^{2}F$_{7/2}$),禁制遷移(Al$^+$, In$^+$: ^{1}S$_0$-^{3}P$_0$)などを時計遷移として用いる.ドップラー冷却によって冷却されたイオンの時計遷移の光吸収スペクトルは,強い束縛条件が満たされるので,サイドバンドから構成される.ラム・ディッケの基準が満たされる微小領域まで閉じ込められた場合には,時計遷移の吸収スペクトルは,キャリア遷移が支配的となる.このキャリアスペクトルが,光領域の原子時計に用いられる.スペクトルの中心に,スペクトル幅の狭いレーザーの周波数をロックすることで,原子時計が実現される.時計遷移の自然幅が狭いので,究極的なスペクトルの Q 値として 10^{14} 以上が得られる.

原子時計に用いられる吸収スペクトルに要求されるもう 1 つの重要な要素は,吸収線の中心の周波数シフトが小さく,かつシフト量の評価が容易なことである.原子の吸収スペクトルは,さまざまな要因によって中心周波数がシフトする.外部の磁場や電場,重力ポテンシャル,原子が運動していることによるドップラー効果などである.このために,時計遷移には磁場や電場などによるシフト量の小さい遷移が選ばれる.単一イオンの場合には,レーザー冷却により数 mK まで冷却されているため,ドップラー効果によるシフト量は小さい.このように周波数シフトが小さく,かつシフト量の評価が容易なことから,単一イオン時計はセシウム原子時計の 2 桁程度小さな不確かさが得られている.

6.8.2 量子論理分光

量子情報処理技術を原子時計に応用した典型的な例は,量子論理分光(quantum logic spectroscopy)である.Al$^+$ イオンの時計遷移 267.4 nm(^{1}S$_0$-^{3}P$_0$)は,電場勾配による電気四重極シフトがなく,また黒体輻射シフト(周囲物体からの黒体輻射によって起こされる AC シュタルクシフト)が小さいため,高い精度の原子時計が得られることが期待されていた.しかしながら,Al$^+$ イオンの場合は,レーザー冷却や信号検出に用いる遷移が真空紫外域にあるため,光源を準備することが難しく,このイオンを原子時計に用いることが困難であった.この

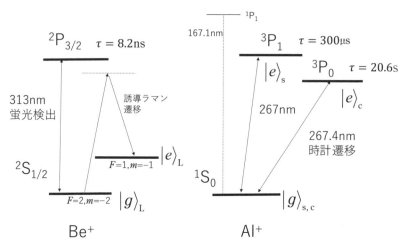

●図6.21 量子論理分光のためのBe$^+$イオンとAl$^+$イオンのエネルギー準位図

欠点を克服するために，NISTのグループによって量子論理分光が開発されている．この方法では，1個のAl$^+$イオンと同時に，1個のBe$^+$イオンを同じリニアトラップ内に捕獲する．Be$^+$イオンには2つの役割がある．1つは，協同冷却による2つのイオンの振動基底状態までの冷却，もう1つは，スペクトル測定におけるAl$^+$イオンの状態検出である．図6.21に，2つのイオンのエネルギー準位を示す．Al$^+$イオンには，基底状態$^1S_0$準位の上に2つの寿命の長い励起準位がある．1つは時計遷移に用いられる$^3P_0$準位（寿命20.6 s），もう1つは$^3P_1$準位（寿命300 μs）である．Al$^+$イオンを使った量子論理分光では，2つの方法が考えられる．1つは，Al$^+$イオンの内部状態を，振動状態を仲介にしてそっくりBe$^+$イオンに移す方法[86]，もう1つはAl$^+$イオンにおける状態検出（シェルビング）の情報を，同様にしてBe$^+$イオンに移す方法である[87]．

前者の方法は，Al$^+$の$^1S_0$-$^3P_1$遷移のスペクトルの観測に用いられた．Al$^+$の$^1S_0$を$|g\rangle_s$，$^3P_1$を$|e\rangle_s$で表す．Be$^+$イオンの量子ビットは，基底状態$^2S_{1/2}$の2つの超微細構造準位である．$(F=2, m=-2)$を$|g\rangle_L$および$(F=1, m=-1)$を$|e\rangle_L$で表す．$|g\rangle_L$は状態検出レーザーの照射で蛍光を発する．初期状態として，基準振動モードは振動基底状態$|0\rangle$まで冷却されている．また，2つのイオンはそれぞれ$|g\rangle_s$，$|g\rangle_L$に準備される．まずスペクトルの観測のため，$^1S_0$-$^3P_1$遷移に対応す

6.8 原子時計への応用

るレーザーをイオンに照射する. イオンの状態は, $(\alpha|g\rangle_s + \beta|e\rangle_s)|0\rangle|g\rangle_L$ となる. 次に, Al^+イオンの${}^1S_0$-${}^3P_1$遷移のレッドサイドバンドπパルスを照射する. この操作は, Al^+イオンの内部状態の振動状態へのスワップ操作である. したがって, イオンの状態は $|g\rangle_s(\alpha|0\rangle+\beta|1\rangle)|g\rangle_L$ となる. 次に, Be^+イオンの量子ビット遷移 (誘導ラマン遷移) のレッドサイドバンドπパルスを照射して, 振動状態をBe^+イオンの量子ビットに移す. したがって, イオンの状態は, $|g\rangle_s|0\rangle(\alpha|g\rangle_L + \beta|e\rangle_L)$ となる. これにより, Al^+イオンの内部状態がBe^+イオンにそっくり移されたことになる. 最後に, Be^+イオンに状態検出用のレーザーを照射して, 蛍光を観測する. レーザーの周波数を変えることによって, Al^+イオンの遷移のスペクトルを計測することができる.

後者の方法は, ${}^1S_0$-${}^3P_0$の時計遷移の観測に用いられた. Al^+ の ${}^1S_0$ を $|g\rangle_c$, ${}^3P_0$ を $|e\rangle_c$ で表す. 初期状態として, 前の場合と同じく振動モードを振動基底状態に, Al^+ と Be^+ イオンをそれぞれ $|g\rangle_c$, $|g\rangle_L$ に準備する. まずスペクトルの観測のために, ${}^1S_0$-${}^3P_0$遷移に対応するレーザーをAl^+イオンに照射する. イオンの状態は, $(\alpha|g\rangle_c + \beta|e\rangle_c)|0\rangle|g\rangle_L$ となる. 次に, Al^+イオンの${}^1S_0$-${}^3P_1$遷移におけるブルーサイドバンドπパルスをAl^+イオンに照射する. これは状態検出 (シェルビング) の操作に対応する. イオンが${}^1S_0$ ($|g\rangle_c$) にあった場合には, イオンは${}^3P_1$に遷移するとともに, 振動状態が$|0\rangle$から$|1\rangle$へ変化する. イオンが${}^3P_0$ ($|e\rangle_c$) にあった場合には, 遷移は起こらず振動状態は変化しない. 振動状態の変化は, Be^+イオンの量子ビット遷移のレッドサイドバンドπパルスの照射によって検出することができる. すなわち振動状態が変化した場合はBe^+イオンは$|g\rangle_L$から$|e\rangle_L$へ移り, 変化しない場合は$|g\rangle_L$のままである. Be^+イオンに状態検出用のレーザーを照射して状態を検出する. これにより, Al^+イオンの状態を知ることができる. この測定過程は実質的には, イオンのもつれた状態, $\alpha|g\rangle_c|e\rangle_L + \beta|e\rangle_c|g\rangle_L$ を発生し, この状態に対してBe^+イオンの蛍光を測定することと等価である. 蛍光が観測される確率 ($|g\rangle_L$) は $|\beta|^2$, 蛍光が観測されない確率 ($|e\rangle_L$) は $|\alpha|^2$ であるため, Al^+イオンの遷移確率が得られる.

この方法の1回の測定サイクルに要する時間は 2 ms 程度である. 測定過程において, シェルビングにより${}^3P_1$に遷移したAl^+イオンの寿命は短い (300 μs) ので, Al^+イオンはサイクルが終わると自然放出によって $|g\rangle_c$ (${}^1S_0$) に戻る. したがって, 時計遷移の励起準位 $|e\rangle_c$ の寿命 (20.6 s) が続く間は, 再びシェルビ

ングパルスを照射して測定を繰り返すことができる．このことを利用すると，シェルビングパルスの不完全さなどによって生じる1回の測定誤差（15％程度）を，統計的手法を用いて改善することができる．この方法では，Al^+イオンのコヒーレンスはBe^+イオンに移されない．しかしながら，測定の繰り返しによって精度を上げることが可能であり，測定の忠実度として99.94％を得ている[88]．NISTのグループは，この方法により，Al^+の時計遷移のスペクトルを測定し，スペクトル幅2.7 Hz，スペクトルのQ値として4.2×10^{14}を得ている．またこのスペクトルを用いてレーザーを安定化し，時計として10^{-17}以下の不確かさを得ている[81]．さらに，2台のAl^+イオン原子時計の置かれている高度差を0.33 m変えることにより，一般相対論的効果である重力ポテンシャルの変化による約4×10^{-17}のシフトを観測している[89]．

参考文献

[1] D. P. DiVincenzo, *Quant. Inf. Comp.* **1**, 1 (2001).

[2] T. P. Harty, D. T. C. Allcock, C. J. Ballance, L. Guidoni, H. A. Janacek, N. M. Linke, D. N. Stacey and D. M. Lucas, *Phys. Rev. Lett.* **113**, 220501 (2014).

[3] J. I. Cirac and P. Zoller, *Phys. Rev. Lett.* **74**, 4091 (1995).

[4] C. Monroe, D. M. Meekhof, B. E. King, W. M. Itano and D. J. Wineland, *Phys. Rev. Lett.* **75**, 4714 (1995).

[5] F. Schmidt-Kaler et al., *Nature* **422**, 408 (2003).

[6] S. Gulde, M. Riebe, G. P. T. Lancaster, C. Becher, J. Eschner, H. Häffner, F. Schmidt-Kaler, I. L. Chuang and R. Blatt, *Nature* **421**, 48 (2003).

[7] T. Schaetz, M. D. Barrett, D. Leibfried, J. Chiaverini, J. Britton, W. M. Itano, J. D. Jost, C. Langer and D. J. Wineland, *Phys. Rev. Lett.* **93**, 040505 (2004).

[8] M. Riebe et al., *Nature* **429**, 734 (2004).

[9] M. D. Barrett et al., *Nature* **429**, 737 (2004).

[10] J. Chiaverini et al., *Nature* **432**, 602 (2004).

[11] J. Chiaverini et al., *Science* **308**, 997 (2005).

[12] D. Kielpinski, C. Monroe and D. J. Wineland, *Nature* **417**, 709 (2002).

[13] M. A. Nielson and I. L. Chuang, *Quantum Computation and Quantum Information*, Cambridge University Press (2000).

[14] D. Leibfried et al., *Nature* **422**, 412 (2003).

[15] M. A. Rowe, D. Kielpinski, V. Meyer, C. A. Sackett, W. M. Itano, C. Monroe and D. J. Wineland, *Nature* **409**, 791 (2001).

[16] C. F. Roos et al., *Phys. Rev. Lett.* **92**, 220402 (2004).

[17] O. Gühne and G. Tóth, *Phys. Report* **474**, 1 (2009).

6.8 原子時計への応用　　　189

[18] K. Molmer and A. Sorensen, *Phys. Rev. Lett.* **82**, 1835 (1999).

[19] S. Haroche and J. M. Raimond, *Exploring the Quantum*, Oxford University Press (2006).

[20] C. A. Sackett et al., *Nature* **404**, 256 (2000).

[21] J. Benhelm, G. Kirchmair, C. F. Roos and R. Blatt, *Nature Phys.* **4**, 463 (2008).

[22] T. Monz et al., *Phys. Rev. Lett.* **106**, 130506 (2011).

[23] W. M. Itano, J. C. Bergquist, J. J. Bollinger, J. M. Gilligan, D. J. Heinzen, F. L. Monroe, M. G. Raizen and D. J. Wineland, *Phys. Rev. A* **47**, 3554 (1993).

[24] J. J. Bollinger, W. M. Itano, D. J. Wineland and D. J. Heinzen, *Phys. Rev. A* **54**, R4649 (1996).

[25] D. Leibfried, M. D. Barrett, T. Schaetz, J. Britton, J. Chiaverini, W. M. Itano, J. D. Jost, C. Langer and D. J. Wineland, *Science* **304**, 1476 (2004).

[26] D. Leibfried et al., *Nature* **438**, 639 (2005).

[27] C. F. Roos, M. Riebe, H. Häffner, W. Hänsel, J. Benhelm, G. P. T. Lancaster, C. Becher, F. Schmidt-Kaler and R. Blatt, *Science* **304**, 1478 (2004).

[28] H. Häffner et al., *Nature* **438**, 643 (2005).

[29] A. Retzker, E. Solano and B. Reznik, *Phys. Rev. A* **75**, 022312 (2007).

[30] I. E. Linington and N. V. Vitanov, *Phys. Rev. A* **77**, 010302 (2008).

[31] D. B. Hume, C. W. Chou, T. Rosenband and D. J. Wineland, *Phys. Rev. A* **80**, 052302 (2009).

[32] K. Toyoda, T. Watanabe, T. Kimura, S. Nomura, S. Haze and S. Urabe, *Phys. Rev. A* **83**, 022315 (2011).

[33] A. Noguchi, K. Toyoda and S. Urabe, *Phys. Rev. Lett.* **109**, 260502 (2012).

[34] G. Benenti, G. Casati and G. Strini, *Principles of Quantum Computation and Information*, Volume II, World Scientific (2004).

[35] K. Toyoda, H. Shiibara, S. Haze, R. Yamazaki and S. Urabe, *Phys. Rev. A* **79**, 023419 (2009).

[36] S. Haze, T. Ohno, K. Toyoda and S. Urabe, *Appl. Phys. B* **105**, 761 (2011).

[37] C. Langer et al., *Phys. Rev. Lett.* **95**, 060502 (2005).

[38] D. J. Wineland, C. Monroe, W. M. Itano, D. Leibfried, B. E. King and D. M. Meekhof, *J. Res. Nat. Inst. Stand. Technol.* **103**, 259 (1998).

[39] H. Häffner, C. F. Roos and R. Blatt, *Phys. Report* **469**, 155 (2008).

[40] R. Feynman, *Int. J. Theoret. Phys.* **21**, 467 (1982).

[41] I. M. Georgescu, S. Ashhab and F. Nori, *Rev. Mod. Phys.* **86**, 153 (2014).

[42] M. Grener, O. Mandel, T. Esslinger, T. W. Hanssh and I. Bloch, *Nature* **415**, 39 (2002).

[43] M. Johanning, A. F. Varón and C. Wunderlich, *J. Phys. B : At. Mol. Opt. Phys.* **42**, 154009 (2009).

[44] Ch. Schneider, D. Porras and T. Schaetz, *Rep. Prog. Phys.* **75**, 024401 (2012).

[45] R. Blatt and C. F. Roos, *Nature Phys.* **8**, 277 (2012).

[46] A. Friedenauer, H. Schmitz, J. T. Glueckert, D. Porras and T. Schaetz, *Nature Phys.* **4**, 757 (2008).

[47] K. Kim, M.-S. Chang, R. Islam, S. Korenblit, L.-M. Duang and C. Monroe, *Phys. Rev. Lett.* **103**, 120502 (2009).

190   6. 量子情報処理への応用

[48] K. Kim, M.-S. Chang, S. Korenblit, R. Islam, E. E. Edwards, J. K. Freericks, G.-D. Lin, L.-M. Duan and C. Monroe, *Nature* **465**, 590 (2010).

[49] K. Kim et al., *New J. Phys.* **13**, 105003 (2011).

[50] R. Islam et al., *Science* **340**, 583 (2013).

[51] B. P. Lanyon et al., *Science* **334**, 57 (2011).

[52] X.-L. Deng, D. Porras and J. I. Cirac, *Phys. Rev. A* **72**, 063407 (2005).

[53] X.-L. Deng, D. Porras and J. I. Cirac, *Phys. Rev. A* **77**, 033403 (2008).

[54] D. Porras and J. I. Cirac, *Phys. Rev. Lett.* **93**, 263602 (2004).

[55] M. J. Hartmann, F. G. S. Brandão and M. B. Plenio, *Laser & Photon. Rev.* **2**, 527 (2008).

[56] E. K. Irish, C. D. Ogden and M. S. Kim, *Phys. Rev. A* **77**, 033801 (2008).

[57] P. A. Ivanov, S. S. Ivanov, N. V. Vitanov, A. Mering, M. Fleischhauer and K. Singer, *Phys. Rev. A* **80**, 060301 (2009).

[58] K. Toyoda, Y. Matsuno, A. Noguchi, S. Haze and S. Urabe, *Phys. Rev. Lett.* **111**, 160501 (2013).

[59] S. Urabe, K. Toyoda and A. Noguchi, in *Principles and Methods of Quantum Information Technologies*, Y. Yamamoto and K. Semba eds., chap. 15, p. 325, Springer (2016).

[60] M. Harlander, R. Lechner, M. Brownnutt, R. Blatt and W. Hänsel, *Nature* **471**, 200 (2011).

[61] K. R. Brown, C. Ospelkaus, Y. Colombe, A. C. Wilson, D. Leibfried and D. J. Wineland, *Nature* **471**, 196 (2011).

[62] S. Haze, Y. Tateishi, A. Noguchi, K. Toyoda and S. Urabe, *Phys. Rev. A* **85**, 031401(R) (2012).

[63] C. K. Hong, Z. Y. Ou and L. Mandel, *Phys. Rev. Lett.* **59**, 2044 (1987).

[64] K. Toyoda, R. Hiji, A. Noguchi and S. Urabe, *Nature* **527**, 74 (2015).

[65] H. J. Kimble, *Nature* **453**, 1023 (2008).

[66] L.-M. Duan and C. Monroe, *Rev. Mod. Phys.* **82**, 1209 (2010).

[67] T. E. Northup and R. Blatt, *Nat. Photonics* **8**, 356 (2014).

[68] J. I. Cirac, P. Zoller, H. J. Kimble and H. Mabuchi, *Phys. Rev. Lett.* **78**, 3221 (1997).

[69] N. V. Vitanov, T. Halfmann, B. W. Shore and K. Bergmann, *Annu. Rev. Phys. Chem.* **52**, 763 (2001).

[70] A. D. Boozer, A. Boca, R. Miller, T. E. Northup and H. J. Kimble, *Phys. Rev. Lett.* **98**, 193601 (2007).

[71] S. Ritter et al., *Nature* **484**, 195 (2012).

[72] M. Keller, B. Lange, K. Hayasaka, W. Lange and H. Walther, *Nature* **431**, 1075 (2004).

[73] A. Stute, B. Casabone, P. Schindler, T. Monz, O. Schmidt, B. Brandstätter, T. E. Northup and R. Blatt, *Nature* **485**, 482 (2012).

[74] A. Stute, B. Casabone, B. Brandstätter, K. Friebe, T. E. Northup and R. Blatt, *Nat. Photonics* **7**, 219 (2013).

[75] L. Luo, D. Hayes, T. A. Manning, D. N. Matsukevich, P. Maunz, S. Olmschenk, J. D. Sterk and C. Monroe, *Fortschr. Phys.* **57**, 1133 (2009).

6.8 原子時計への応用 191

[76] P. Maunz, S. Olmschenk, D. Hayes, D. N. Matsukevich, L.-M. Duan and C. Monroe, *Phys. Rev. Lett.* **102**, 250502 (2009).

[77] S. Olmschenk, D. N. Matsukevich, P. Maunz, D. Hayes, L.-M. Duan and C. Monroe, *Science* **323**, 486 (2009).

[78] D. Hucul, I. V. Inlek, G. Vittorini, C. Crocker, S. Debnath, S. M. Clark and C. Monroe, *Nature Phys.* **11**, 37 (2015).

[79] H. G. Dehmelt, *IEEE Trans. Instrum. Meas.* **IM-31**, 83 (1982).

[80] H. Katori, M. Takamoto, V. G. Pal'chikov and V. D. Ovsiannikov, *Phys. Rev. Lett.* **91**, 173005 (2003).

[81] C. W. Chou, D. B. Hume, J. C. J. Koelenmeij, D. J. Wineland and T. Rosenband, *Phys. Rev. Lett.* **104**, 070802 (2010).

[82] N. Huntemann, C. Sanner, B. Lipphardt, Chr. Tamm and E. Peik, *Phys. Rev. Lett.* **116**, 063001 (2016).

[83] B. J. Bloom, T. L. Nicholson, J. R. Williams, S. L. Campbell, M. Bishof, X. Zhang, W. Zhang, S. L. Bromley and J. Ye, *Nature* **506**, 71 (2014).

[84] I. Ushijima, M. Takamoto, M. Das, T. Ohkubo and H. Katori, *Nat. Photonics* **9**, 185 (2015).

[85] A. D. Ludlow, M. M. Boyd, J. Ye, E. Peik and P. O. Schmidt, *Rev. Mod. Phys.* **87**, 637 (2015).

[86] P. O. Schmidt, T. Rosenband, C. Langer, W. M. Itano, J. C. Bergquist and D. J. Wineland, *Science* **309**, 749 (2005).

[87] T. Rosenband et al., *Phys. Rev. Lett.* **98**, 220801 (2007).

[88] D. B. Hume, T. Rosenband and D. J. Wineland, *Phys. Rev. Lett.* **99**, 120502 (2007).

[89] C. W. Chou, D. B. Hume, T. Rosenband and D. J. Wineland, *Science* **329**, 1630 (2010).

$A.$ 回転軸表示と相互作用表示

■ A.1 シュレーディンガー表示とハイゼンベルグ表示 ■

状態ベクトルの時間発展は，シュレーディンガー方程式で記述される[*1]．

$$i\hbar\frac{\partial|\psi(t)\rangle_{\mathrm{s}}}{\partial t}=\widehat{H}|\psi(t)\rangle_{\mathrm{s}} \tag{A.1}$$

時間発展演算子 $\widehat{U}_{\mathrm{T}}(t,0)$ を，$|\psi(t)\rangle_{\mathrm{s}}=\widehat{U}_{\mathrm{T}}(t,0)|\psi(0)\rangle_{\mathrm{s}}$ で定義すると，この演算子は以下のように時間発展する．以下では，常に $t=0$ を時間の原点にとるので，$\widehat{U}_{\mathrm{T}}(t,0)$ を $\widehat{U}_{\mathrm{T}}(t)$ で表す．

$$i\hbar\frac{\partial\widehat{U}_{\mathrm{T}}(t)}{\partial t}=\widehat{H}\widehat{U}_{\mathrm{T}}(t) \tag{A.2}$$

$\widehat{U}_{\mathrm{T}}(t)$ はユニタリ演算子である．したがって，$\widehat{U}_{\mathrm{T}}(t)^{\dagger}=\widehat{U}_{\mathrm{T}}(t)^{-1}$ が成り立つ．シュレーディンガー表示では，時間的に発展する状態ベクトル $|\psi(t)\rangle_{\mathrm{s}}$ を，時間的に動かない基底ベクトルを使って記述する．二準位系において，この基底ベクトルを $|e\rangle, |g\rangle$ とすると，初期状態が $|\psi(0)\rangle_{\mathrm{s}}=c_{\mathrm{e}}(0)|e\rangle+c_{\mathrm{g}}(0)|g\rangle$ の場合には，時間 t での状態ベクトルは以下のようになる．

$$|\psi(t)\rangle_{\mathrm{s}}=\widehat{U}_{\mathrm{T}}(t)|\psi(0)\rangle_{\mathrm{s}}=c_{\mathrm{e}}(t)|e\rangle+c_{\mathrm{g}}(t)|g\rangle \tag{A.3}$$

$c_{\mathrm{e}}(t), c_{\mathrm{g}}(t)$ は $c_{\mathrm{e}}(0)$, $c_{\mathrm{g}}(0)$ を用いると以下のように表される．

$$\begin{pmatrix}c_{\mathrm{e}}(t)\\c_{\mathrm{g}}(t)\end{pmatrix}=\begin{pmatrix}\langle e|\widehat{U}_{\mathrm{T}}(t)|\psi(0)\rangle\\\langle g|\widehat{U}_{\mathrm{T}}(t)|\psi(0)\rangle\end{pmatrix}=\begin{pmatrix}\langle e|\widehat{U}_{\mathrm{T}}(t)|e\rangle & \langle e|\widehat{U}_{\mathrm{T}}(t)|g\rangle\\\langle g|\widehat{U}_{\mathrm{T}}(t)|e\rangle & \langle g|\widehat{U}_{\mathrm{T}}(t)|g\rangle\end{pmatrix}\begin{pmatrix}c_{\mathrm{e}}(0)\\c_{\mathrm{g}}(0)\end{pmatrix}$$

[*1] この付録では，シュレーディンガー表示の状態ベクトルを，特に $|\psi(t)\rangle_{\mathrm{s}}$ で表す．本文中では，$|\psi(t)\rangle$ をシュレーディンガー表示として用いている．

一方，ハイゼンベルグ表示では状態ベクトルは時間発展しない．この表示では，例えば二準位系の場合には $|e\rangle, |g\rangle$ のかわりに時間的に動く基底 $\hat{U}_\mathrm{T}(t)|e\rangle$, $\hat{U}_\mathrm{T}(t)|g\rangle$ を用いる．この基底を使った表示に移ると，状態ベクトルは以下のように変換される．

$$|\phi\rangle_\mathrm{H} = \hat{U}_\mathrm{T}^\dagger |\phi(t)\rangle_\mathrm{s} = |\phi(0)\rangle_\mathrm{s} \tag{A.4}$$

これは，座標変換で座標を回転すると，新しい座標ではベクトルは反対方向に回転して表されるのと同じである．新しい基底では，状態ベクトルは全く動かない．この表示では演算子が時間発展する．シュレーディンガー表示の演算子 $\hat{A}$ の時間 t における期待値は，$_\mathrm{s}\langle\phi(0)|\hat{U}_\mathrm{T}^\dagger(t)\hat{A}\hat{U}_\mathrm{T}(t)|\phi(0)\rangle_\mathrm{s}$ で与えられる．演算子の期待値はどの表示で計算しても同じである．したがって，状態ベクトルが動かないハイゼンベルグ表示では，演算子は $\hat{A}(t) = \hat{U}_\mathrm{T}^\dagger(t)\hat{A}\hat{U}_\mathrm{T}(t)$ のように時間変化しなければならない．演算子の時間発展は（A.2）式を用いると以下の式で表される．ただし，$\hat{A}$ そのものは時間に依存しないものとする．

$$i\hbar\frac{d\hat{A}(t)}{dt} = \left[\hat{A}(t), \hat{H}_\mathrm{H}\right], \qquad \hat{H}_\mathrm{H} = \hat{U}_\mathrm{T}^\dagger(t)\hat{H}\hat{U}_\mathrm{T}(t) \tag{A.5}$$

これはハイゼンベルグの運動方程式と呼ばれる．

■ A.2 回 転 軸 表 示 ■

基底ベクトルの取り方は，それが正規直交完全系を満たす限り任意である．したがって，解く問題に応じて変えることができる．二準位系の状態空間では，ベクトルの回転を表す演算子は以下のように表される．

$$\hat{R} = \exp\left(-i\frac{\theta}{2}\vec{n}\cdot\vec{\sigma}\right) \tag{A.6}$$

ただし，θ は回転角，$\vec{n}$ は回転軸の単位ベクトル（右ねじの回転方向を正とする），$\vec{\sigma}$ はパウリ演算子である．本文5.3.1項で述べたように，この演算子の作用は，状態をブロッホベクトルで表したとき，ブロッホ空間でのブロッホベクトルの回転を表す．ここで，z 軸周りに角周波数 ω_L で回転する基底ベクトルへの変換を考える．基底変換の演算子は以下で与えられる．

$$\hat{U}_\mathrm{r} = \exp\left(-i\frac{\omega_\mathrm{L}t}{2}\hat{\sigma}_z\right) \tag{A.7}$$

A.2 回転軸表示 195

したがって，基底ベクトルを回転させると，$e^{-i\omega_L t/2}|e\rangle$，$e^{i\omega_L t/2}|g\rangle$ となる．この基底でシュレーディンガー表示の状態ベクトル $|\psi(t)\rangle_s$ を展開すると，

$$|\psi(t)\rangle_s = c_{re}(t)e^{-i\omega_L t/2}|e\rangle + c_{rg}(t)e^{i\omega_L t/2}|g\rangle \tag{A.8}$$

となる．（A.3）式の展開係数との関係は $c_e(t)=c_{re}(t)e^{-i\omega_L t/2}$，$c_g(t)=c_{rg}(t)e^{i\omega_L t/2}$ である．本文中の（3.20）式は，この形で表したものである．しかしながら，（A.8）式の表現は，動かない系で記述した状態ベクトル $|\psi(t)\rangle_s$ を，回転する基底で表した中途半端なものである．回転系に移り，その系で記述した状態ベクトルは，シュレーディンガー表示の状態ベクトルから，

$$|\psi(t)\rangle_r = \hat{U}_r^{-1}|\psi(t)\rangle_s = \hat{U}_r^\dagger|\psi(t)\rangle_s \tag{A.9}$$

と変換される．したがって，

$$|\psi(t)\rangle_r = c_{re}(t)|e\rangle + c_{rg}(t)|g\rangle \tag{A.10}$$

となる．当然のことながら，回転系では回転する基底ベクトルは変化せず，$|e\rangle$, $|g\rangle$ のままである．回転系での状態ベクトル $|\psi(t)\rangle_r$ の時間発展を記述するシュレーディンガー方程式は，（A.1）式に $|\psi(t)\rangle_s = \hat{U}_T|\psi(t)\rangle_r$ を代入すると導出できる．

$$i\hbar \frac{\partial|\psi(t)\rangle_r}{\partial t} = \hat{H}_r|\psi(t)\rangle_r \tag{A.11}$$

$$\hat{H}_r = \hat{U}_r^\dagger \hat{H}\hat{U}_r - i\hbar\hat{U}_r^\dagger \frac{\partial\hat{U}_r}{\partial t} \tag{A.12}$$

したがって，この系におけるハミルトニアンは $\hat{H}_r$ となる．第1項は基底の変換による変化，第2項は古典的なコリオリ力に相当する項である．回転系では演算子 $\hat{A}$ は $\hat{U}_r^\dagger\hat{A}\hat{U}_r$ に変換される．ここではこの表示を回転軸表示と呼ぶ．

電磁波と相互作用している原子のハミルトニアンは，本文（3.18）式で与えられる．

$$\hat{H} = \hat{H}^A + \hat{H}^{AF} = \frac{\hbar\omega_0}{2}\hat{\sigma}_z + (d\hat{\sigma}_+ + d^*\hat{\sigma}_-)|E_0|\cos(\omega_L t - \varphi_0) \tag{A.13}$$

これを電磁波の角周波数で回転する回転軸表示に変換する．このとき，$\hat{H}^A = \hbar\omega_0\hat{\sigma}_z/2$ はこの変換によって変化しないので，$\hat{U}_r^\dagger\hat{\sigma}_+\hat{U}_r$，$\hat{U}_r^\dagger\hat{\sigma}_-\hat{U}_r$ を計算する必要がある．これに対しては，2つの交換しない演算子 $\hat{A}$, $\hat{B}$ に対して成り立つ，以下のベーカー・ハウスドルフの補助定理（Baker-Hausdorf lemma）を用いて

計算できる.

$$e^{\xi\hat{A}}\hat{B}e^{-\xi\hat{A}}=\hat{B}+\xi[\hat{A},\hat{B}]+\frac{\xi^2}{2!}[\hat{A},[\hat{A},\hat{B}]]+\frac{\xi^3}{3!}[\hat{A},[\hat{A},[\hat{A},\hat{B}]]]+\cdots \quad \text{(A.14)}$$

交換関係, $[\hat{\sigma}_z,\hat{\sigma}_+]=2\hat{\sigma}_+$, $[\hat{\sigma}_z,\hat{\sigma}_-]=-2\hat{\sigma}_-$ を用いると以下のようになる.

$$\hat{U}_r^\dagger\hat{\sigma}_+\hat{U}_r=e^{i(\omega_L t/2)\hat{\sigma}_z}\hat{\sigma}_+e^{-i(\omega_L t/2)\hat{\sigma}_z}=\hat{\sigma}_+\left\{1+(i\omega_L t)+\frac{1}{2!}(i\omega_L t)^2+\cdots\right\}=\hat{\sigma}_+e^{i\omega_L t}$$

(A.15)

$$\hat{U}_r^\dagger\hat{\sigma}_-\hat{U}_r=e^{i(\omega_L t/2)\hat{\sigma}_z}\hat{\sigma}_-e^{-i(\omega_L t/2)\hat{\sigma}_z}=\hat{\sigma}_-\left\{1+(-i\omega_L t)+\frac{1}{2!}(-i\omega_L t)^2+\cdots\right\}=\hat{\sigma}_-e^{-i\omega_L t}$$

(A.16)

コリオリ力に相当する項は, $-i\hbar\hat{U}_r^\dagger\partial\hat{U}_r/\partial t=-\hbar\omega_L\hat{\sigma}_z/2$ である. したがって, 回転軸表示でのハミルトニアンは, 以下のようになる.

$$\hat{H}_r=\frac{\hbar(\omega_0-\omega_L)}{2}\hat{\sigma}_z+\frac{\hbar\Omega_0}{2}(\hat{\sigma}_+e^{i\omega_L t+i\varphi_d}+\hat{\sigma}_-e^{-i\omega_L t-i\varphi_d})(e^{i\omega_L t-i\varphi_0}+e^{-i\omega_L t+i\varphi_0})$$

(A.17)

ただし, $\Omega_0=|d||E_0|/\hbar$, $d=|d|e^{i\varphi_d}$ である. 回転波近似, すなわち $e^{\pm2\omega_L t}$ で変化する項を無視すると, 最終的に以下のハミルトニアンが得られる.

$$\hat{H}_r=\frac{\hbar\delta}{2}\hat{\sigma}_z+\frac{\hbar\Omega_0}{2}(\hat{\sigma}_+e^{i\varphi}+\hat{\sigma}_-e^{-i\varphi}), \qquad \delta=\omega_0-\omega_L, \quad \varphi=\varphi_0+\varphi_d \quad \text{(A.18)}$$

回転軸表示での密度演算子は,

$$\hat{\rho}_r\equiv|\psi\rangle_{rr}\langle\psi|=\hat{U}_r^\dagger|\psi\rangle_{ss}\langle\psi|\hat{U}_r=\hat{U}_r^\dagger\hat{\rho}_s\hat{U}_r \qquad \text{(A.19)}$$

で表される. 回転軸表示の密度行列の各成分 $\tilde{\rho}_{ij}$ と, シュレーディンガー表示の密度行列の各成分 ρ_{ij} との関係は以下のとおりである.

$$\begin{pmatrix}\tilde{\rho}_{ee} & \tilde{\rho}_{eg}\\ \tilde{\rho}_{ge} & \tilde{\rho}_{gg}\end{pmatrix}=\begin{pmatrix}\langle e|\hat{U}_r^\dagger\hat{\rho}\hat{U}_r|e\rangle & \langle e|\hat{U}_r^\dagger\hat{\rho}\hat{U}_r|g\rangle\\ \langle g|\hat{U}_r^\dagger\hat{\rho}\hat{U}_r|e\rangle & \langle g|\hat{U}_r^\dagger\hat{\rho}\hat{U}_r|g\rangle\end{pmatrix}=\begin{pmatrix}\rho_{ee} & \rho_{eg}e^{i\omega_L t}\\ \rho_{ge}e^{-i\omega_L t} & \rho_{gg}\end{pmatrix}$$

(A.20)

この表示での密度演算子の時間発展は, この系のハミルトニアン $\hat{H}_r$ を用いて,

$$i\hbar\frac{\partial\hat{\rho}_r}{\partial t}=[\hat{H}_r,\hat{\rho}_r] \qquad \text{(A.21)}$$

となる. (A.18) 式で表される二準位原子とレーザーの相互作用ハミルトニアンに対しては, 行列表示すると以下のようになる.

A.3 相互作用表示　　　　　　　　197

$$i\hbar\frac{\partial}{\partial t}\begin{pmatrix}\tilde{\rho}_{ee} & \tilde{\rho}_{eg}\\ \tilde{\rho}_{ge} & \tilde{\rho}_{gg}\end{pmatrix}=\frac{\hbar}{2}\begin{pmatrix}\delta & \Omega_0 e^{i\varphi}\\ \Omega_0 e^{-i\varphi} & -\delta\end{pmatrix}\begin{pmatrix}\tilde{\rho}_{ee} & \tilde{\rho}_{eg}\\ \tilde{\rho}_{ge} & \tilde{\rho}_{gg}\end{pmatrix}-\frac{\hbar}{2}\begin{pmatrix}\tilde{\rho}_{ee} & \tilde{\rho}_{eg}\\ \tilde{\rho}_{ge} & \tilde{\rho}_{gg}\end{pmatrix}\begin{pmatrix}\delta & \Omega_0 e^{i\varphi}\\ \Omega_0 e^{-i\varphi} & -\delta\end{pmatrix}$$

密度行列の各成分に対しては以下の式が得られる.

$$\frac{d\tilde{\rho}_{ge}}{dt}=\frac{d\tilde{\rho}_{eg}^*}{dt}=i\delta\tilde{\rho}_{ge}-\frac{i\Omega_0 e^{-i\varphi}(\tilde{\rho}_{ee}-\tilde{\rho}_{gg})}{2} \tag{A.22}$$

$$\frac{d\tilde{\rho}_{ee}}{dt}=-\frac{d\tilde{\rho}_{gg}}{dt}=\frac{i\Omega_0(\tilde{\rho}_{eg}e^{-i\varphi}-\tilde{\rho}_{ge}e^{i\varphi})}{2} \tag{A.23}$$

■ A.3　相互作用表示 ■

　回転軸表示は, 電場の1つの回転成分と同じ角周波数 ω_L で回転する系への変換であった. 原子の共鳴角周波数 ω_0 で回転する座標系へ変換すると, (A.7) 式の ω_L を ω_0 で置き換えることにより原子の固有のハミルトニアン $\widehat{H}^A$ が消えて, ハミルトニアンは以下のようになる,

$$\widehat{H}_I=\frac{\hbar\Omega_0}{2}(\tilde{\sigma}_+e^{i\omega_0 t+i\varphi_d}+\tilde{\sigma}_-e^{-i\omega_0 t-i\varphi_d})(e^{i\omega_L t-i\varphi_0}+e^{-i\omega_L t+i\varphi_0}) \tag{A.24}$$

電磁波の角周波数が原子の共鳴角周波数に近い場合 ($\omega_L\approx\omega_0$) は, 非共鳴項の $e^{\pm(\omega_L+\omega_0)t}$ で変化する項を無視すると (この場合も回転波近似といわれる), 以下のようになる.

$$\widehat{H}_I=\frac{\hbar\Omega_0}{2}(\tilde{\sigma}_+e^{i(\omega_0-\omega_L)t+i\varphi}+\tilde{\sigma}_-e^{-i(\omega_0-\omega_L)t-i\varphi}) \tag{A.25}$$

ただし, $\varphi=\varphi_0+\varphi_d$ である. これは相互作用表示の特別な例の1つである. 相互作用表示は, シュレーディンガー表示のハミルトニアンが2つの項に分けられるときによく用いられる. すなわち, 以下のように, 固有ベクトルがすでに知られている部分 $\widehat{H}_0$ と, それ以外の相互作用部分 $\widehat{H}_{int}$ からなる場合である.

$$\widehat{H}=\widehat{H}_0+\widehat{H}_{int} \tag{A.26}$$

シュレーディンガー表示の状態ベクトルを $|\psi\rangle_s$ とすると, 相互作用表示では状態ベクトルは以下のように変換される.

$$|\psi\rangle_I=\widehat{U}_I^\dagger|\psi\rangle_s, \qquad \widehat{U}_I=\exp\left(-i\frac{\widehat{H}_0 t}{\hbar}\right) \tag{A.27}$$

新しい状態ベクトルに対するシュレーディンガー方程式は, 回転軸表示の場合と

全く同様にして以下のように求められる.

$$i\hbar\frac{\partial|\psi\rangle_{\mathrm{I}}}{\partial t}=\hat{H}_{\mathrm{I}}|\psi\rangle_{\mathrm{I}} \tag{A.28}$$

$$\hat{H}_{\mathrm{I}}=\hat{U}_{\mathrm{I}}^{\dagger}\hat{H}\hat{U}_{\mathrm{I}}-i\hbar\hat{U}_{\mathrm{I}}^{\dagger}\frac{\partial\hat{U}_{\mathrm{I}}}{\partial t}=\hat{U}_{\mathrm{I}}^{\dagger}\hat{H}_{\mathrm{int}}\hat{U}_{\mathrm{I}} \tag{A.29}$$

相互作用表示では,$\hat{H}_0$ を消すことができる.また,演算子 $\hat{A}$ は $\hat{U}_{\mathrm{I}}^{\dagger}\hat{A}\hat{U}_{\mathrm{I}}$ となる.二準位原子と電磁波の相互作用のハミルトニアン(A.13)の場合は,$\hat{H}_0$ は $\hat{H}^{\mathrm{A}}=(\hbar\omega_0/2)\hat{\sigma}_z$ に対応する.共鳴条件 $\omega_{\mathrm{L}}=\omega_0$ が成り立つときは,相互作用表示のハミルトニアン(A.25)と回転軸表示のハミルトニアン(A.18)は同じになるので,2つの表示による記述は一致する.

参考文献

J. J. Sakurai, *Modern Quantum Mechanics* (revised edition), Addison Wesley (1993). (桜井明夫訳,『現代の量子力学(上)』,吉岡書店(1989))

$B.$ 電気双極子遷移と電気四重極遷移

電磁波と原子の相互作用のハミルトニアンは，相互作用の多極展開の最初の3つの項までを考えると，以下のように表される[1].

$$H^{\mathrm{AF}} = H_{\mathrm{ED}} + H_{\mathrm{EQ}} + H_{\mathrm{MD}} \tag{B.1}$$

第1項は電気双極子相互作用，第2項は電気四重極相互作用，第3項は磁気双極子相互作用であり，それぞれ以下のように表される.

$$H_{\mathrm{ED}} = -\vec{\mu} \cdot \vec{E}(\vec{r}) = e\vec{r}_{\mathrm{e}} \cdot \vec{E}(\vec{r}), \qquad \vec{\mu} = -e\vec{r}_{\mathrm{e}} \tag{B.2}$$

$$H_{\mathrm{EQ}} = \frac{e}{2}(\vec{r}_{\mathrm{e}} \cdot \nabla_{\mathrm{r}})(\vec{r}_{\mathrm{e}} \cdot \vec{E}(\vec{r})) = -\nabla_{\mathrm{r}} \cdot Q \cdot \vec{E}(\vec{r}), \qquad Q = -\frac{e}{2}\vec{r}_{\mathrm{e}}\vec{r}_{\mathrm{e}} \tag{B.3}$$

$$H_{\mathrm{MD}} = -\vec{\mu}_{\mathrm{m}} \cdot \vec{B}(\vec{r}), \qquad \vec{\mu}_{\mathrm{m}} = -\frac{e}{2m_{\mathrm{e}}}(\vec{l} + 2\vec{s}) \tag{B.4}$$

ただし，$-e$ は電子の電荷，$\vec{r}_{\mathrm{e}}$ は電子の原子核からの変位ベクトル，$\vec{r}$ は原子核の座標である. $\vec{\mu}$ は電気双極子モーメント，Q は電気四重極モーメント，$\vec{\mu}_{\mathrm{m}}$ は磁気双極子モーメントである. $\vec{r}_{\mathrm{e}}\vec{r}_{\mathrm{e}}$ はダイアドの表示，∇_{r} は $\vec{r}$ に対するナブラ演算子である. また，$\vec{l}, \vec{s}$ はそれぞれ電子の軌道角運動量，スピン角運動量である.

■ B.1 電気双極子遷移 ■

B.1.1 相互作用ハミルトニアン

本文中では，電気双極子相互作用に対して，電場の偏光ベクトルを (3.10) 式のように実数として扱った. これは直線偏光の場合に対応する. ここでは円偏光を含む一般の場合に拡張する. 原子の位置（$\vec{r}=0$）における電場ベクトルは x, y, z 方向の単位ベクトル $\vec{e}_x, \vec{e}_y, \vec{e}_z$ を使って，一般的に以下のように表される.

$$\vec{E} = \frac{\vec{\epsilon}}{2}|E_0| \exp\left(-i\omega_{\rm L} t + i\varphi_0\right) + \frac{\vec{\epsilon}^*}{2}|E_0| \exp\left(i\omega_{\rm L} t - i\varphi_0\right) \tag{B.5}$$

$$\vec{\epsilon} = \epsilon_{\sigma-}\frac{(\vec{e}_x - i\vec{e}_y)}{\sqrt{2}} + \epsilon_\pi \vec{e}_z + \epsilon_{\sigma+}\frac{(-\vec{e}_x - i\vec{e}_y)}{\sqrt{2}} \tag{B.6}$$

$\epsilon_{\sigma+}$ は z 軸（量子化軸）の負側から正方向を見て，原子の位置において電場の先端が z 軸を中心に時計回りに回転する円偏光（σ^+ 偏光）の成分，$\epsilon_{\sigma-}$ は前者の反対方向に回転する円偏光（σ^- 偏光）の成分，ϵ_π は z 軸方向に振動する直線偏光（π 偏光）の成分である．新たに導入した偏光の基底ベクトル（球ベクトル）は，$\dfrac{(\vec{e}_x - i\vec{e}_y)}{\sqrt{2}} \cdot \dfrac{(\vec{e}_x + i\vec{e}_y)}{\sqrt{2}} = 1$, $\dfrac{(\vec{e}_x \pm i\vec{e}_y)}{\sqrt{2}} \cdot \dfrac{(\vec{e}_x \pm i\vec{e}_y)}{\sqrt{2}} = 0$ の直交関係を持つ．電子の座標もこの新しい基底で表すと以下のようになる．

$$\vec{r} = x\vec{e}_x + y\vec{e}_y + z\vec{e}_z = r\sqrt{\frac{4\pi}{3}}\left[-Y_{1,1}\frac{(\vec{e}_x - i\vec{e}_y)}{\sqrt{2}} + Y_{1,0}\vec{e}_z - Y_{1,-1}\frac{(-\vec{e}_x - i\vec{e}_y)}{\sqrt{2}}\right]$$
$$\tag{B.7}$$

ただし，球面調和関数，$x + iy = -r\sqrt{8\pi/3}\,Y_{1,1}$, $x - iy = r\sqrt{8\pi/3}\,Y_{1,-1}$, $z = r\sqrt{4\pi/3}\,Y_{1,0}$ を用いた．

これらを用いると，原子と電場の相互作用ハミルトニアンは以下のようになる．

$$\widehat{H}^{\rm AF} = e\vec{r} \cdot \vec{E} = \frac{|E_0|}{2}\left[\tilde{d}\exp\left(-i\omega_{\rm L} t + i\varphi_0\right) + \tilde{d}^\dagger \exp\left(i\omega_{\rm L} t - i\varphi_0\right)\right] \tag{B.8}$$

ただし，$\tilde{d} \equiv (er\sqrt{4\pi/3})(\epsilon_\sigma Y_{1,1} + \epsilon_\pi Y_{1,0} + \epsilon_{\sigma-} Y_{1,-1})$ である．本文の（3.14）式と全く同様にして，ハミルトニアンを 2 準位 $|e\rangle$, $|g\rangle$ の基底を使って表すと以下のようになる．

$$\widehat{H}^{\rm AF} = \frac{|E_0|}{2}\Big\{\tilde{\sigma}_+\big[\langle e|\tilde{d}|g\rangle \exp\left(-i\omega_{\rm L} t + i\varphi_0\right) + \langle e|\tilde{d}^\dagger|g\rangle \exp\left(i\omega_{\rm L} t - i\varphi_0\right)\big]$$
$$+ \tilde{\sigma}_-\big[\langle e|\tilde{d}|g\rangle^* \exp\left(i\omega_{\rm L} t - i\varphi_0\right) + \langle e|\tilde{d}^\dagger|g\rangle^* \exp\left(-i\omega_{\rm L} t + i\varphi_0\right)\big]\Big\} \tag{B.9}$$

回転軸表示では，$\tilde{\sigma}_+$, $\tilde{\sigma}_-$ はそれぞれ $\tilde{\sigma}_+ e^{i\omega_{\rm L} t}$, $\tilde{\sigma}_- e^{-i\omega_{\rm L} t}$ という形で時間変化するので，回転波近似を用いると，（B.9）式の 4 つの項のうち 1 番目と 3 番目の 2 つの項のみが残る．結果として，原子の全ハミルトニアンは，直線偏光の場合に得られた結果，（3.52），（A.18）式と全く同じ形になる．

$$\widehat{H}_{\rm r} = \frac{\hbar\delta}{2}\tilde{\sigma}_z + \frac{\hbar\Omega_0}{2}(\tilde{\sigma}_+ e^{i\varphi} + \tilde{\sigma}_- e^{-i\varphi}) \tag{B.10}$$

ただし，$\Omega_0=|d||E_0|/\hbar$, $d\equiv\langle e|\hat{d}|g\rangle=|d|e^{i\varphi_d}$, $\varphi=\varphi_0+\varphi_d$ である.

B.1.2 選　択　則[2]

原子のエネルギー準位を，L-S 結合が成り立つものとして，$^{2S+1}L_J$ の項で表す．ただし S, L, J はスピン角運動量，軌道角運動量，電子の全角運動量の大きさである．電気双極子遷移に対しての選択則は以下のようになる．

$$\Delta J=J_f-J_i=0, \pm 1, \qquad J_f+J_i\geq 1 \tag{B.11}$$

$$\Delta m_J=0, \pm 1 \tag{B.12}$$

$$\Delta L=L_f-L_i=0, \pm 1, \qquad L_f+L_i\geq 1 \tag{B.13}$$

$$\Delta S=0 \tag{B.14}$$

ただし，J_i, J_f などはそれぞれ遷移の始状態，終状態の量子数を表す．また水素原子やアルカリ原子など，最外殻に 1 個の電子がある原子に対しては，$\Delta L=0$ の遷移は禁止される．磁気量子数 m_J の選択則については，相互作用する光の偏光に依存する．2 準位 $|e\rangle$, $|g\rangle$ を，全角運動量，磁気量子数の固有状態で表し，それぞれ $|e\rangle=|J', m'_J\rangle$, $|g\rangle=|J, m_J\rangle$ とおく．このとき，光の吸収過程に対する遷移行列要素は B.1.1 項の結果より，以下のように表される．

$$\langle e|\hat{d}|g\rangle=er\sqrt{\frac{4\pi}{3}}(\epsilon_{\sigma+}\langle J', m'_J|Y_{1,1}|J, m_J\rangle+\epsilon_\pi\langle J', m'_J|Y_{1,0}|J, m_J\rangle+\epsilon_{\sigma-}\langle J', m'_J|Y_{1,-1}|J, m_J\rangle)$$

$$\tag{B.15}$$

球面調和関数の性質，$\langle J', m'_J|Y_{1,p}|J, m_J\rangle\propto\delta_{m'_J, m_J+p}$ を用いると，$\epsilon_{\sigma+}$ の成分に対しては $m'_J=m_J+1$, ϵ_π の成分に対しては $m'_J=m_J$, $\epsilon_{\sigma-}$ の成分に対しては $m'_J=m_J-1$ のとき 0 にならないことが分かる．したがって，磁気量子数に対する選択則は $\Delta m_J=m'_J-m_J$ とおくと，σ^+ 偏光のとき $\Delta m_J=1$, σ^- 偏光のとき $\Delta m_J=-1$, π 偏光のとき $\Delta m_J=0$ の遷移が起こる．放出過程の場合も $\langle e|\hat{d}|g\rangle^*=\langle g|\hat{d}^\dagger|e\rangle$ の計算より，m'_J と m_J の間に全く同じ関係が得られる．$\sigma^\pm$ 偏光とは，前に述べたように，原子の位置において，量子化軸（磁場の方向）の方向に対する電場の先端の回転方向で定義されている．したがって光の進む向きによって左回り，右回り偏光のどちらも $\sigma^\pm$ 偏光になりうる．

■ B.2 電気四重極遷移[3] ■

B.2.1 相互作用ハミルトニアン

電気四重極相互作用は，Q を行列で表して各成分を陽に書くと，以下のようになる．

$$H_{EQ} = \frac{e}{2} \nabla_r \cdot \begin{pmatrix} x_e^2 & x_e y_e & x_e z_e \\ y_e x_e & y_e^2 & y_e z_e \\ z_e x_e & z_e y_e & z_e^2 \end{pmatrix} \begin{pmatrix} E_x(\vec{r}) \\ E_y(\vec{r}) \\ E_z(\vec{r}) \end{pmatrix}$$

$$= \frac{e}{2} \left(x_e^2 \frac{\partial E_x}{\partial x} + x_e y_e \frac{\partial E_y}{\partial x} + x_e z_e \frac{\partial E_z}{\partial x} + y_e x_e \frac{\partial E_x}{\partial y} + y_e^2 \frac{\partial E_y}{\partial y} + y_e z_e \frac{\partial E_z}{\partial y} \right.$$

$$\left. + z_e x_e \frac{\partial E_x}{\partial z} + z_e y_e \frac{\partial E_y}{\partial z} + z_e^2 \frac{\partial E_z}{\partial z} \right) \tag{B.16}$$

ここで，電場が平面波で表されているとする．

$$\vec{E}(\vec{r}) = \vec{\epsilon} |E_0| \cos (\omega_L t - \vec{k} \cdot \vec{r} - \varphi_0) \tag{B.17}$$

ただし，$\vec{\epsilon} = (\epsilon_x, \epsilon_y, \epsilon_z)$ は偏光ベクトル，$\vec{k} = k(n_x, n_y, n_z)$ は波数ベクトルである．また，$k = \omega_L / c$ である．これを（B.16）式に代入して整理すると，以下の式が得られる．

$$H_{EQ} = \frac{e \omega_L}{2c} \left(\sum_{i,j=x,y,z} r_{ei} r_{ej} \epsilon_i n_j \right) |E_0| \cos (\omega_L t - \vec{k} \cdot \vec{r} - \varphi_0 - \pi/2) \tag{B.18}$$

ここで $r_{ex} = x_e, r_{ey} = y_e, r_{ez} = z_e$ とした．位相の中の $\pi/2$ は，電場の微分により現れる正弦関数を余弦関数に書き換えたためである．2つの準位 $|e\rangle, |g\rangle$ の間に電気四重極遷移がある場合は，3.1.1 項で行ったように H_{EQ} の両側を $I = |e\rangle\langle e| + |g\rangle\langle g|$ で挟んで量子化すると以下のようになる．

$$\widehat{H}_{EQ} = [q_u \hat{\sigma}_+ + q_u^* \hat{\sigma}_-] |E_0| \cos (\omega_L t - \varphi_0 - \pi/2) \tag{B.19}$$

なお，原子は原点にあるとして原子核の座標 $\vec{r} = 0$ とした．q_u は以下で定義されている．

$$q_u = \frac{e \omega_{eg}}{2c} \left(\sum_{i,j=x,y,z} \langle e| r_{ei} r_{ej} |g\rangle \epsilon_i n_j \right) \tag{B.20}$$

ただし，ω_L を ω_{eg} で置き換えた．$\langle e| r_{ei} r_{ej} |e\rangle$ などの対角成分は電気双極子遷移の場合のように，必ずしも 0 にならないが，回転波近似により無視することができ

る．(B.19) 式は 3.1.1 項で示した相互作用ハミルトニアン $\widehat{H}^{AF}$ の (3.16) 式と同じ形をしているので，電気双極子遷移の場合と全く同様に扱うことができる．ラビ周波数は，以下で定義される．

$$\Omega_0^{E2} = \frac{e|E_0|\omega_{eg}}{2\hbar c}\Big|\sum_{i,j=x,y,z}\langle e|r_{ei}r_{ej}|g\rangle\epsilon_i n_j\Big| \tag{B.21}$$

電気四重極遷移と電気双極子遷移による放射減衰定数の比は，$\gamma_{\text{quadru}}/\gamma_{\text{dipole}} \sim (\alpha/2)^2$ と見積もられる．ただし α は微細構造定数で $\alpha \approx 1/137$ である．したがって，電気四重極遷移は 10^5 程度遷移確率が小さい．このため，電気双極子遷移が禁止され，基底準位との間で電気四重極遷移のみを持つ励起準位は寿命が長く，準安定状態となる．

B.2.2 選　択　則[2]

電気四重極遷移に対しての選択則は以下のようになる．

$$\Delta J = J_f - J_i = 0, \pm 1, \pm 2, \qquad J_f + J_i \geq 2 \tag{B.22}$$

$$\Delta m_J = 0, \pm 1, \pm 2 \tag{B.23}$$

$$\Delta L = L_f - L_i = 0, \pm 1, \pm 2, \qquad L_f + L_i \geq 2 \tag{B.24}$$

$$\Delta S = 0 \tag{B.25}$$

m_J に対する選択則は，電気双極子遷移の場合と違って偏光だけでなく，波数ベクトルの向きにも依存する．$\Delta m_J = 0, \pm 1, \pm 2$ それぞれに対応する遷移行列要素の，偏光ベクトル $\vec{\epsilon}$ と波数ベクトル $\vec{k}$ に依存する部分のみを示すと以下のようになる．

$$\Delta m_J = 0: \quad (\vec{k}\vec{\epsilon})_0^2 = \sqrt{\frac{3}{2}}\, k_z\epsilon_z \tag{B.26}$$

$$\Delta m_J = \pm 1: \quad (\vec{k}\vec{\epsilon})_{\pm 1}^2 = \mp\frac{[k_z\epsilon_x + k_x\epsilon_z \pm i(k_z\epsilon_y + k_y\epsilon_z)]}{2} \tag{B.27}$$

$$\Delta m_J = \pm 2: \quad (\vec{k}\vec{\epsilon})_{\pm 2}^2 = \frac{[k_x\epsilon_x - k_y\epsilon_y \pm i(k_x\epsilon_y + k_y\epsilon_x)]}{2} \tag{B.28}$$

ただし，量子化軸（磁場の向き）は z 方向である．また $(\vec{k}\vec{\epsilon})_q^2$ などはテンソル積を表し，$(\vec{k}\vec{\epsilon})_q^2 = \sum_{q_1,q_2}\langle 1q_1 1q_2|2q\rangle k_{q_1}\epsilon_{q_2}$ である．$\langle 1q_1 1q_2|2q\rangle$ はクレブシュ・ゴルダン係数，$k_{\pm 1} = \mp(k_x \pm ik_y)/\sqrt{2}$，$k_0 = k_z$，$\epsilon_{\pm 1} = \mp(\epsilon_x \pm i\epsilon_y)/\sqrt{2}$，$\epsilon_0 = \epsilon_z$ である．(B.26) 式の導出では $\vec{k}\cdot\vec{\epsilon} = 0$ を用いている．これより，直線偏光を使った場合の選択則は

以下のようになる．$\Delta m_J = \pm 2$ のみを起こすためには，量子化軸に垂直に進み，かつ量子化軸に垂直な偏光を持つ直線偏光を用いればよい．$\Delta m_J = \pm 1$ の場合は，量子化軸の方向に進む直線偏光，あるいは量子化軸に垂直に進み，かつ量子化軸に平行な偏光を持つ直線偏光を用いればよい．$\Delta m_J = 0$ の場合は，この遷移のみを選択することは不可能である．例えば，x-z 面内を x 軸に対して $45°$ の傾きの方向に進み，この面内に偏光ベクトルを持つ直線偏光を用いればこの遷移が起こる．しかしながら，この場合には $\Delta m_J = \pm 2$ の遷移も伴う．

参考文献

[1] R. Loudon, *Quantum Theory of Light*, 3rd edition, Oxford University Press（2000）.
[2] M. Auzinsh, D. Budker and S. M. Rochester, *Optically Polarized Atoms*, Oxford University Press（2010）.
[3] D. E. F. James, *Appl. Phys. B* **66**, 181（1998）.

C. 誘導ラマン遷移

■ C.1 誘導ラマン遷移を用いた二準位原子との相互作用 ■

図 C.1 のような，Λ 型のエネルギー準位を持つ原子と，2 色のレーザーとの相互作用を考える．下の 2 つの準位の例として，基底状態の 2 つの超微細構造準位が挙げられる．上の準位 $|r\rangle$ は励起準位であり，下の 2 つの準位と電気双極子遷移でつながっている．上の準位の放射減衰定数は γ_r である．2 色のレーザーの電場を以下のように表す．

$$\vec{E}_1 = \vec{\epsilon}_1 |E_{10}| \cos(\vec{k}_1 \cdot \vec{r} - \omega_{L1} t + \varphi_{10}), \qquad \vec{E}_2 = \vec{\epsilon}_2 |E_{20}| \cos(\vec{k}_2 \cdot \vec{r} - \omega_{L2} t + \varphi_{20})$$

(C.1)

Λ 型の三準位系におけるラマン型相互作用のハミルトニアンは，$|r\rangle$ の減衰を無視した場合には，回転波近似を用いると以下のように書くことができる．

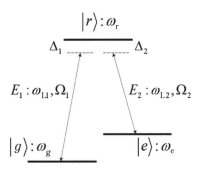

●図 C.1 Λ 型のエネルギー準位とラマン型相互作用

$$\hat{H} = \hbar[\omega_{\mathrm{r}}|r\rangle\langle r| + \omega_{\mathrm{g}}|g\rangle\langle g| + \omega_{\mathrm{e}}|e\rangle\langle e|$$
$$+ \frac{\Omega_1}{2}(|r\rangle\langle g|e^{-i\omega_{\mathrm{L1}}t+i\phi_1} + |g\rangle\langle r|e^{i\omega_{\mathrm{L1}}t-i\phi_1}) + \frac{\Omega_2}{2}(|r\rangle\langle e|e^{-i\omega_{\mathrm{L2}}t+i\phi_2} + |e\rangle\langle r|e^{i\omega_{\mathrm{L2}}t-i\phi_2})]$$

$$(\mathrm{C.2})$$

ただし，$\Omega_1 = |d_1||E_{10}|/\hbar$, $\Omega_2 = |d_2||E_{20}|/\hbar$, $\phi_1 = \vec{k}_1 \cdot \vec{r} + \varphi_{10} + \varphi_{\mathrm{d1}}$, $\phi_2 = \vec{k}_2 \cdot \vec{r} + \varphi_{20} + \varphi_{\mathrm{d2}}$ である．ここで時間依存性を除くため表示を変更する．演算子

$$\hat{U}_{\mathrm{r}} = \hat{U}_{\mathrm{r1}}\hat{U}_{\mathrm{r2}}, \qquad \hat{U}_{\mathrm{r1}} = \exp(i\omega_{\mathrm{L1}}t|g\rangle\langle g|), \qquad \hat{U}_{\mathrm{r2}} = \exp(i\omega_{\mathrm{L2}}t|e\rangle\langle e|)$$

を用いて表示を変換すると，変換後のハミルトニアンは（A.12）式で計算できる．$\hat{U}_{\mathrm{r1}}$, $\hat{U}_{\mathrm{r2}}$ が可換であること，$|r\rangle, |g\rangle, |e\rangle$ の直交性，および，

$$\hat{U}_{\mathrm{r1}} = 1 + (e^{i\omega_{\mathrm{L1}}t}-1)|g\rangle\langle g|, \qquad \hat{U}_{\mathrm{r2}} = 1 + (e^{i\omega_{\mathrm{L2}}t}-1)|e\rangle\langle e|$$

を用いると，ハミルトニアンは以下のように変換される．

$$\hat{H}_{\mathrm{r}} = \hbar[\Delta_1|r\rangle\langle r| + (\Delta_1 - \Delta_2)|e\rangle\langle e|$$
$$+ \frac{\Omega_1}{2}(|r\rangle\langle g|e^{i\phi_1} + |g\rangle\langle r|e^{-i\phi_1}) + \frac{\Omega_2}{2}(|r\rangle\langle e|e^{i\phi_2} + |e\rangle\langle r|e^{-i\phi_2})] \qquad (\mathrm{C.3})$$

ただし，$\Delta_1 = \omega_{\mathrm{rg}} - \omega_{\mathrm{L1}} = (\omega_{\mathrm{r}} - \omega_{\mathrm{g}}) - \omega_{\mathrm{L1}}$, $\Delta_2 = \omega_{\mathrm{re}} - \omega_{\mathrm{L2}} = (\omega_{\mathrm{r}} - \omega_{\mathrm{e}}) - \omega_{\mathrm{L2}}$ である．また，$|r\rangle\langle r| + |g\rangle\langle g| + |e\rangle\langle e| = 1$ を用い，定数項は省いた．状態ベクトル $|\psi(t)\rangle = c_{\mathrm{g}}(t)|g\rangle + c_{\mathrm{r}}(t)|r\rangle + c_{\mathrm{e}}(t)|e\rangle$ に対するシュレーディンガー方程式は

$$i\hbar\frac{d}{dt}\begin{pmatrix}c_{\mathrm{g}}\\c_{\mathrm{r}}\\c_{\mathrm{e}}\end{pmatrix} = \frac{\hbar}{2}\begin{pmatrix}0 & \Omega_1 e^{-i\phi_1} & 0\\\Omega_1 e^{i\phi_1} & 2\Delta_1 & \Omega_2 e^{i\phi_2}\\0 & \Omega_2 e^{-i\phi_2} & 2(\Delta_1 - \Delta_2)\end{pmatrix}\begin{pmatrix}c_{\mathrm{g}}\\c_{\mathrm{r}}\\c_{\mathrm{e}}\end{pmatrix} \qquad (\mathrm{C.4})$$

となる．ここで，$|\Delta_1 - \Delta_2| \ll |\Delta_{1,2}|$ が成り立つラマン共鳴に近い場合を考える．$|r\rangle$ は寿命が非常に短く，減衰定数 γ_{r} で減衰する．この効果を考慮すると，（C.4）式の中の c_{r} の時間変化を表す2番目の式は，以下のように書き換えられる．

$$\frac{dc_{\mathrm{r}}}{dt} = -i(\Delta_1 - i\gamma_{\mathrm{r}}/2)c_{\mathrm{r}} - i\frac{(\Omega_1 e^{i\phi_1}c_{\mathrm{g}} + \Omega_2 e^{i\phi_2}c_{\mathrm{e}})}{2} \qquad (\mathrm{C.5})$$

厳密には原子は $|r\rangle$ の減衰によって $|e\rangle, |g\rangle$ へ遷移するので，c_{g} と c_{e} の時間変化に対する式も書き換える必要がある．ここでは $|r\rangle$ は $|e\rangle, |g\rangle$ 以外の他の準位へ遷移すると仮定してこの効果を無視する．（C.5）式は，$c_{\mathrm{r}}(0) = 0$ とおくと，形式的に以下のように積分に書き換えることができる．

$$c_{\mathrm{r}}(t) = -i\int_0^t dt' e^{-(\gamma_{\mathrm{r}}/2 + i\Delta_1)(t-t')}\frac{[\Omega_1 e^{i\phi_1}c_{\mathrm{g}}(t') + \Omega_2 e^{i\phi_2}c_{\mathrm{e}}(t')]}{2}$$

C.1 誘導ラマン遷移を用いた二準位原子との相互作用　　　　207

ラビ周波数 Ω_1, Ω_2 が $|\Delta_1|$, $|\Delta_2|$, γ_r に比べて十分に小さい場合には，$c_g(t')$ と $c_e(t')$ は，$c_r(t)$ の変化に比べてゆっくりと変化し，上式の被積分関数中の指数関数部分によって減衰する時間内では，ほとんど変化しないと考えられる．したがって，この値を $c_g(t)$ と $c_e(t)$ で近似すると，積分の外に出すことができる．

$$c_r(t) \approx -i\frac{[\Omega_1 e^{i\phi_1}c_g(t)+\Omega_2 e^{i\phi_2}c_e(t)]}{2}\int_0^t dt' e^{-(\gamma_r/2+i\Delta_1)(t-t')}$$

これは容易に積分できて，$t \gg 1/\gamma_r$ においては，以下のように近似できる．

$$c_r(t) \approx -\frac{\Omega_1 e^{i\phi_1}c_g(t)+\Omega_1 e^{i\phi_2}c_e(t)}{2(\Delta_1-i\gamma_r/2)} \tag{C.6}$$

これを（C.4）式の $c_g(t)$, $c_e(t)$ の時間変化を示す式に代入すると，$c_r(t)$ を消去することができる．このような近似を，励起準位 $|r\rangle$ の断熱的消去と呼ぶ．さらに，$|\Delta_1| \gg \gamma_r$ が成り立つ場合には以下の式が得られる．

$$i\hbar\frac{d}{dt}\begin{pmatrix}c_e\\c_g\end{pmatrix}=\hbar\begin{pmatrix}(\Delta_1-\Delta_2)-\Omega_2^2/4\Delta_1 & -\Omega_1\Omega_2 e^{i(\phi_1-\phi_2)}/4\Delta_1\\-\Omega_1\Omega_2 e^{-i(\phi_1-\phi_2)}/4\Delta_1 & -\Omega_1^2/4\Delta_1\end{pmatrix}\begin{pmatrix}c_e\\c_g\end{pmatrix} \tag{C.7}$$

対角項に現れる $-\Omega_2^2/4\Delta_1$, $-\Omega_1^2/4\Delta_1$ は AC シュタルクシフトの項である．この項を考慮して，$c_e=c_e'e^{-i(\Delta_1-\Delta_2)t/2+i(\Omega_1^2+\Omega_2^2)t/8\Delta_1}$, $c_g=c_g'e^{-i(\Delta_1-\Delta_2)t/2+i(\Omega_1^2+\Omega_2^2)t/8\Delta_1}$ とおいてエネルギーの原点をずらすと，以下のように書き換えることができる．

$$i\hbar\frac{d}{dt}\begin{pmatrix}c_e'\\c_g'\end{pmatrix}=\frac{\hbar}{2}\begin{pmatrix}(\Delta_1'-\Delta_2') & -\Omega_1\Omega_2 e^{i(\phi_1-\phi_2)}/2\Delta_1\\-\Omega_1\Omega_2 e^{-i(\phi_1-\phi_2)}/2\Delta_1 & -(\Delta_1'-\Delta_2')\end{pmatrix}\begin{pmatrix}c_e'\\c_g'\end{pmatrix} \tag{C.8}$$

ただし，$\Delta_1'=[\omega_r-(\omega_g-\Omega_1^2/4\Delta_1)]-\omega_{L1}$, $\Delta_2'=[\omega_r-(\omega_e-\Omega_2^2/4\Delta_1)]-\omega_{L2}$ である．この式は，本文の（3.23）式で示される二準位原子と，単一周波数の電磁波とのコヒーレントな相互作用の式と全く同じ形である．すなわち，（3.23）式の行列の中の各項と以下のような対応関係があることが分かる．

$$(\Delta_1'-\Delta_2')=\omega_{e'g'}-(\omega_{L1}-\omega_{L2}) \quad\rightarrow\quad \delta=\omega_0-\omega_L$$

$$-\Omega_1\Omega_1/2\Delta_1 \quad\rightarrow\quad \Omega_0$$

$$(\phi_1-\phi_2)=(\vec{k}_1-\vec{k}_2)\cdot\vec{r}+(\varphi_1-\varphi_2) \quad\rightarrow\quad \varphi$$

ただし，$\omega_{e'g'}=(\omega_e-\Omega_2^2/4\Delta_1)-(\omega_g-\Omega_1^2/4\Delta_1)$ である．したがって，誘導ラマン遷移を用いた相互作用の場合には，角周波数（$\omega_{L1}-\omega_{L2}$），波数（$\vec{k}_1-\vec{k}_2$），位相（$\varphi_1-\varphi_2$）を持つ "波" が，共鳴角周波数 $\omega_{e'g'}$ を持つ二準位原子と，$\Omega_1\Omega_1/2\Delta_1$ のラビ周波数で相互作用するとみなすことができる．この "波" は波数ベクトルが光領域の波数ベクトルの差 $(\vec{k}_1-\vec{k}_2)$ となるので，5.1 節で述べたラム・ディッケパラメー

ターを大きくすることができる.

■ C.2　誘導ラマン断熱通過における暗状態の導出　■

6.7.2項の共振器 QED における,Λ 型の三準位系とレーザーの相互作用の場合には,C.1 節の扱いにおける $\vec{E}_1$ は古典的なポンプ光として用いられる.この角周波数を ω_L,ラビ周波数を Ω_p とする.一方,$\vec{E}_2$ は共振器内の電場に対応する.これは量子力学的に扱われるので,角周波数を ω_c,結合定数を g_c,生成・消滅演算子を $\hat{a}_c^\dagger, \hat{a}_c$ とする.励起準位の減衰や共振器の損失を無視すると,Λ 型の三準位系におけるラマン型の相互作用のハミルトニアンは,回転波近似を用いると以下のように書くことができる.

$$\hat{H} = \hbar[\omega_c \hat{a}_c^\dagger \hat{a}_c + \omega_r |r\rangle\langle r| + \omega_g |g\rangle\langle g| + \omega_e |e\rangle\langle e|$$
$$+ \frac{\Omega_p}{2}(|r\rangle\langle g|e^{-i\omega_L t + i\phi_1} + |g\rangle\langle r|e^{i\omega_L t - i\phi_1}) + g_c(|r\rangle\langle e|\hat{a}_c + |e\rangle\langle r|\hat{a}_c^\dagger)] \tag{C.9}$$

変換演算子 $\hat{U}_I = \exp(-i\omega_c t \hat{a}_c^\dagger \hat{a}_c)$ を用いて相互作用表示へ移ると以下のように書き換えられる.

$$\hat{H}_I = \hbar[\omega_r |r\rangle\langle r| + \omega_g |g\rangle\langle g| + \omega_e |e\rangle\langle e|$$
$$+ \frac{\Omega_p}{2}(|r\rangle\langle g|e^{-i\omega_L t + i\phi_1} + |g\rangle\langle r|e^{i\omega_L t - i\phi_1}) + g_c(|r\rangle\langle e|e^{-i\omega_c t}\hat{a}_c + |e\rangle\langle r|e^{i\omega_c t}\hat{a}_c^\dagger)]$$
$$\tag{C.10}$$

これは,C.1 節で扱った半古典的なハミルトニアン (C.2) と同じ時間依存性を持っている.したがって,全く同じ手続きで,変換演算子 $\hat{U}_r = \exp(i\omega_L t|g\rangle\langle g|) \exp(i\omega_c t|e\rangle\langle e|)$ を導入して表示を変換すると,ハミルトニアンは以下のようになる.

$$\hat{H}_I = \hbar[\Delta_p |r\rangle\langle r| + (\Delta_p - \Delta_c)|e\rangle\langle e|$$
$$+ \frac{\Omega_p}{2}(|r\rangle\langle g|e^{i\phi_1} + |g\rangle\langle r|e^{-i\phi_1}) + g_c(|r\rangle\langle e|\hat{a}_c + |e\rangle\langle r|\hat{a}_c^\dagger)] \tag{C.11}$$

ただし,$\Delta_p = (\omega_r - \omega_g) - \omega_L = \omega_{rg} - \omega_L$,$\Delta_c = (\omega_r - \omega_e) - \omega_c = \omega_{re} - \omega_c$ である.ラマン共鳴条件 $\Delta_p = \Delta_c = \Delta$ が成り立つとき,ハミルトニアン $\hat{H}_I$ を,基底 $|g, n\rangle$,$|r, n\rangle$,$|e, n+1\rangle$ を用いて行列表示すると,以下のように書くことができる.

C.2 誘導ラマン断熱通過における暗状態の導出　　　　　　　　　　*209*

$$\widehat{H}_1 = \frac{\hbar}{2}\begin{pmatrix} 0 & \Omega_\mathrm{p}e^{-i\phi_1} & 0 \\ \Omega_\mathrm{p}e^{i\phi_1} & 2\Delta & 2g_\mathrm{c}\sqrt{n+1} \\ 0 & 2g_\mathrm{c}\sqrt{n+1} & 0 \end{pmatrix} \tag{C.12}$$

このハミルトニアンの3つの固有値 E_d, $E_\mathrm{b\pm}$ は，以下のように求められる．

$$E_\mathrm{d}=0, \qquad E_\mathrm{b\pm}=\frac{\hbar}{2}\left[\Delta\pm\sqrt{\Delta^2+\Omega_\mathrm{p}^2+4g_\mathrm{c}^2(n+1)}\,\right] \tag{C.13}$$

3つの固有値 E_d, $E_\mathrm{b\pm}$ に対する固有状態（ドレスト状態）は，以下のようになる．

$E_\mathrm{d}:\quad |\psi_\mathrm{dark}\rangle=\cos\Theta|g,n\rangle-e^{i\phi_1}\sin\Theta|e,n+1\rangle \tag{C.14}$

$E_\mathrm{b+}:\quad |\psi_\mathrm{bright1}\rangle=e^{-i\phi_1}\sin\Phi\sin\Theta|g,n\rangle+\cos\Phi|r,n\rangle+\sin\Phi\cos\Theta|e,n+1\rangle$
$$\tag{C.15}$$

$E_\mathrm{b-}:\quad |\psi_\mathrm{bright2}\rangle=e^{-i\phi_1}\cos\Phi\sin\Theta|g,n\rangle-\sin\Phi|r,n\rangle+\cos\Phi\cos\Theta|e,n+1\rangle$
$$\tag{C.16}$$

ただし，Θ, Φ は以下のように定義される．

$$\tan\Theta=\frac{\Omega_\mathrm{p}}{2g_\mathrm{c}\sqrt{n+1}}$$

$$\tan\Phi=\frac{\sqrt{\Omega_\mathrm{p}^2+4g_\mathrm{c}^2(n+1)}}{\sqrt{\Delta^2+\Omega_\mathrm{p}^2+4g_\mathrm{c}^2(n+1)}+\Delta}$$

$|\psi_\mathrm{dark}\rangle$ は，自然放出によって光を発する状態 $|r,n\rangle$ を含まないので暗状態（dark state），$|\psi_\mathrm{bright1}\rangle$, $|\psi_\mathrm{bright2}\rangle$ は，光を発する状態を含むので明状態（bright state）と呼ばれる．

参考文献

P. Lambropoulos and D. Petrosyan, *Fundamentals of Quantum Optics and Quantum Information*, Springer（2007）.

D. リニアトラップ中のイオンの直線配列と振動モード

リニアトラップ中に配列した電荷 e, 質量 m を持つ N 個の同種イオンを考える. j 番目のイオンの位置の座標を $\vec{r}_j = \begin{pmatrix} x_j \\ y_j \\ z_j \end{pmatrix}$ で表す. イオンは番号が大きいほど, 大きな z 座標を持つように並んでいる. イオンの全ポテンシャルエネルギーは, 以下のように表される.

$$V = \frac{m}{2} \sum_{j=1}^{N} (\omega_{vx}^2 x_j^2 + \omega_{vy}^2 y_j^2 + \omega_{vz}^2 z_j^2) + \frac{e^2}{8\pi\varepsilon_0} \sum_{\substack{i,j=1 \\ i \neq j}}^{N} \frac{1}{|\vec{r}_i - \vec{r}_j|} \tag{D.1}$$

第1項はイオントラップのポテンシャルエネルギー, 第2項はイオン間のクーロン相互作用のエネルギーである. ω_{vx}, ω_{vy}, ω_{vz} は, 1個のイオンの場合の x, y, z 方向の振動角周波数である. ここでは, 簡単のために, z 方向のポテンシャルが浅く, $\omega_{vz} \ll \omega_{vx}$, ω_{vy} が成り立つ場合を考える. 異方性パラメーターを以下のように定義すると, α_{px}, $\alpha_{py} \ll 1$ が成り立つ.

$$\sqrt{\alpha_{px}} = \frac{\omega_{vz}}{\omega_{vx}}, \qquad \sqrt{\alpha_{py}} = \frac{\omega_{vz}}{\omega_{vy}} \tag{D.2}$$

イオンの平衡位置 x_{j0}, y_{j0}, z_{j0} は, 次の方程式から求められる.

$$\left(\frac{\partial V}{\partial x_j}\right)_0 = 0, \qquad \left(\frac{\partial V}{\partial y_j}\right)_0 = 0, \qquad \left(\frac{\partial V}{\partial z_j}\right)_0 = 0, \qquad j = 1, \cdots, N \tag{D.3}$$

ただし, 微分の下の 0 は $x_j = x_{j0}$, $y_j = y_{j0}$, $z_j = z_{j0}$ での値の意味を表す. α_{px}, $\alpha_{py} \ll 1$ が成り立つ場合は, イオンは z 方向に 1 列に並ぶ. このため, $x_{j0} = 0$, $y_{j0} = 0$ となる. ここで, 特性長 l を以下のように定義し, z 方向の平衡点に対して l を単位として表した無次元の量, $u_j = z_{j0}/l$ を導入する.

$$l = \sqrt[3]{\frac{e^2}{4\pi\varepsilon_0 m \omega_{vz}^2}} \tag{D.4}$$

これを用いると，(D.3) 式より，u_j を与える以下の N 個の方程式が得られる．

$$u_j - \sum_{i=1}^{j-1} \frac{1}{(u_j-u_i)^2} + \sum_{i=j+1}^{N} \frac{1}{(u_j-u_i)^2} = 0, \qquad j=1,2,\cdots,N \qquad (\mathrm{D}.5)$$

この方程式の解は，$N=2$，$N=3$ の場合には，容易に解析的に得られる．

$$N=2: \quad u_1 = -(1/2)^{2/3}, \qquad u_2 = (1/2)^{2/3}$$

$$N=3: \quad u_1 = -(5/4)^{1/3}, \qquad u_2 = 0, \qquad u_3 = (5/4)^{1/3}$$

大きな N の場合は，数値解析で求める必要がある．$N=10$ までは文献[1]に示されている．

イオンの平衡位置からの微小変位を q_{jx}, q_{jy}, q_{jz} として，j 番目のイオンの位置を以下のように表す．

$$x_j(t) = q_{jx}(t), \qquad y_j(t) = q_{jy}(t), \qquad z_j(t) = z_{j0} + q_{jz}(t) \qquad (\mathrm{D}.6)$$

このとき，イオンの微小振動を表すラグランジアンは，以下のようになる．

$$L = T - V = \frac{m}{2} \sum_{j=1}^{N} \sum_{\beta=x,y,z} \dot{q}_{j\beta}^2 - V \qquad (\mathrm{D}.7)$$

ただし，$\dot{q}_{j\beta}$ は $q_{j\beta}$ の時間微分を表す．イオンの平衡位置において，V のテーラー展開を行い，2 次の項までの近似を行う．

$$L \approx \frac{m}{2} \sum_{j=1}^{N} \sum_{\beta=x,y,z} \dot{q}_{j\beta}^2 - V_0 - \frac{1}{2} \sum_{i,j=1}^{N} \sum_{\beta,\beta'=x,y,z} \left(\frac{\partial^2 V}{\partial \beta_i \partial \beta_j'}\right)_0 q_{i\beta} q_{j\beta'} \qquad (\mathrm{D}.8)$$

定数項を無視し，2 次微分を計算すると，最終的に以下の式が得られる[2]．

$$L \approx \frac{m}{2} \left[\sum_{j=1}^{N} \dot{q}_{jz}^2 - \omega_{vz}^2 \sum_{i,j=1}^{N} A_{ij} q_{iz} q_{jz} \right] + \frac{m}{2} \sum_{\beta=x,y} \left[\sum_{j=1}^{N} \dot{q}_{j\beta}^2 - \omega_{vz}^2 \sum_{i,j=1}^{N} B_{ij}^\beta q_{i\beta} q_{j\beta} \right] \qquad (\mathrm{D}.10)$$

ただし，A_{ij}, B_{ij}^β は z 方向の平衡点の位置 u_j を使って以下のように表される．

$$A_{ij} = \begin{cases} 1 + 2\sum_{\substack{p=1 \\ p \neq i}}^{N} \dfrac{1}{|u_i - u_p|^3}, & i = j \\[4mm] \dfrac{-2}{|u_i - u_j|^3}, & i \neq j \end{cases} \qquad (\mathrm{D}.11)$$

$$B_{ij}^\beta = \left(\frac{1}{\alpha_{p\beta}} + \frac{1}{2}\right)\delta_{ij} - \frac{1}{2}A_{ij}, \qquad \beta = x,y \qquad (\mathrm{D}.12)$$

ただし，$\alpha_{p\beta}$ は異方性パラメーター，δ_{ij} はクロネッカーのデルタである．

行列 $A = (A_{ij})$ は実対称行列である．また正値行列であるので固有値は非負の値をとる．行列 A の固有値 μ，固有ベクトル $\vec{b} = \begin{pmatrix} b_1 \\ \vdots \\ b_N \end{pmatrix}$ は，以下の式から求められ

212   D. リニアトラップ中のイオンの直線配列と振動モード

る.

$$A\vec{b}=\mu\vec{b} \tag{D.13}$$

あるいは，成分で書くと以下のようになる．

$$\sum_{j=1}^{N}A_{ij}b_j=\mu b_i, \qquad i=1,\cdots,N \tag{D.14}$$

固有値は，$\det(A-\mu E)=0$ から N 個求められる．ただし，E は単位行列である．各固有値に対応する規格化された固有ベクトルは，(D.13) 式から得られる．固有値は $\mu_1\leq\mu_2\leq\cdots\leq\mu_N$ のように増加する順に並べることにする．また，対応する固有ベクトルも $\vec{b}^{(1)},\vec{b}^{(2)},\cdots,\vec{b}^{(N)}$ のように順に並べる．固有ベクトルは，以下の完全直交系をなす．

$$\sum_{s=1}^{N}b_i^{(s)}b_j^{(s)}=\delta_{ij}, \qquad \sum_{j=1}^{N}b_j^{(s)}b_j^{(r)}=\delta_{sr} \tag{D.15}$$

行列 A の最初と 2 番目の固有値と固有ベクトルは，以下のように求められる．

$$\mu_1=1, \qquad \vec{b}^{(1)}=\frac{1}{\sqrt{N}}\begin{pmatrix}1\\1\\\vdots\\1\end{pmatrix},$$

$$\mu_2=3, \qquad \vec{b}^{(2)}=\frac{1}{C}\begin{pmatrix}u_1\\u_2\\\vdots\\u_n\end{pmatrix}, \qquad C=\sqrt{\sum_{j=1}^{N}u_j^2} \tag{D.16}$$

ただし，u_j は規格化した平衡点の位置である．それぞれ，COM（重心運動）およびストレッチモードに対応する．より高次の固有値と固有ベクトルは，数値解析で求める必要がある．2 個，および 3 個のイオンに対しては，すべての固有値，固有ベクトルを解析的に求めることができる．

$$N=2: \quad \mu_1=1, \qquad \vec{b}^{(1)}=\frac{1}{\sqrt{2}}\begin{pmatrix}1\\1\end{pmatrix},$$

$$\mu_2=3, \qquad \vec{b}^{(2)}=\frac{1}{\sqrt{2}}\begin{pmatrix}-1\\1\end{pmatrix},$$

$$N=3: \quad \mu_1=1, \qquad \vec{b}^{(1)}=\frac{1}{\sqrt{3}}\begin{pmatrix}1\\1\\1\end{pmatrix},$$

$$\mu_2=3, \qquad \vec{b}^{\,(2)}=\frac{1}{\sqrt{2}}\begin{pmatrix}-1\\0\\1\end{pmatrix},$$

$$\mu_3=\frac{29}{5}, \qquad \vec{b}^{\,(3)}=\frac{1}{\sqrt{6}}\begin{pmatrix}1\\-2\\1\end{pmatrix}$$

行列 $B^\beta=(B_{ij}^\beta)$ も行列 A と同じ固有ベクトルを持つが，固有値は異なる．

$$B^\beta\vec{b}^{\,(s)}=\gamma_s^\beta\vec{b}^{\,(s)}, \qquad s=1,\cdots,N \tag{D.17}$$

$$\gamma_s^\beta=\frac{1}{\alpha_{p\beta}}-\frac{\mu_s-1}{2}, \qquad \beta=x,y \tag{D.18}$$

$\alpha_{p\beta}>\alpha_{\mathrm{crit}}=2/(\mu_N-1)$ の場合は，γ_N^β は正にならない．ただし，μ_N は最大の固有値である．このことは，イオンが直線に並ばなくなることを意味する．すなわち x または y 方向にジグザグの形状になる．したがって，$\alpha_{p\beta}<\alpha_{\mathrm{crit}}=2/(\mu_N-1)$ が z 方向に直線に並ぶ条件になる．

（D.10）式の第 1 項の中の 2 次形式 $\sum_{i,j=1}^{N}A_{ij}q_{iz}q_{jz}$ は，行列 $A=(A_{ij})$，列ベクトル $\vec{q}_z=\begin{pmatrix}q_{1z}\\\vdots\\q_{Nz}\end{pmatrix}$，およびベクトルの内積 $(\vec{a},\vec{b})={}^t\vec{a}\vec{b}=\sum_{i=1}^{N}a_ib_i$ を用いて

$$\sum_{i,j=1}^{N}A_{ij}q_{iz}q_{jz}={}^t\vec{q}_zA\vec{q}_z=(\vec{q}_z,A\vec{q}_z) \tag{D.19}$$

の形で表すことができる．ただし，${}^t\vec{q}_z$ は $\vec{q}_z$ の転置を表す．行列 A は固有ベクトルを並べた直交行列，$T=(\vec{b}^{\,(1)},\vec{b}^{\,(2)},\cdots,\vec{b}^{\,(N)})$ を用いると対角化することができる．

$$T^{-1}AT=\begin{pmatrix}{}^t\vec{b}^{\,(1)}\\{}^t\vec{b}^{\,(2)}\\\vdots\\{}^t\vec{b}^{\,(N)}\end{pmatrix}A\big(\vec{b}^{\,(1)},\vec{b}^{\,(2)},\cdots,\vec{b}^{\,(N)}\big)=\begin{pmatrix}{}^t\vec{b}^{\,(1)}\\{}^t\vec{b}^{\,(2)}\\\vdots\\{}^t\vec{b}^{\,(N)}\end{pmatrix}\big(\mu_1\vec{b}^{\,(1)}\ \mu_2\vec{b}^{\,(2)}\ \cdots\ \mu_N\vec{b}^{\,(N)}\big)$$

$$=\begin{pmatrix}\mu_1 & 0 & \cdots & 0\\0 & \mu_2 & 0 & \vdots\\\vdots & 0 & \ddots & 0\\0 & \cdots & 0 & \mu_N\end{pmatrix} \tag{D.20}$$

ただし，T は直交行列なので $T^{-1}={}^tT$ を満たす．また，$A\vec{b}^{\,(s)}=\mu_s\vec{b}^{\,(s)}$ および $\vec{b}^{\,(s)}$ の直交性を用いた．したがって，直交行列 T を用いて，（D.21）式のように新

たな座標 $\vec{Q}_z$ を導入すると，2次形式を（D.22）式に示すような標準形に直すことができる．

$$\vec{q}_z = T\vec{Q}_z, \qquad \vec{Q}_z = \begin{pmatrix} Q_{1z} \\ \vdots \\ Q_{Nz} \end{pmatrix} \tag{D.21}$$

$$\sum_{i,j=1}^{N} A_{ij} q_{iz} q_{jz} = {}^t\vec{q}_z A \vec{q}_z = {}^t(T\vec{Q}_z) A T\vec{Q}_z = {}^t\vec{Q}_z T^{-1} A T\vec{Q}_z = \sum_{s=1}^{N} \mu_s Q_{sz}^2 \tag{D.22}$$

運動エネルギーの部分，$\sum_{j=1}^{N} \dot{q}_{jz}^2$ は，この座標変換では標準形のままである．すなわち，$\sum_{j=1}^{N} \dot{q}_{jz}^2 = \sum_{j=1}^{N} \dot{Q}_{jz}^2$ が成り立つ．他の2つの成分に対応する行列 B_{mn}^{β} も，同じ直交行列 T により対角化できる．したがって，以下の座標変換（D.23）を用いると，ラグランジアン（D.10）は（D.24）式の形になる．

$$\vec{q}_x = T\vec{Q}_x, \qquad \vec{q}_y = T\vec{Q}_y, \qquad \vec{q}_z = T\vec{Q}_z \tag{D.23}$$

$$L \approx \frac{m}{2} \left[\sum_{s=1}^{N} \dot{Q}_{sz}^2 - \omega_{vz}^2 \sum_{s=1}^{N} \mu_s Q_{sz}^2 \right] + \frac{m}{2} \sum_{\beta=x,y} \left[\sum_{s=1}^{N} \dot{Q}_{s\beta}^2 - \omega_{vz}^2 \sum_{s=1}^{N} \gamma_s^{\beta} Q_{s\beta}^2 \right] \tag{D.24}$$

$Q_{s\beta}$ に対する共役な運動量は $P_{s\beta} = \partial L / \partial \dot{Q}_{s\beta} = m\dot{Q}_{s\beta}$ で求められるので，ハミルトニアンは以下のようになる．

$$H = \sum_{s=1}^{N} \sum_{\beta=x,y,z} P_{s\beta} \dot{Q}_{s\beta} - L$$

$$= \sum_{s=1}^{N} \left[\frac{P_{sx}^2}{2m} + \frac{m\omega_{sx}^2 Q_{sx}^2}{2} \right] + \sum_{s=1}^{N} \left[\frac{P_{sy}^2}{2m} + \frac{m\omega_{sy}^2 Q_{sy}^2}{2} \right] + \sum_{s=1}^{N} \left[\frac{P_{sz}^2}{2m} + \frac{m\omega_{sz}^2 Q_{sz}^2}{2} \right] \tag{D.25}$$

したがって，ハミルトニアンは $3N$ 個の独立な調和振動子の和で表される．これらの振動を基準振動，あるいはノーマルモードと呼ぶ．ノーマルモードの振動角周波数は，以下のようになる．

$$\omega_{sx} = \omega_{vz} \sqrt{\gamma_s^x} = \sqrt{\omega_{vx}^2 - \left(\frac{\mu_s - 1}{2} \right) \omega_{vz}^2} \tag{D.26}$$

$$\omega_{sy} = \omega_{vz} \sqrt{\gamma_s^y} = \sqrt{\omega_{vy}^2 - \left(\frac{\mu_s - 1}{2} \right) \omega_{vz}^2} \tag{D.27}$$

$$\omega_{sz} = \omega_{vz} \sqrt{\mu_s} \tag{D.28}$$

新しい座標（基準座標）と元の座標の関係は，座標変換の（D.23）式で示される．成分の間の関係は以下のように表される．

$$q_{jx} = \sum_{s=1}^{N} b_j^{(s)} Q_{sx}, \qquad q_{jy} = \sum_{s=1}^{N} b_j^{(s)} Q_{sy}, \qquad q_{jz} = \sum_{s=1}^{N} b_j^{(s)} Q_{sz} \tag{D.29}$$

あるいは逆に解いた，成分の間の関係は以下のように表される.

$$Q_{sx} = \sum_{j=1}^{N} b_j^{(s)} q_{jx}, \qquad Q_{sy} = \sum_{j=1}^{N} b_j^{(s)} q_{jy}, \qquad Q_{sz} = \sum_{j=1}^{N} b_j^{(s)} q_{jz} \qquad (D.30)$$

参考文献

[1] D. E. F. James, *Appl. Phys. B* **66**, 181 (1998).

[2] C. Marquet, F. Schmidt-Kaler and D. F. V. James, *Appl. Phys. B* **76**, 199 (2003).

E. 2個のイオンの量子状態トモグラフィーのパルス設定

2個のイオンの場合には，密度演算子は以下のように表される.

$$\hat{\rho}=\frac{1}{4}\sum \lambda_{ij}\hat{\sigma}_i^{(1)}\hat{\sigma}_j^{(2)}$$

$$\lambda_{ij}=\langle\hat{\sigma}_i^{(1)}\hat{\sigma}_j^{(2)}\rangle, \qquad i,j=0,x,y,z, \quad \hat{\sigma}_0=\hat{I}$$

ただし，$\lambda_{00}=1$ であるので，求めるパラメーター $\langle\hat{\sigma}_i^{(1)}\hat{\sigma}_j^{(2)}\rangle$ は15個である．蛍光測定では，2個のイオンに状態検出用のレーザー光を照射して，画像装置によってどのイオンが発光したかを繰り返し測定する．測定の結果得られるのは，2個ともに発光する確率 p_{gg}，2個とも発光しない確率 p_{ee}，イオン1のみが発光する確率 p_{ge}，イオン2のみが発光する確率 p_{eg} である．2個ともに発光する場合の射影演算子は $\hat{P}_{\mathrm{gg}}=|g_1g_2\rangle\langle g_1g_2|$ であるので，得られる確率は密度行列の対角成分を使って $p_{\mathrm{gg}}=\mathrm{Tr}(\hat{P}_{\mathrm{gg}}\hat{\rho}\hat{P}_{\mathrm{gg}}^\dagger)=\langle g_1g_2|\hat{\rho}|g_1g_2\rangle$ と表される．同様に他の確率を密度行列の対角成分で表すと，$p_{\mathrm{ee}}=\mathrm{Tr}(\hat{P}_{\mathrm{ee}}\hat{\rho}\hat{P}_{\mathrm{ee}}^\dagger)=\langle e_1e_2|\hat{\rho}|e_1e_2\rangle$, $p_{\mathrm{ge}}=\mathrm{Tr}(\hat{P}_{\mathrm{ge}}\hat{\rho}\hat{P}_{\mathrm{ge}}^\dagger)=\langle g_1e_2|\hat{\rho}|g_1e_2\rangle$, $p_{\mathrm{eg}}=\mathrm{Tr}(\hat{P}_{\mathrm{eg}}\hat{\rho}\hat{P}_{\mathrm{eg}}^\dagger)=\langle e_1g_2|\hat{\rho}|e_1g_2\rangle$ となる.

実験で得られた状態に対して，そのまま蛍光測定を行うと，以下の3つのパラメーターが得られる.

$$\langle\hat{\sigma}_z^{(1)}\hat{I}^{(2)}\rangle=\mathrm{Tr}(\hat{\rho}\hat{\sigma}_z^{(1)}\hat{I}^{(2)})=\mathrm{Tr}[\hat{\rho}(|e_1\rangle\langle e_1|-|g_1\rangle\langle g_1|)(|e_2\rangle\langle e_2|+|g_2\rangle\langle g_2|)]=p_{\mathrm{ee}}+p_{\mathrm{eg}}-p_{\mathrm{ge}}-p_{\mathrm{gg}}$$

$$\langle\hat{I}^{(1)}\hat{\sigma}_z^{(2)}\rangle=\mathrm{Tr}(\hat{\rho}\hat{I}^{(1)}\hat{\sigma}_z^{(2)})=\mathrm{Tr}[\hat{\rho}(|e_1\rangle\langle e_1|+|g_1\rangle\langle g_1|)(|e_2\rangle\langle e_2|-|g_2\rangle\langle g_2|)]=p_{\mathrm{ee}}-p_{\mathrm{eg}}+p_{\mathrm{ge}}-p_{\mathrm{gg}}$$

$$\langle\hat{\sigma}_z^{(1)}\hat{\sigma}_z^{(2)}\rangle=\mathrm{Tr}(\hat{\rho}\hat{\sigma}_z^{(1)}\hat{\sigma}_z^{(2)})=\mathrm{Tr}[\hat{\rho}(|e_1\rangle\langle e_1|-|g_1\rangle\langle g_1|)(|e_2\rangle\langle e_2|-|g_2\rangle\langle g_2|)]=p_{\mathrm{ee}}-p_{\mathrm{eg}}-p_{\mathrm{ge}}+p_{\mathrm{gg}}$$

その他のパラメーターについては，j 番目のイオンへのパルス $\hat{U}_j=R_{\bar{x}}(\pi/2)$, $\hat{V}_j=R_{-\bar{y}}(\pi/2)$ を組み合わせて照射した状態において，蛍光を測定することにより得ることができる．表E.1に，パルスの設定と対応するパラメーターを示す．9通りの設定における蛍光測定を行うことにより15個のパラメーターに関する

D. リニアトラップ中のイオンの直線配列と振動モード　　　*217*

情報が得られ，2個のイオンの密度行列を決めることができる．

●表 E.1　パルス設定と得られるパラメーター

パルス設定	パラメーター
1. 何もしない	$\langle \hat{\sigma}_z^{(1)} \hat{I}^{(2)} \rangle$,　$\langle \hat{I}^{(1)} \hat{\sigma}_z^{(2)} \rangle$,　$\langle \hat{\sigma}_z^{(1)} \hat{\sigma}_z^{(2)} \rangle$
2. イオン1に $\hat{U}_1$ を照射	$\langle \hat{\sigma}_y^{(1)} \hat{I}^{(2)} \rangle$,　$\langle \hat{\sigma}_y^{(1)} \hat{\sigma}_z^{(2)} \rangle$
3. イオン2に $\hat{U}_2$ を照射	$\langle \hat{I}^{(1)} \hat{\sigma}_y^{(2)} \rangle$,　$\langle \hat{\sigma}_z^{(1)} \hat{\sigma}_y^{(2)} \rangle$
4. イオン1に $\hat{V}_1$ を照射	$\langle \hat{\sigma}_x^{(1)} \hat{I}^{(2)} \rangle$,　$\langle \hat{\sigma}_x^{(1)} \hat{\sigma}_z^{(2)} \rangle$
5. イオン2に $\hat{V}_2$ を照射	$\langle \hat{I}^{(1)} \hat{\sigma}_x^{(2)} \rangle$,　$\langle \hat{\sigma}_z^{(1)} \hat{\sigma}_x^{(2)} \rangle$
6. イオン1に $\hat{U}_1$, イオン2に $\hat{U}_2$ を照射	$\langle \hat{\sigma}_y^{(1)} \hat{\sigma}_y^{(2)} \rangle$
7. イオン1に $\hat{V}_1$, イオン2に $\hat{V}_2$ を照射	$\langle \hat{\sigma}_x^{(1)} \hat{\sigma}_x^{(2)} \rangle$
8. イオン1に $\hat{U}_1$, イオン2に $\hat{V}_2$ を照射	$\langle \hat{\sigma}_y^{(1)} \hat{\sigma}_x^{(2)} \rangle$
9. イオン1に $\hat{V}_1$, イオン2に $\hat{U}_2$ を照射	$\langle \hat{\sigma}_x^{(1)} \hat{\sigma}_y^{(2)} \rangle$

索　引

欧数字

1 量子ビットの回転　129
2π パルス　35
50/50 ビームスプリッター　170

π パルス　34
π/2 パルス　34
π 偏光　200,201

$\hat{\sigma}_\varphi$ 依存力　109
$\hat{\sigma}_z$ 依存力　106
σ^+ 偏光　55,200,201
σ^- 偏光　55,200,201

AC シュタルクシフト　46,108

COM（重心運動）モード　84

EPR 相関　136

GHZ 状態　143

QCCD　21,128

rf トラップ　7

W 状態　151

ア 行

アダマールゲート　130
アナログ量子シミュレーション　160
暗状態　75,177,209

アーンショーの定理　7

イオンと光子のインターフェース　174
イオントラップ　1
イジングモデル　161
位相空間　64,103
位相減衰　157
位相シフトゲート　129
一成分プラズマ　79
異方性パラメーター　81,210

ウィグナー関数　124
ウィットネス演算子　154

永年運動　10

カ 行

解析関数　22
回転演算子　97
回転行列　98
回転軸表示　32,195
回転波近似　33
角運動量演算子　112
確率的方式　174
干渉パターンの可視度　157

幾何学的位相ゲート　113
基準振動　84,214
キャリア　72
キャリア相互作用　92
吸収係数　51
球ベクトル　200
球面調和関数　200

強磁性 161
局在フォノン 165
禁制遷移 185

クローン禁止定理 138
クーロン相互作用 81, 165

決定論的方式 174
原子時計 183

光学的ブロッホ方程式 49
交換相互作用 161
高速断熱通過法 47, 154
黒体輻射シフト 185
個数状態 61, 122
コヒーレンス時間 127
コヒーレント状態 63, 103, 122
混合状態 36

サ 行

サイクリング遷移 55
サイドバンド冷却 71
散乱力 57

ジェインズ・カミングスモデル 92
ジェインズ・カミングス・ハバードモデル
  167
シェルビング法 115
時間発展演算子 193
磁気双極子遷移 90
磁気双極子モーメント 90
シザーモード 86
自然放出 48
射影演算子 116
射影雑音 148
射影測定 116
周波数安定度 184
周波数の不確かさ 183
周波数標準 183
周波数量子ビット 179
縮約密度演算子 136

シュレーディンガーの猫状態 106, 123, 143
シュレーディンガー表示 61, 193
準安定準位 54
純粋状態 36
常磁性 163
状態依存力 104
消滅演算子 60
シラク・ゾラーゲート 131
信号対雑音比 114
振動基底状態 63
振動フォノン 164

スクイーズド状態 123
ストレッチモード 84
スピン依存力 104
スピンエコー 141
スペクトルのQ値 184
スペクトルの半値全幅 50
スワップ操作 100

制御Zゲート 130
制御ノットゲート 128, 129
制御ビット 129
生成演算子 60
積状態 134
セシウム原子時計 183
ゼーマン効果 54
ゼーマン副準位 54, 155
選択則 54, 201, 203

双極子力 57, 108
相互作用表示 42, 91, 197

タ 行

対角和 36
対称ディッケ状態 150
ダイソン級数 102
タービス・カミングスモデル 152
多粒子量子もつれ状態 143
単一イオン時計 183
断熱的消去 207

忠実度　118
超微細構造準位　54
超放射　150
調和振動子　58
　　──の強制振動　101

強い束縛の極限　66

ディジタル量子シミュレーション　160
ディッケ状態　143,150
デコヒーレンス　155
電気四重極シフト　185
電気四重極遷移　53,185,202
電気四重極ポテンシャル　7
電気双極子近似　31
電気双極子遷移　54,199
電気八重極遷移　185
伝令付き方法　182

時計遷移　185
ドップラー限界　70
ドップラーサイドバンド　72
ドップラー広がり　53
ドップラー冷却　67
ドレスト状態　45
トロッターの公式　160

ナ 行

二光子干渉　171,178
二項分布　147

ノーマルモード　84,214

ハ 行

ハイゼンベルグ限界　150
ハイゼンベルグの運動方程式　62,194
ハイゼンベルグ表示　62,194
パウリ演算子　30
パウリ行列　30
パウルトラップ　7

バスビット　131
ハバードモデル　166
パリティ　146
反強磁性　161
反跳周波数　90

ビオ・サバールの法則　24
光吸収スペクトル　73,117
光格子時計　183
光ポンピング　55
非共鳴励起　93
非局所相関　136
飛行量子ビット　127
微細構造定数　203
微小振動のラグランジュ関数　165
標準量子限界　149
標的ビット　129
表面電極トラップ　22

フォノンの同時計数確率　173
輻射圧　57
部分対角和　136
フラストレーション　163
ブルーサイドバンド　72
ブルーサイドバンド相互作用　93
フロッケの定理　16
ブロッホ球　37
ブロッホ空間　37
ブロッホベクトル　37,119
分散型の量子情報処理　174

ベーカー・ハウスドルフの公式　64,102
ベーカー・ハウスドルフの補助定理　169,
　195
ペニングトラップ　7
ベル状態　135
ベル測定　139
ベルの不等式の破れ　137
変位演算子　64,103
偏光量子ビット　179

飽和　52

飽和強度　50
飽和パラメーター　50
飽和広がり　52
ボース粒子　171
ボース・ハバードモデル　167
ホッピング　166
ホン・オウ・マンデル干渉　171

マ　行

マイクロ運動　10
マクスウェル・ボルツマン分布　52
マシュー方程式　9

密度演算子（密度行列）　35,118

明状態　209

モード体積　175

ヤ　行

有効ポテンシャル　11
誘導ラマン遷移　54,205
誘導ラマン断熱通過　154,177

余剰マイクロ運動　78
弱い束縛の極限　66

ラ　行

ラビ周波数　33
ラビ振動　33
ラビ遷移　33

ラマン型の相互作用　175
ラムゼイ干渉　41
ラム・ディッケ因子　72
ラム・ディッケの基準　72,92
ラム・ディッケパラメーター　90

リニアトラップ　19
量子回路　139
量子計算　126
量子シミュレーション　159
量子状態トモグラフィー　118
量子情報処理　126
　　分散型の――　173
量子相転移　161,162
量子チャンネル　173
量子跳躍　1,114
量子テレポーテーション　138
量子ネットワーク　173
量子ノード　173
量子ビット　126
量子並列性　126
量子マグネット　161
量子もつれ状態　100,113,134
量子レジスター　126
量子論理分光　185

励起準位　207
　　――の寿命　48
レーザー誘起蛍光　51
レーザー冷却　66
レッドサイドバンド　72
レッドサイドバンド相互作用　92

ロッキングモード　84

著者略歴

うら べ しん じ
占 部 伸 二

1950 年　鹿児島県に生まれる
1975 年　東京大学大学院工学系研究科修士課程修了
現　在　大阪大学名誉教授
　　　　工学博士

個別量子系の物理
——イオントラップと量子情報処理——　　　　定価はカバーに表示

2017 年 10 月 15 日　初版第 1 刷

著　者　占　部　伸　二

発行者　朝　倉　誠　造

発行所　株式会社　朝　倉　書　店

東京都新宿区新小川町 6-29
郵 便 番 号　162-8707
電　話　03(3260)0141
ＦＡＸ　03(3260)0180
http://www.asakura.co.jp

〈検印省略〉

ⓒ 2017 〈無断複写・転載を禁ず〉　　　　真興社・渡辺製本

ISBN 978-4-254-13123-9　C 3042　　　Printed in Japan

JCOPY 〈(社)出版者著作権管理機構 委託出版物〉

本書の無断複写は著作権法上での例外を除き禁じられています．複写される場合は，
そのつど事前に，(社) 出版者著作権管理機構（電話 03-3513-6969，FAX 03-3513-
6979，e-mail: info@jcopy.or.jp）の許諾を得てください．

宇都宮大 谷田貝豊彦著

光　　学

13121-5 C3042　　　　A 5 判 372頁 本体6400円

丁寧な数式展開と豊富な図解で光学理論全般を解説。例題・解答を含む座右の教科書。〔内容〕幾何光学／波動と屈折・反射／偏向／干渉／回折／フーリエ光学／物質と光／発光・受光／散乱・吸収／結晶中の光／ガウスビーム／測光・測色／他

東大 鹿野田一司・物質・材料研 宇治進也編著

分 子 性 物 質 の 物 理
—物性物理の新潮流—

13119-2 C3042　　　　A 5 判 212頁 本体3500円

分子性物質をめぐる物性研究の基礎から注目テーマまで解説。〔内容〕分子性結晶とは／電子相関と金属絶縁体転移／スピン液体／磁場誘起伝導／電界誘起相転移／質量のないディラック電子／電子型誘電体／光誘起相転移と超高速応答

前東大 黒田和男著
光学ライブラリー 3

物 　 理 　 光 　 学
—媒質中の光波の伝搬—

13733-0 C3042　　　　A 5 判 224頁 本体3800円

膜など多層構造をもった物質に光がどのように伝搬するかまで例題と解説を加え詳述。〔内容〕電磁波／反射と屈折／偏光／結晶光学／光学活性／分散と光エネルギー／金属／多層膜／不均一な層状媒質／光導波路と周期構造／負屈折率媒質

前東大 大津元一著

ド レ ス ト 光 子
—光・物質融合工学の原理—

21040-8 C3050　　　　A 5 判 320頁 本体5400円

近接場光=ドレスト光子の第一人者による教科書。ナノ寸法領域での光技術の原理と応用を解説。大川出版賞受賞。〔内容〕ドレスト光子の描像／エネルギー移動と緩和／フォノンとの結合／デバイス／加工／エネルギー変換／他

東北大 平山祥郎・NTT 山口浩司・NTT 佐々木智著
現代物理学［展開シリーズ］5

半 導 体 量 子 構 造 の 物 理

13785-9 C3342　　　　A 5 判 176頁 本体3400円

半導体量子構造の基礎と応用をやさしく紹介。〔内容〕半導体量子構造の作製／半導体二次元系の輸送現象／一次元バリスティックチャンネルの量子輸送現象／量子ドットにおける量子輸送現象／量子状態のコヒーレント制御／他

前東北大 滝川　昇著
現代物理学［基礎シリーズ］8

原 　 子 　 核 　 物 　 理 　 学

13778-1 C3342　　　　A 5 判 256頁 本体3800円

最新の研究にも触れながら原子核物理学の基礎を丁寧に解説した入門書。〔内容〕原子核の大まかな性質／核力と二体系／電磁場との相互作用／殻構造／微視的平均場理論／原子核の形／原子核の崩壊および放射能／元素の誕生

前東北大 青木晴善・前東北大 小野寺秀也著
現代物理学［展開シリーズ］4

強 相 関 電 子 物 理 学

13784-2 C3342　　　　A 5 判 256頁 本体3900円

固体の磁気物理学で発見されている新しい物理現象を，固体中で強く相関する電子系の物理として理解しようとする領域が強相関電子物理学である。本書ではこの新しい領域を，局在電子系ならびに伝導電子系のそれぞれの立場から解説する。

大阪大学光科学センター編

光 　 科 　 学 　 の 　 世 　 界

21042-2 C3050　　　　A 5 判 232頁 本体3200円

光は物やその状態を見るために必要不可欠な媒体であるため，光科学はあらゆる分野で重要かつ学際性豊かな基盤技術を提供している。光科学・技術の幅広い知識を解説。〔内容〕特殊な光／社会に貢献する光／光で操る・光を操る／光で探る

東京大学物性研究所編

物 性 科 学 ハ ン ド ブ ッ ク
—概念・現象・物質—

13112-3 C3042　　　　A 5 判 1044頁 本体26000円

物性科学研究の諸領域(物性理論，物性実験，新物質開発)におけるこれまでの重要な成果から最先端の話題までを，世界トップレベルの研究機関である東大物性研究所のスタッフが解説。物性科学の全体像を丁寧に俯瞰する最新リファレンス。〔内容〕物性理論［考え方，第一原理からの物性理論，モンテカルロ法，新潮流］／物性実験［核磁気共鳴法，電気伝導，ナノスケール量子系，光物性，強磁場開発と物性測定，中性子散乱実験］／新物質開発［強相関電子系の物質開発］

上記価格（税別）は 2017 年 9 月現在